高等学校软件工程专业系列教材

U0659367

软件工程方法与案例

微课视频版·题库版

方昕 马刚 李皎 李湘眷 卫凡 ◎ 编著

清华大学出版社

北京

内 容 简 介

软件工程自 1968 年以来得到快速发展,已逐渐成为软件产业和信息产业的支撑学科,是指导计算机软件开发和维护的一门工程学科,其采用工程的概念、原理、技术和方法,将良好的技术方法和正确的管理方法结合起来设计、开发与维护软件。本书作为"软件系统基础理论"及"软件开发设计"课程凸显"以学为中心"的教材,结合了"以学为中心"的教育理念,工程教育专业认证的相关要求,挖掘凝练出章节思政,遵循学习者的认知规律和技能的形成规律重构了知识体系,合理安排教学单元的顺序,按照"基础知识—编程设计—管理维护—应用开发"4 个层次分为 4 部分,每部分设置若干学习单元。每个单元以现实生活为导向,采用任务驱动、案例分析方式将理论与实践相结合,循序渐进呈现知识内容。

为便于读者高效学习,本书作者精心制作了完整的教学课件(9 章 PPT)、配套的习题及参考答案(上千道)、案例相关源代码(上万行)等。

本书是作者多年从事软件工程课程教学与科研实践的结晶,注重核心理论描述,注重理论与实践同步结合,不仅适用于高等院校计算机、信息管理与信息系统等相关专业的课程教学,也适用于学习者自学,以及作为软件开发人员的自学参考用书。

图书在版编目(CIP)数据

软件工程方法与案例:微课视频版:题库版 / 方昕等编著. -- 北京:清华大学出版社,2025.5.
(高等学校软件工程专业系列教材). -- ISBN 978-7-302-68892-1

Ⅰ. TP311.5

中国国家版本馆 CIP 数据核字第 2025M963A1 号

责任编辑:赵　凯
封面设计:刘　键
责任校对:郝美丽
责任印制:刘　菲

出版发行:清华大学出版社
　　　网　　　址:https://www.tup.com.cn,https://www.wqxuetang.com
　　　地　　　址:北京清华大学学研大厦 A 座　　　　　　邮　　编:100084
　　　社 总 机:010-83470000　　　　　　　　　　　　邮　　购:010-62786544
　　　投稿与读者服务:010-62776969,c-service@tup.tsinghua.edu.cn
　　　质量反馈:010-62772015,zhiliang@tup.tsinghua.edu.cn
　　　课件下载:https://www.tup.com.cn,010-83470236
印 装 者:三河市铭诚印务有限公司
经　　销:全国新华书店
开　　本:185mm×260mm　　印　张:19　　　　　　字　　数:461 千字
版　　次:2025 年 6 月第 1 版　　　　　　　　　　印　　次:2025 年 6 月第 1 次印刷
印　　数:1～1500
定　　价:59.00 元

产品编号:108689-01

前　言

　　软件工程自 1968 年以来得到快速发展,已逐渐成为软件产业和信息产业的支撑学科,是指导计算机软件开发和维护的一门工程学科,采用工程的概念、原理、技术和方法,将良好的技术方法和正确的管理方法结合起来设计、开发与维护软件。《软件工程方法与案例(微课视频版·题库版)》作为"软件系统基础理论"及"软件开发应用"课程的实用教材,结合了《习近平新时代中国特色社会主义思想进课程教材指南》和"以学为中心"的教育理念,工程教育专业认证的相关要求,挖掘凝练出章节思政,遵循学习者的认知规律和技能的形成规律重构了知识体系,合理安排教学单元的顺序,按照"基础知识—设计实现—管理维护—应用开发"4 个层次对知识内容进行重构、补充、设置,每篇设置若干学习单元即章节。每个单元以现实生活为导向,采用问题导向、案例分析方式将理论与实践相结合,循序渐进呈现知识内容,内容包括软件、软件工程基本理论、问题定义、可行性研究、需求分析、总体设计、详细设计、测试与维护、综合应用、章节思政、实践活动。本书主要以高级程序设计语言、关系数据库为开发平台,通过详尽的理论与同步实践来培养学生对软件设计、开发及维护的能力。

　　本书内容分为基础知识篇、设计实现篇、管理维护篇、应用开发篇四部分。基础知识篇包括第 1、2 章,主要内容介绍软件的发展历程和分类;软件工程的基本概念、发展、软件危机、软件生命周期、软件开发模型、软件开发工具;软件问题定义、可行性研究、软件开发文档编制等。设计实现篇包括第 3 章～第 5 章,主要内容介绍软件的需求分析、软件概念模型、数据流图、数据字典、总体设计方法及文档、详细设计工具及文档。管理维护篇包括第 6、7 章,主要内容介绍软件测试基础、白盒测试、黑盒测试、单元测试、集成测试、软件维护、软件规模估算、软件风险管理等。应用开发篇包括第 8、9 章,主要介绍自主设计开发的医院管理信息系统、环保新能源宣展系统的实现过程。本书由方昕承担主要的编写工作及负责最后的校正和统稿工作,刘天时负责审阅全书,给本书编写提出了许多中肯的意见。其中,李湘眷负责编写第 1 章部分内容;马刚负责编写第 2 章部分内容;李皎负责编写第 7 章部分内容;卫凡负责编写第 6 章部分内容;方昕负责编写第 3～5 章、第 8 章、第 9 章所有内容及其他章节剩余所有内容(含习题、实践活动等),所有章节思政的内容和修订;学生薛俊毅、吴昊、胡钰婷、党柯敏、胡钰婷、白江南、沈楠、黄蕾蓉、张晓雨、陆懿铭、李岩松、杨紫怡、李奕锦、陈诺诗等也参与了书稿修订工作。

　　本书注重循序渐进、由浅入深,从细微的验证性实践入手,然后进行设计与开发软件的综合实践,使读者不仅理解理论知识,而且能够熟练应用。通过学习可以掌握软件基本理论、软件开发与设计、管理与维护等技术,对于提升学习者专业素养和实践能力具有重要意义。本书具有以下特点。

　　(1) 结合性。相对市面教材,更突显以学生为本,以任务驱动教学,易学乐学,将软件较为抽象的理论知识与软件应用有效结合。

（2）针对性。更符合学校人才培养定位，更契合计算机相关专业核心能力要求，更适合师生教与学使用，通俗易懂，便于阅读。与单纯软件工程课程有所区别，将软件工程按照软件生命周期各个阶段的理论知识与设计实践合二为一，其目标对接教育新理念，工程教育专业认证，以培养学生的设计开发能力为主，管理能力为辅，同时理论部分为软件工程中软件生命周期的重点知识与实践相结合。

（3）理念方法。体现课程思政育人、教学新方法、结合教学新理念，学习目标更明确，充分发挥学生的积极性、主动性。教材章节内容、案例适合教师组织、设计教学，总结规划课程学习内容，案例、项目、问题适合任务驱动法、案例教学法、讨论等多种教学方法，教材编排避免单一依赖，确保知识系统性，便于教师采用课堂讲解、代码分析、演示、互相提问等方式，利用微课、学习通、混改课等课程平台，展示组织各知识点内容，在教师启发和引导下开展分析和设计，营造一种开放式教学，鼓励学生主动学习，培养积极思考、创新思维的习惯和能力，从而调动学生学习积极性。

（4）层次性。遵循学习者的认知规律和设计能力形成规律，教材内容分层次进行重构、补充、设置，循序渐进、由浅入深、由易到难展现理论知识及实践项目。

（5）实践性。故事背景导入知识，实例驱动，"设计"方法当头，激发兴趣，在设计中教，在设计中学，增强学习者的自信心和成就感。本教材重视实例编排，力求从内容和结构上突出案例教学的要求，以适应教师指导下学生自主学习的教学模式。教材中理论部分从细微的验证性实验入手，先进行基本的软件设计标准实验，然后设计与开发应用软件的综合实践，使学习者不仅了解软件的设计、管理本身，而且能进行项目开发和设计；不仅理解理论知识，而且能够熟练应用。既便于教师教学，又便于学生自学。

本书也是学校教材建设项目及相关教研项目的教研成果之一。课后习题参考答案及章节思政同步配套，以供读者和教学使用。

同时，希望读者在使用本书过程中，能够帮助我们不断地发现问题，及时提出宝贵意见或建议，我们将及时改正和更新，使《软件工程方法与案例(微课视频版·题库版)》成为对教师授课、学生学习和就业非常有实用价值的优秀教材。在此特别感谢清华大学出版社的支持，感谢庞秉谦、李飞、张留美、吕方兴等老师及其他编委教师和李一星、沈澜、闫少波三位研究生对本书在编写过程中给予的校对和建议！

编　者

2025 年 5 月

| 教学课件 | 教学大纲 | 习题答案 |

目　录

基础知识篇

设计实现篇

V

管理维护篇

应用开发篇

基础知识篇

第 1 章　绪　　论

　　随着计算机系统的发展,计算机硬件从电子管、晶体管到集成电路、大规模集成电路等多个时代,经过了飞速的更新换代,计算机的性能也越来越高。随着计算机应用的加深,计算机软件已经渗透到农业、工业、金融、服务、娱乐等各个行业,成为了各行业中的关键因素。现代社会对软件的功能性、易使用性、可靠性等要求也越来越高。如何在限定的资金、资源和时间条件下开发满足客户要求的高质量软件,如何使所开发的软件在运行过程中容易维护以延长软件的使用期限,如何使开发过程更加规范化等,成为了软件工程研究的主要内容。本章介绍计算机软件和软件工程的概念和基本原理、软件生命周期、软件开发模型以及CASE 工具和环境。

本章思维导图

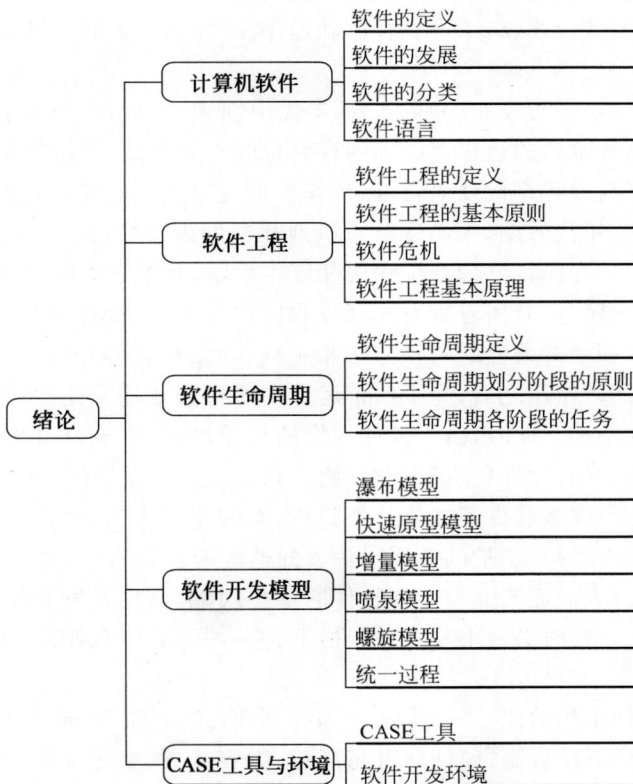

```
                    ┌─ 软件的定义
          ┌─计算机软件─┤  软件的发展
          │          │  软件的分类
          │          └─ 软件语言
          │
          │          ┌─ 软件工程的定义
          ├─软件工程──┤  软件工程的基本原则
          │          │  软件危机
          │          └─ 软件工程基本原理
          │
          │           ┌─ 软件生命周期定义
    绪论──┼─软件生命周期┤  软件生命周期划分阶段的原则
          │           └─ 软件生命周期各阶段的任务
          │
          │           ┌─ 瀑布模型
          │           │  快速原型模型
          ├─软件开发模型┤  增量模型
          │           │  喷泉模型
          │           │  螺旋模型
          │           └─ 统一过程
          │
          │              ┌─ CASE工具
          └─CASE工具与环境┤
                         └─ 软件开发环境
```

1.1　计算机软件

1.1.1　软件定义

软件是计算机系统中与硬件相互依存的另一部分。按照《计算机科学技术百科全书》中对计算机软件的定义：计算机软件是指计算机系统中的程序、相关数据及其文档的完整集合。程序是按照预先设定的功能和性能要求执行的指令序列,包括使程序能正确运行的数据结构。软件文档是开发、使用和维护程序所需要的图文资料,用于描述程序研制的过程和方法。

1.1.2　软件的发展

自 20 世纪 40 年代第一台计算机问世以来,计算机软件伴随着硬件的发展也经历了多个发展阶段。软件的发展分为程序设计阶段、软件设计阶段、软件工程阶段和第四代技术这四个阶段。

第一阶段为程序设计阶段。20 世纪 40 年代中期到 20 世纪 60 年代中期,电子计算机价格昂贵、运算速度比较低、存储量比较小,程序往往是个人设计、个人使用。运算速度比较慢,程序设计通常要注意如何节省存储单元、提高运算速度,除了程序清单之外,没有其他任何文档资料。编写程序的工具基本为低级语言,即机器基本指令和稍加符号化的汇编语言。计算机的应用基本上是去处理一些数值数据的计算。由于程序规模都比较小,所以当时的主要研究内容是服务性程序、科学计算程序和程序库,在当时人们并没有意识到文档会对软件起到至关重要的作用和影响。

第二阶段为软件设计阶段。20 世纪 70 年代中期到 20 世纪 90 年代,计算机硬件飞速发展,随着集成电路计算机的运算速度和内存容量的大大提高,开始出现规模容量更大的存储器。同时,出现了高级程序设计语言,而计算机的应用向外扩张,逐渐涉及非数值数据的领域。在 20 世纪 50 年代后期,人们逐渐认识到文档的重要性,到 20 世纪 60 年代初期,随着程序的增加,人们把程序区分为系统程序和应用程序,并把它们称为软件。这一阶段的研究对象增加了并发程序,并开始着重研究高级程序设计语言、编译程序、操作系统及各种应用软件,研究出指导和辅助编程的一些方法和工具,如结构化程序设计,排错工具等。在软件产品交付给用户进行使用之后,为了纠正运行中的错误或适应用户需求的改变对软件进行的调整,称为软件维护。此时,由于软件规模的日益增大,在软件开发过程中很少考虑到它们的维护问题,所谓的"软件危机"由此开始。到 20 世纪 60 年代中期,由于缺乏有效的工程化方法的指导,使得很多软件不能按计划完成,有的甚至夭折,出现了人们难以控制的局面,大量已有软件难以维护,维护的费用以惊人的速度增长,并且不能及时满足用户的需求,质量也得不到保证。人们逐渐开始重视软件的维护问题,软件开发开始采用结构化程序设计技术,并规定软件开发时必须书写各种规格书、说明书、用户手册等文档,从而导致软件工程的出现。

第三阶段为软件工程阶段。20 世纪 70 年代中期到 20 世纪 90 年代,大规模集成电路计算机的功效和质量不断提高,硬件向着超高速、大容量、微型化及网络化方向发展。个人计算机已经成为大众化商品,计算机的应用涉及各个业务领域,一些复杂、大型软件开发项目不断被提出,软件的开发和生产率远远满足不了市场的需求,软件产品往往供不应求,很多项目开发时间大大超出了规划的时间表。为了维护软件需要耗费大量的成本,有统计数据表明,对计算机软件的投资占总投资的70%,到1985年时软件成本甚至达到了总成本的90%。软件开发的难度越来越大,在开发过程中遇到的问题找不到解决方法时,问题逐渐积累起来,形成了尖锐的矛盾,就出现了软件危机。为了应对日益严重的软件危机,软件工程学运用工程学的基本原理和方法来组织和管理软件生产,以保证软件产品的质量,提高软件产品的生产率。此软件作为一种产品进行批量生产,软件开发技术有了长足的进步,但未能获得突破性进展,此阶段软件开发技术的进步未能满足发展的要求。

第四阶段为第四代技术阶段。计算机软件发展的第四阶段不再着重于单独的计算机和程序,而是总体上面向计算机和软件的综合影响。此阶段出现了计算机网络,特别是因特网和局域网得到了飞速的发展。计算机体系结构从主机环境转变为分布式的客户端/服务器环境。而软件工程方面的研究主要包括软件开发方法及技术、软件工具、软件开发模型、软件过程、软件自动化系统等。软件开发的第四代技术有了新的发展:计算机辅助软件工程(Computer Aided Software Engineering,CASE)将工具和代码生成器结合起来,为许多软件系统提供了可靠的解决方案。面向对象技术已在许多领域迅速取代了传统的软件开发方法。专家系统和人工智能软件有了实际应用。

1.1.3 软件的分类

事实上,要对计算机软件进行科学、统一的分类是不现实的,但不同类型的软件具有不同的开发和维护要求,因此对软件类型进行区分是有必要的。既然缺少统一的划分标准,那么从不同角度对软件进行分类则具有合理性。

1. 按照软件的功能进行划分

1) 系统软件

系统软件是指控制和协调计算机及外部设备,支持应用软件开发和运行的系统,是不需要用户干预的各种程序的集合,主要功能是调度、监控和维护计算机系统;负责管理计算机系统中各种独立的硬件,使得它们可以协调工作。系统软件使得计算机使用者和其他软件将计算机当作一个整体而不需要顾及底层每个硬件是如何工作的。例如操作系统、数据库管理系统、设备驱动程序、通信处理程序等。系统软件是计算机系统必不可少的一个组成部分。

2) 支撑软件

支撑软件是支持其他软件的开发和维护的软件。随着计算机应用的发展,软件的开发和维护在整个计算机系统中所占的比重已远远超过硬件,从提高软件的生产率,保证软件的正确性、可靠性和维护性来看,支撑软件在软件开发中占有重要地位。例如程序结构图编辑软件、文件格式化软件等。

3) 应用软件

应用软件是和系统软件相对应的,是用户可以使用的各种程序设计语言,以及用各种程序设计语言编制的应用程序的集合,分为应用软件包和用户程序。应用软件包是利用计算机解决某类问题而设计的程序的集合,供多用户使用。用户程序是为满足用户不同领域、不同问题的应用需求而提供的那部分软件。它可以拓宽计算机系统的应用领域,放大硬件的功能。例如计算机辅助教学软件、智能产品嵌入软件等。

2. 按照软件工作方式划分

1）实时处理软件

实时处理软件指在事件或数据产生时立即处理并及时反馈信号的软件，这类软件一般来讲需要监测和控制运行过程，主要包括数据采集、分析、输出3个部分，其处理时间应严格限定，如果在任何时间超出了这一限定，都将造成事故。

2）分时软件

分时软件指允许多个联机用户同时使用计算机，系统把处理机时间轮流分配给各联机用户，使各用户都感到只是自己在使用计算机的软件。

3）交互式软件

交互式软件指能实现人机通信的软件。这类软件接收用户给出的信息并进行反馈，在时间上没有严格的限定，这种工作方式给予用户很大的灵活性。

4）批处理软件

批处理软件指把一组输入作业或一批数据以成批处理的方式一次运行，按顺序逐个处理的软件。

3. 按照软件规模划分

根据开发软件所需的人力、时间以及完成的源程序行数，可划分为下列6种不同规模的软件。

1）微型软件

微型软件指一个人在几天之内完成的程序不超过500行语句且仅供个人专用的软件。通常这类软件没有必要做严格的分析，也不必要有完整的设计、测试资料。

2）小型软件

小型软件指一个人半年之内完成的程序为2000行语句以内的软件。这种软件通常没有与其他程序的接口，但需要按一定的标准化技术、正规的资料书写以及进行定期的系统审查，只是没有大项目那样严格。

3）中型软件

中型软件指5个人以内在一年多时间里完成的程序为5000～50000行语句的软件。中型软件开始出现了软件人员之间、软件人员与用户之间的联系、协调配合关系的问题，因而计划、资料的书写以及技术审查需要比较严格地进行。在开发中使用系统的软件工程方法是完全必要的，这对提高软件产品质量和程序人员的工作效率起着重要的作用。

4）大型软件

大型软件指5～10个人在两年多的时间里完成的程序为50000～100000行语句的软件。参加工作的软件人员需要按级管理，在任务完成过程中，人员调整往往不可避免，因此会出现对新手的培训和逐步熟悉工作的问题。对于这样规模的软件，采用统一的标准，实行严格的审查是绝对必要的。由于软件的规模庞大以及问题的复杂性，大型软件往往在开发过程中会出现一些事先难以估计的事件。

5）甚大型软件

甚大型软件指100～1000人参加，用4～5年时间完成的具有100万行语句的软件。这种甚大型项目可能会划分成若干个子项目，每一个子项目都是一个大型软件，子项目之间具有复杂的接口。例如,实时处理系统、远程通信系统、多任务系统、大型操作系统、大型数据库管理系统通常有这样的规模。很显然,如果这类问题没有软件工程方法的支持,它的开发工作是不可想象的。

6) 极大型软件

极大型软件指 2000～5000 人参加,10 年内完成的程序在 1000 万行语句以内的软件。这类软件很少见,往往是军事指挥、弹道导弹防御系统等。

可以看出,对于规模大、时间长、很多人参加的软件项目,其开发工作必须要有软件工程的知识作指导,而规模小、时间短、参加人员少的软件项目也要用到软件工程概念,并遵循一定的开发规范,其基本原则是一样的。

4. 按照软件服务对象的范围划分

软件工程项目完成后可以有以下两种形式提供给用户。

1) 项目软件

项目软件是受某个特定客户(或少数客户)的委托,由一个或多个软件开发机构在合同的约束下开发出来的软件。例如,卫星控制系统的软件、防控指挥软件等。

2) 产品软件

产品软件是由软件开发机构开发出来直接提供给市场,或是为千百个用户服务的软件。例如文字处理软件、财务管理软件、人事管理软件等。

1.1.4 软件语言

在书写计算机软件的时候离不开软件语言(Software Language),软件语言是用于书写计算机软件的语言。它主要包括需求定义语言、功能性语言、设计性语言、程序设计语言以及文档语言。

1. 需求定义语言

需求定义语言(Requirements Definition Language)是用于书写软件需求定义的语言。软件需求包括功能需求和非功能需求两个方面。功能需求从用户角度明确了软件系统必须具有的功能行为,它是整个软件需求的核心所在。在功能需求的基础上,非功能需求对软件需求作进一步的刻画,它包括功能限制、设计限制、环境描述、数据与通信规程和项目管理等。软件需求定义主要面向用户,采用基于现实世界的描述模型,以便于用户理解。常见的需求定义语言有属性规范语言(Property Specification Language,PSL)。

2. 功能性语言

功能性语言用以书写软件功能规约,软件功能规约是软件功能的严格而完整的陈述。软件功能规约通常只刻画软件系统"做什么"的外部功能,而不涉及系统"如何做"的内部算法,因此,功能性语言通常又称为功能规约语言。从形式化的程度看,有非形式化功能性语言和形式化功能性语言之分。功能性语言涉及对象、规约方法以及规约性质等。常见的功能性语言有 Z 语言等。

3. 设计性语言

设计性语言用以书写软件设计规约。软件设计规约是软件设计的严格而完整的陈述。一方面,它是软件功能规约的算法性细化,刻画了软件"如何做"的内部算法,同时它又是软件实现的依据;另一方面,从细化程度来看,有总体设计规约与详细设计规约之分。典型的设计性语言有 PDL(Procedure Design Language),常用于详细设计。

4. 程序设计语言

程序设计语言(Programming Language)是实现性语言,是用于书写计算机程序的语言,是对处理对象和规则的描述。

1) 按语言级别可分为高级语言和低级语言

低级语言是与特定计算机体系结构密切相关的程序设计语言,如机器语言、汇编语言。其特点是与机器有关,功效高,但使用复杂、烦琐、费时、易出差错、难以维护。

高级语言是不反映特定计算机体系结构的程序设计语言,它的表示方法比低级语言更接近于待解问题的表示方法。其特点是在一定程度上与具体机器无关,易学、易用、易维护。但高级语言程序经编译后产生的目标程序往往功效较低。

2) 按用户要求可分为过程式语言和非过程式语言

过程式语言(Procedural Language)是通过指明列可执行的运算及运算次序来描述计算过程的程序设计语言,如 FORTRAN、C、Java 等。

非过程式语言(Non Procedural Language)是不显式指明处理过程细节的程序设计语言,在这种语言中尽量引进各种抽象度较高的非过程性描述手段,以期做到在程序中增加"做什么"的描述成分,减少"如何做"的细节描述,如 PROLOG 等。

3) 按应用范围可分为通用语言和专用语言

通用语言指目标非单一的语言,如 FORTRAN、C、Java 等。专用语言指目标单一的语言,如自动数控程序语言 APT。

4) 按使用方式可分为交互式语言和非交互式语言

交互式语言指具有反映人机交互作用语言成分的语言,如 BASIC。非交互式语言指语言成分不反映人机交互作用的语言,如 FORTRAN、C 等。

5) 按成分性质可分为顺序语言、并发语言、分布语言

顺序语言指只含顺序成分的语言,如 FORTRAN、C 等。并发语言指含有并发成分的语言,如 Modula、Ada、并发 PASCAL 等。分布语言是考虑到分布计算要求的语言,如 Digital Control Design Language(DCDL)、Scala 等。

5. 文档语言

文档语言用以书写软件文档。软件需求定义,软件功能规约,软件设计规约等都是软件文档。此外还可能有一些其他阐明性的资料也是软件文档。一般使用自然语言或者半形式化语言书写。

1.2 软 件 工 程

1968 年北大西洋公约组织(North Atlantic Treaty Organization,NATO)的计算机科学家在联邦德国召开国际会议,正式提出了"软件工程"(Software Engineering)的术语。从此一门新兴的工程学科诞生了。概括地说,软件工程是指导计算机软件开发和维护的一门工程学科。采用工程的概念、原理、技术和方法来开发与维护软件,把经过时间考验而证明正确的管理技术和当前能够得到的最好的技术方法结合起来,以经济地开发出高质量的软件并有效地维护它,这就是软件工程。

1.2.1　软件工程定义

软件工程一直以来都缺乏一个统一的定义,很多学者、组织机构都分别给出了自己认可的定义。

美国著名的软件工程专家 Barry W. Boehm 提出的定义:"运用现代科学技术知识来设计并构造计算机程序及为开发、运行和维护这些程序所必需的相关文件资料。"这一定义强调了软件工程与工程学科的关联,并提到了使用工程原理和方法来开发计算机程序的重要性。

1968 年在第一届 NATO 会议上曾经给出了软件工程的一个早期定义:"软件工程就是为了经济地获得可靠的且能在实际机器上有效地运行的软件,而建立和使用完善的工程原理。"这个定义不仅指出了软件工程的目标是经济地开发出高质量的软件,而且强调了软件工程是一门工程学科,它应该建立并使用完善的工程原理。

1993 年,电气与电子工程师协会(Institute of Electrical and Electronics Engineers, IEEE)进一步给出了一个更全面更具体的定义:"软件工程是:①把系统的、规范的、可度量的途径应用于软件开发、运行和维护过程,也就是把工程应用于软件;②在软件工程的原则、方法和过程的框架下,将经验和理论知识应用于软件开发中。"这一定义强调了软件工程的系统化和规范化,并强调了使用经验和理论知识来指导软件开发过程的重要性。《计算机科学技术百科全书》给出的定义:软件工程是应用计算机科学、数学、逻辑学及管理科学等原理,开发软件的工程。软件工程借鉴传统工程的原则、方法,以提高质量、降低成本和改进算法。其中,计算机科学、数学用于构建模型与算法,工程科学用于制定规范、设计范型、评估成本及确定权衡,管理科学用于计划、资源、质量、成本等管理。

虽然软件工程的不同定义使用了不同的描述方法,但是比较认可的一种定义认为:软件工程是研究和应用如何以系统性的、规范化的、可定量的过程化方法开发和维护软件,以及如何把经过时间考验而证明正确的管理技术和当前能够得到的最好的技术方法结合起来。

1.2.2　软件工程基本原则

《计算机科学技术百科全书》提出,软件工程的框架可以概括为目标、活动和原则。软件工程的目标是:在给定成本、进度的前提下,开发出具有适用性、有效性、可修改性、可靠性、可理解性、可维护性、可重用性、可移植性、可追踪性、可互操作性和满足用户需求的软件产品。追求这些目标有助于提高软件产品的质量和开发效率,减少维护的困难。

软件开发活动是指生产一个满足需求且达到工程标准的软件产品所需要的活动,包括问题的定义及规划、需求分析、软件设计、程序编码、软件测试、运行维护等过程。从软件工程的角度来看,大多数的软件开发都是遵循这样的过程来进行的,以上的每一步都是不可缺少的。

软件工程原则包括以下 4 条基本原则。

1. 选取适宜的开发风范

在系统设计过程中经常会受到各种不同需求之间的影响和制约,要适应需求的多变性,就要选择适宜的开发风范,以保证软件开发的可持续性,并使最终的软件产品满足客户的要求。

2. 采用合适的设计方法

在软件设计中,通常要考虑软件的模块化、信息隐蔽、局部化、一致性以及适应性等问题。采用合适的设计方法有助于支持这些问题的解决和实现,以达到软件工程的目标。

3. 提供高质量的工程支持

软件工程如其他工程一样,需要提供高质量的工程支持,例如配置管理、质量保证等,才能按期交付高质量的软件产品。

4. 有效的软件工程管理

软件工程的管理至关重要,可以直接影响资源的有效利用和分配,只有在进行有效的软件工程管理后才能提高软件的开发效率和生产能力。

1.2.3 软件危机

软件危机(Software Crisis)是早期计算机科学的一个术语,是指在软件开发及维护的过程中遇到的一些严重的问题,这些问题皆可能导致软件产品的生命周期大大缩短甚至直接毁灭。软件开发是一项难度高、风险大的活动,由于它的失败率高,故名软件危机。软件危机的本源是复杂、期望和改变。

软件危机的具体原因十分复杂,一方面与软件本身的特点有关,另一方面和软件开发与维护的方法不正确有关,此外也和软件开发人员本身的素质有关。

软件危机表现在如下几方面。

(1)产品不符合用户的实际需要。因为软件开发人员对用户需求没有深入、准确的了解,导致用户对软件产品不满意的现象发生。

(2)软件的发展速度跟不上硬件的发展和用户的需求,软件成本高。硬件成本逐年下降,软件应用日趋广泛,软件产品"供不应求",与硬件相比,软件成本越来越高。

(3)软件的成本和开发进度估计不准确。由于软件应用范围越来越广,很多应用领域往往是软件开发人员所不熟悉的,加之开发人员与用户之间信息交流不够,导致软件产品不符合要求,不能如期交付。因而,软件开发成本和进度都与原计划相差太大,引起用户不满。

(4)软件产品质量差,可靠性不能保证。软件质量保证技术没有应用到软件开发的全过程中,导致软件产品质量问题频频发生。

(5)软件产品可维护性差。软件设计时不注意程序的可读性,不重视可维护性,程序中存在的错误很难改正。软件需求发生变化时,维护相当困难。

(6)软件缺乏完整、规范的文档资料。软件开发时文档资料不全或文档与软件不一致,严重影响软件的开发和维护过程。

要消除软件危机,需要采用以下措施。

① 使用好的软件开发技术和方法。

② 使用好的软件开发工具,提高软件生产率。

③ 有良好的组织、严密的管理,各方面人员相互配合共同完成任务。

为了解决软件危机,必须要对计算机软件有正确的认识,必须充分认识到软件开发不是某种个体劳动,而是一种组织良好、管理严密、各类人员协同配合、共同完成的工程项目。解决软件危机既要有技术措施(好的方法和工具),也要有组织管理措施。软件工程正是从技术和管理两方面来研究如何更好地开发和维护计算机软件的。

1.2.4 软件工程基本原理

美国著名软件工程专家 B. Boctm 综合有关专家和学者的意见并总结了多年来开发软件的经验,于 1983 年在一篇论文中提出了软件工程的七条基本原理。

(1) 用分阶段的生命周期计划进行严格的管理;

(2) 坚持进行阶段评审;

(3) 实行严格的产品控制;

(4) 采用现代程序设计技术;

(5) 软件工程结果应能清楚地审查;

(6) 开发小组的人员应该少而精;

(7) 承认不断改进软件工程实践的必要性。

B. Boctm 指出,遵循前六条基本原理,能够实现软件的工程化生产;按照第七条原理,不仅要积极主动地采纳新的软件技术,而且要注意不断总结经验。这就是软件工程基本原理。

1.3 软件生命周期

1.3.1 软件生命周期定义

软件生命周期(Software Life Cycle)又称为软件生命期、生存期,是指从形成开发软件概念起,所开发的软件使用以后,直到失去使用价值消亡为止的整个过程。软件生命周期可以分为三大阶段,分别为定义问题、软件开发和软件维护。采用适合的工具来对需求进行说明和描述,这样对于后续的软件设计、编码、测试和维护可以打下坚实的基础。

一般来说,整个生命周期包括问题定义、可行性研究、需求分析、设计开发、测试、运行和维护七个时期,每一个时期又划分为若干阶段。每个阶段有明确的任务,这样使规模大、结构复杂和管理复杂的软件开发变得容易控制和管理。

生命周期的每一个周期都有确定的任务,并产生一定规格的文档(资料),提交给下一个周期作为继续工作的依据。按照软件生命周期,开发软件不再只单单强调"编码",而是包括了软件开发的全过程。软件工程要求每一周期工作的开始必须是建立在前一个周期结果"正确"的前提上;因此,每一周期都是按"活动—结果—审核—再活动—直至结果正确"循环往复进展的。

1.3.2 软件生命周期划分阶段的原则

把一个软件产品的生命周期划分为若干个阶段,是实现软件生产工程化的重要步骤。划分软件生命周期的方法有许多种,可按软件的规模、种类、开发方式、开发环境等来划分生命周期。不管用哪种方法划分生命周期,划分阶段的原则是相同的,具体如下所述。

(1) 各阶段的任务之间彼此尽可能相对独立。逐步完成每个阶段的任务,这样可以简化每个阶段的工作,有助于确立系统开发计划。

(2) 在同一个阶段的工作任务的性质尽可能相同。方便软件工程的开发和管理,明确系统中各类开发人员的分工与负责范围,有利于协同工作,保证质量。

1.3.3 软件生命周期各阶段的任务

软件生命周期每个阶段的基本任务如下所述。

1. 问题定义及规划

此阶段要回答的问题是:"要解决的问题是什么?"在此阶段软件开发方与需求方共同讨论,主要确定软件的开发目标及其可行性。

2. 可行性研究

这个阶段要回答的关键问题是:"对于上一个阶段所确定的问题有行得通的解决办法吗?"为了回答这个问题,系统分析员需要进行一次大大压缩和简化了的系统分析和设计过程,也就是在较抽象的高层次上进行的分析和设计过程。可行性研究应该比较简短,这个阶段的任务不是具体解决问题,而是研究问题的范围,探索这个问题是否值得去解决,是否有可行的解决办法。

3. 需求分析

这个阶段的任务是确定"为了解决这个问题,目标系统必须做什么?"在确定软件开发可行的情况下,软件开发人员必须对软件需要实现的各个功能进行详细分析。需求分析阶段是一个很重要的阶段,这一阶段做得好,将为整个软件开发项目的成功打下良好的基础。"唯一不变的是变化本身。"同样需求在整个软件开发过程中也是不断变化和深入的,因此软件开发人员必须制定需求变更计划来应付这种变化,以保护整个项目的顺利进行。

4. 软件设计

这个阶段必须回答的关键问题是:"应该怎么实现目标系统?"此阶段主要根据需求分析的结果,对整个软件系统进行设计,如系统框架设计,数据库设计等。软件设计一般分为总体设计和详细设计。好的软件设计将为软件程序编写打下良好的基础。

5. 软件开发

此阶段是将软件设计的结果转换成计算机可运行的程序代码。在程序编码中必须要制定统一、符合标准的编写规范。以保证程序的可读性、易维护性,提高程序的运行效率。

6. 软件测试

在软件设计完成后要经过严密的测试,以发现软件在整个设计过程中存在的问题并加以纠正。

7. 软件维护

软件维护是软件生命周期中持续时间最长的阶段。在软件开发完成并投入使用后,由于多方面的原因,当软件不能继续适应用户的要求时,要延续软件的使用寿命,就必须对软件进行维护。

1.4 软件开发模型

为了反映软件生命周期内各种工作应如何组织及其各个阶段应如何衔接,需要用软件开发模型给出直观的图示表达。软件开发模型是软件工程思想的具体化,是实施于过程模型中的软件开发方法和工具,是在软件开发实践中总结出来的软件开发方法和步骤,是软件过程的简化表示。总体来说,软件开发模型是跨越整个软件生命周期的系统开发、运作、维护所实施的全部工作和任务的结构框架。典型的软件开发模型有瀑布模型、快速原型模型、增量模型、喷泉模型、螺旋模型、统一过程模型等。

1.4.1 瀑布模型

瀑布模型(Waterfall Model)是 1970 年 Winston Royce 提出的,直到 20 世纪 80 年代早期,它一直是被广泛采用的软件开发模型。瀑布模型开发过程是通过设计一系列阶段顺序展开的,从系统需求分析开始直到产品发布和维护,每个阶段都会产生循环反馈。因此,如果有信息未被覆盖或者发现了问题,那么最好"返回"上一个阶段并进行适当的修改,项目开发进程从一个阶段"流动"到下一个阶段,一个阶段的输出是下一阶段的输入,这也是瀑布模型名称的由来。瀑布模型规定了各项软件工程活动,包括制定开发计划、进行需求分析和说明、软件设计、程序编码、测试及运行维护,如图 1.1 所示。并且,瀑布模型规定了各项活动自上而下、相互衔接的固定次序,如同瀑布流水,逐级下落。

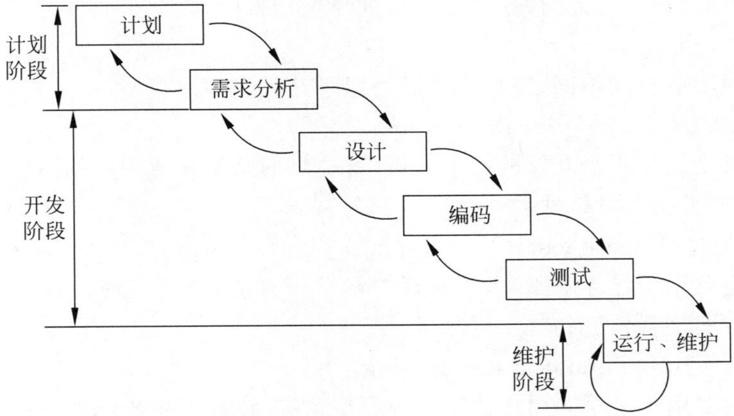

图 1.1 瀑布模型

然而软件开发的时间表明,上述各项活动之间并非完全是自上而下的。实际上每项活动应该具有如下特征。

(1) 从上一项活动接收该项活动的工作对象作为输入。

(2) 利用这一项输入实施该项活动应完成的内容。

(3) 给出该项活动的工作结果,作为输出传给下一项活动。

(4) 对该项活动实施的工作进行评审。若其工作得到确认,则继续进行下一项活动,否则返回前一项,甚至前几项的活动进行返工。

瀑布模型为软件开发和软件维护提供了一种有效的管理模式。其优点是,可规定开发人员采用规范的方法,严格规定了每个阶段必须提交的文档,要求每个阶段交出的所有产品都必须经过仔细查验。与此同时,瀑布模型在大量的软件开发实践中逐渐暴露出它的严重缺点,其中最为突出的缺点是该模型缺乏灵活性,特别是无法解决软件需求不明确或不准确的问题。这些问题的存在会对软件开发带来严重的影响,最终可能导致开发出的软件并不是用户真正需要的软件,并且,由于瀑布模型具有顺序性和相关性,凡是后一阶段出现的问题需要通过前一阶段的重新确认来解决,所以这一点在开发过程完成后才会有所察觉,因此其代价十分高昂。而且,随着软件开发项目规模的日益庞大,由于瀑布模型不够灵活等缺点引发的上述问题显得更为严重。

1.4.2 快速原型模型

快速原型模型(Rapid Prototype Model)是 20 世纪 80 年代中期推出一种新的开发模式,是快速开发出的一个可以运行的原型系统,该原型系统所能完成的功能往往是最终产品能完成的功能的一个子集。原型模型是先借用已有软件系统作为"样品",通过向用户提供原型获取用户的反馈,使开发出的软件能够真正反映用户的需求。同时,原型模型采用逐步求精的方法完善原型,使得原型能够"快速"开发,避免了像瀑布模型那样在冗长的开发过程中难以对用户的反馈做出快速的响应。相对瀑布模型而言,原型模型更符合人们开发软件的习惯,是目前较流行的一种实用软件生命周期模型。快速原型模型弥补了传统结构化生命周期法的不足,虽然要额外花费一些成本,但是可以及早为用户提供有用的产品,及早发现问题,随时纠正错误,尽早获得更符合需求的软件模型,从而减少软件测试和调试的工作量,提高了软件的质量。因此,快速原型模型如果使用得当,能减少软件开发的总成本,缩短软件开发周期。

根据使用原型的目的不同,原型可以分为以下三种类型。

1) 探索型原型(Exploratory Prototyping)

这种类型是把原型用于开发的需求分析阶段,目的是要弄清用户的需求,确定所期望的特性,并探索各种方案的可行性。

2) 实验型原型(Experimental Prototyping)

这种原型主要用于设计阶段,考核实现方案是否合适,能否实现。对于一个大型系统,可以用于考核方案是否合适、安全、可靠。

3) 演化型原型(Evolutionary Prototyping)

这种原型主要用于及早向用户提交一个原型系统,该原型系统或者包含系统的框架,或者包含系统的主要功能,在得到用户的认可后,将原型系统不断扩充演变为最终的软件系统。它将原型的思想扩展到软件开发的全过程。

软件快速原型模型的开发过程如图 1.2 所示。开发人员听取用户意见,进行需求分析,尽快构造出原型,以便获得用户的真正需求。原型由用户运行、评价和测试,开发人员根据用户的意见修改后再次请用户试用,逐步满足用户的需求;产品一旦交付给用户使用,维护便开始。根据需要,维护工作可能返回需求分析、设计或编码等不同的阶段。快速原型模型的本质是"快速",开发人员应该尽可能快地建造出原型系统以加速软件开发过程。原型的用途是获取用户的真正需求,一旦需求确定了,原型将被抛弃。因此原型系统的内部结构并

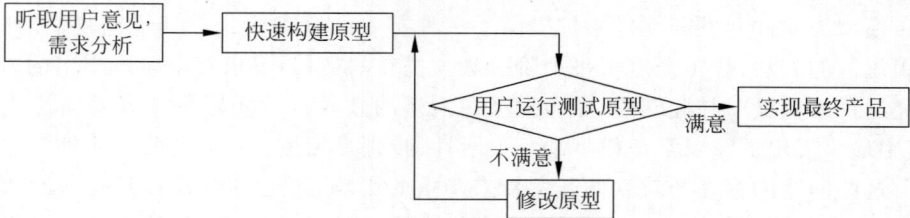

图 1.2 快速原型模型的开发过程

不重要,重要的是必须快速构造原型然后根据用户意见迅速地修改原型。

1.4.3　增量模型

增量模型(Incremental Model)也称为建增模型,如图 1.3 所示。使用增量模型开发软件时,是把待开发的软件系统模块化,将每个模块作为一个增量组件,从而分批次地分析、设计、编码和测试这些增量组件。每个组件由多个相互作用的模块构成,并且能够完成特定的功能。使用增量模型时,第一个增量构件往往实现软件的基本需求,提供最核心的功能。例如,使用增量模型开发字处理软件时,第一个增量构件提供基本的文件管理、编辑和文档生成功能;第二个增量构件提供更完善的编辑和文档生成功能;第三个增量构件实现拼写和语法检查功能;第四个增量构件完成高级的页面排版功能。把软件产品分解成增量构件时,应该使构件的规模适中,规模过大或过小都不好。最佳分解方法因软件产品特点和开发人员的习惯而异。分解时唯一必须遵守的约束条件是,当把新构件集成到现有软件中时,所形成的产品必须是可测试的。

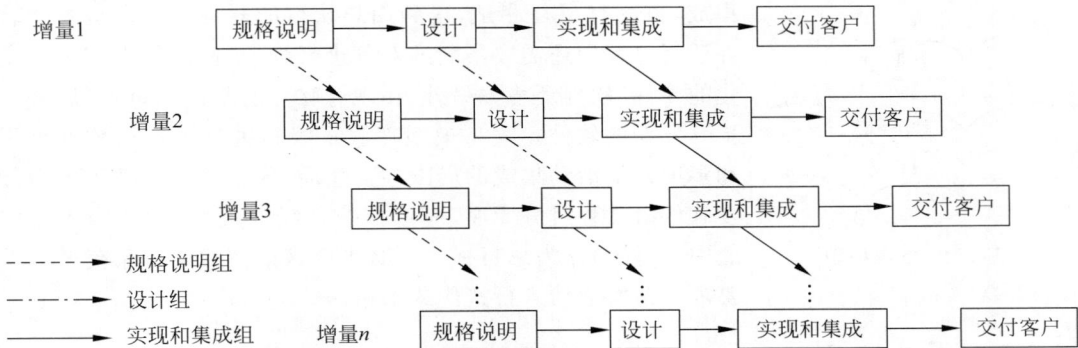

图 1.3　增量模型

运用增量模型的软件开发过程是递增式的过程。相对于瀑布模型而言,采用增量模型进行开发,开发人员不需要一次性地把整个软件产品提交给用户,而是将构件逐个提交给用户,从第一个构件交付之日起,用户就能做一些有用的工作,能在较短时间内向用户提交可完成部分工作的产品,是增量模型的一大优点。另外,该模型可以使用户有较充裕的时间学习和适应新产品,从而减少一个全新的软件可能给用户带来的冲击。

使用增量模型的困难是,在把每个新的增量构件集成到现有软件体系结构中时,必须不破坏原来已经开发出的产品。此外,必须把软件的体系结构设计得便于按这种方式进行扩充,向现有产品中加入新构件的过程必须简单、方便,也就是说,软件体系结构必须是开放的。但是,从长远观点看,具有开放结构的软件拥有真正的优势,这样的软件的可维护性明显好于封闭结构的软件。因此,尽管采用增量模型比采用瀑布模型和快速原型模型需要更精心的设计,但在设计阶段多付出的劳动将在维护阶段获得回报。从某种意义上说,增量模型本身是自相矛盾的。它一方面要求开发人员把软件看作一个整体,另一方面又要求开发人员把软件看作构件序列,每个构件本质上都独立于另一个构件。除非开发人员有足够的技术能力协调好这一明显的矛盾,否则用增量模型开发出的产品可能并不令人满意。

15

第 1 章

绪　论

1.4.4 喷泉模型

喷泉模型(Fountain Model)是一种以用户需求为动力、以对象为驱动的模型、主要用于描述面向对象的软件开发过程。该模型认为软件开发过程自下而上周期的各阶段是相互重叠和多次反复的,就像水喷上去又可以落下来,类似一个喷泉。"喷泉"一词体现了迭代和无间隙特性。系统某个部分常常重复工作多次,相关功能在每次迭代中随之加入演进的系统。无间隙是指在开发活动,即分析、设计、编码之间不存在明显的边界。喷泉模型的各开发阶段没有特定的次序要求,并且可以交互进行,可以在某个开发阶段中随时补充其他任何开发阶段中的遗漏,如分析、设计和编码之间没有明显的界线。在编码之前再进行需求分析和设计,期间添加有关功能,使系统得以演化。

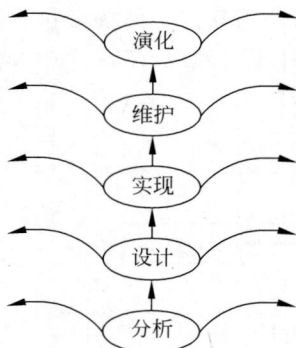

图 1.4 喷泉模型

喷泉模型重视软件开发工作的重复与渐进,通过相关对象的反复迭代并在迭代中充实扩展,实现了开发工作的迭代和无间隙,所以模块集成的过程就是要反复经过分析、设计、测试、集成,再经过反复测试,得到用户认可的软件才可以运行。软件运行过程中还需要不断地对其进行维护,使软件适应不断变化的硬件、软件环境。另外,在现有软件的基础上,还可以进一步开发新的软件。喷泉模型克服了瀑布模型不支持软件重用和多项开发活动集成的局限性。然而,为避免使用喷泉模型开发软件时过程过分无序,应该把一个线性过程(例如图 1.4 中的中心垂线)作为总目标。同时也应该记住面向对象范型本身要求对开发活动进行迭代或求精。

1.4.5 螺旋模型

软件开发总是要承担一定的风险。"软件风险"是普遍存在于任何软件开发项目中的实际问题。对于不同的项目,其差别只是风险有大有小。在制订软件开发计划时,系统分析员必须回答:项目的需求是什么,需要投入多少资源以及如何安排开发进度等一系列问题。然而,若要他们当即给出准确无误的回答是不同意的。但系统分析员又不可能完全回避这一问题。凭借经验的估计给出初步的设想难免带来一定风险。实践证明,项目规模越大,问题越复杂,承担项目所冒的风险也越大。风险是软件开发不可忽视的潜在不利因素,它可能在不同程度上损害软件开发过程或软件产品质量。

1988 年,Barry Boehm 正式发表了软件系统开发的螺旋模型(Spiral Model),它将瀑布模型和快速原型模型结合起来,强调了其他模型所忽视的风险分析,特别适合于大型复杂的系统。螺旋模型的基本思想是使用原型和其他方法来尽量降低风险。理解这种模型的一个简便方法是把它看作在每个阶段之前都增加了风险分析过程的快速原型模型。如图 1.5 所示,螺旋模型沿着螺线旋转,在笛卡儿坐标的四个象限分别表达了四方面的活动。

(1) 制订计划:确定软件目标,选定实施方案,弄清项目开发的限制条件;

(2) 风险分析:分析评估所选方案,考虑如何识别和消除风险;

(3) 实施工程:实施软件开发和验证;

(4) 客户评估:评价开发工作,提出修正建议,制订下一步计划。

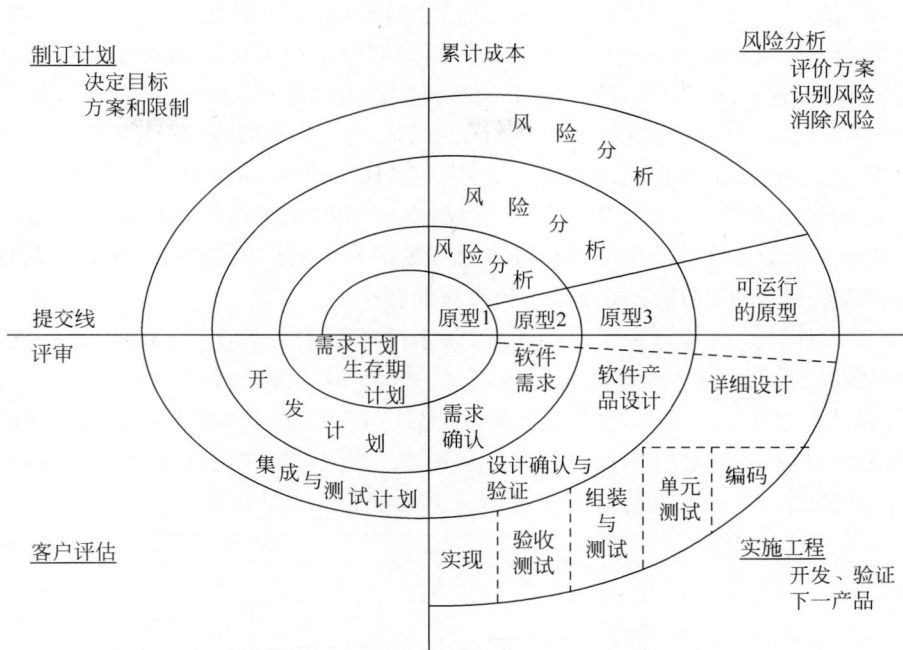

图 1.5 螺旋模型

图中文字标注：

制订计划
　决定目标
　方案和限制

累计成本

风险分析
　评价方案
　识别风险
　消除风险

风 险 分 析
风 险 分 析
风 险 分 析

提交线
评审

原型1　原型2　原型3　可运行的原型

需求计划
生存期计划

软件需求

软件产品设计

详细设计

开发计划

需求确认

集成与测试计划

设计确认与验证

组装与测试

单元测试

编码

客户评估

实现

验收测试

实施工程
　开发、验证
　下一产品

　　沿螺线自内向外每旋转一圈便开发出更为完善的一个新的软件版本。例如,在第一圈,确定了初步的目标、方案和限制条件以后,转入右上象限,对风险进行识别和分析。如果风险分析表明需求有不确定性,那么在右下的工程象限内所建的原型会帮助开发人员和客户考虑其他开发模型,并对需求做进一步修正。客户对工程成果做出评价之后,给出修正建议。在此基础上需再次计划,并进行风险分析。在每一圈螺线上风险分析的终点做出是否继续下去的判断。假如风险过大,开发者和用户无法承受,项目有可能终止。多数情况下沿螺线的活动会继续下去,自内向外,逐步延伸,最终得到所期望的系统。

　　螺旋模型兼顾了快速原型模型的迭代特征以及瀑布模型的系统化与严格监控,具有许多优点:对可选方案和约束条件的强调有利于已有软件的重用,也有助于把软件质量作为软件开发的一个重要目标;减少了过多测试(浪费资金)或测试不足(产品故障多)所带来的风险;更重要的是,在螺旋模型中维护只是模型的另一个周期,在维护和开发之间并没有本质区别。

　　螺旋模型主要适用于内部开发的大规模软件项目。如果进行风险分析的费用接近整个项目的经费预算,则风险分析是不可行的。事实上,项目越大,风险也越大,因此,进行风险分析的必要性也越大。此外,只有内部开发的项目,才能在风险过大时方便地终止项目。

　　螺旋模型的局限性在于:除非软件开发人员具有丰富的风险评估经验和这方面的专门知识,否则将出现真正的风险;当项目实际上正在走向灾难时,开发人员可能还认为一切正常,这势必造成重大损失。

1.4.6　统一过程

　　统一过程(Rational Unified Process,RUP)是 Rational 公司推出的一种软件工程处理过程,

是一种以用例驱动、以体系结构为核心、采用迭代和增量的模型构建方法的软件过程模型,是经过几十年的发展所形成的。它融汇了各类生命周期模型的优点,汇集了先进的思想和实践经验,广泛应用于各类面向对象项目,RUP 模型将会成为软件开发时代发展的主流。

RUP 使用统一建模语言(Unified Modeling Language,UML),采用用例(Use Case)驱动和架构优先的策略,采取迭代增量建造方法。UML 采用了面向对象的概念,引入了各种独立于语言的表示符号。UML 用用例模型、静态模型和动态模型共同完成对整个系统的建模,所定义的概念和符号可用于软件开发过程的分析、设计和实现的全过程。软件开发人员不必在开发过程的不同阶段进行概念和符号的转换。

RUP 将软件开发过程分为了多个循环,每个循环都有四个阶段:初始阶段、细化阶段、构建阶段和移交阶段,每一个小的阶段也都是一个小型的瀑布模型,要经过分析、设计、编码、集成、测试等多个流程和步骤进行更新和开发。RUP 通过多次反复的迭代循环的过程来达到既定的目标,完成软件开发的任务。如图 1.6 所示,每次迭代增加尚未实现的用例,所有用例建造完成,系统也就建造完成了。四个阶段的工作目标如下。

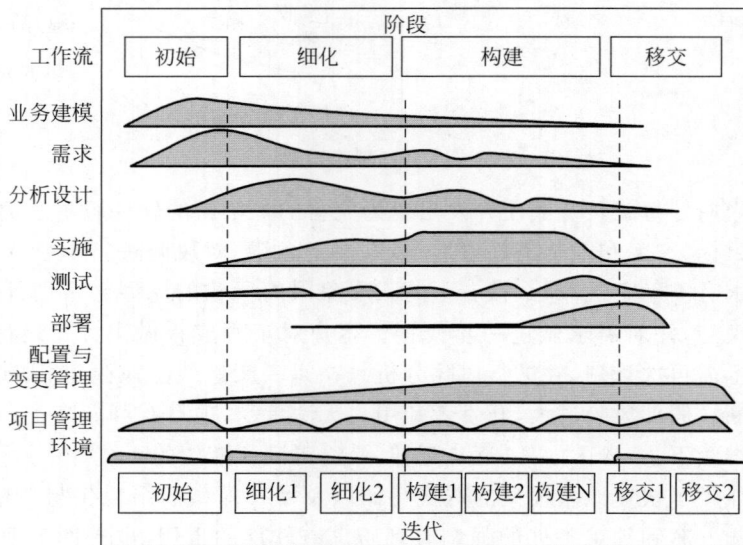

图 1.6 统一过程模型

(1) 初始阶段:建立业务模型,定义最终产品视图,并且确定项目的范围。

(2) 细化阶段:设计并确定系统的体系结构,制订项目计划,确定资源需求。

(3) 构建阶段:开发出所有构件和应用程序,把它们集成为客户需要的产品,并且详尽地测试所有功能。

(4) 移交阶段:把开发出的产品提交给用户使用。

RUP 模型通过迭代和增量的开发,可以更早地发现问题,减少缺陷,从而提高产品质量;通过以风险为驱动的过程,可以更早地识别和解决风险,从而降低项目失败的风险;通过以用例为驱动的过程,可以更好地理解用户需求,从而提高用户满意度;通过高度可配置的过程,可以灵活地适应各种项目和团队的需求。总而言之,RUP 模型是一个强大而灵活的软件开发过程框架,它提供了一种结构化的方法来管理软件开发过程,具有较强的多功能性和广泛适用性。

1.5　CASE 工具与环境

软件工具是指在软件开发、维护和分析中使用的程序系统,具体来讲就是开发人员在系统分析、设计、编程、测试过程中运用的一套辅助工具。例如,在设计、分析阶段有 PSL/PSA、AIDES、SDL/PAD 等;在编程阶段有 BASIC 编译器、PASCAL 编译器等。计算机辅助软件工程(Computer Aided Software Engineering,CASE)是在软件工程活动中,软件工程师和管理人员按照软件工程的方法和原则,借助于计算机及其软件工具的帮助,开发、维护、管理软件产品的过程,以确保这些活动可以高效率、高质量地进行。一般的 CASE 环境需要网络的支持,允许若干个软件工程师在这个环境中同时使用相同或不同的软件工具相互通信、协同工作。

1.5.1　CASE 工具

人们在日常生活工作中经常使用各种工具来提高效率,如用交通工具便利通勤,用通信工具交流便于消息的传递。在计算机软件的开发、运行、维护等各种活动中,同样也存在着许多辅助性的工具来帮助提高其效率。

在软件生产、使用、开发、管理、支持、维护等过程中的活动中辅助帮助的软件称为软件工具。使用软件工具可大大降低生产成本,提高软件产品的生产效率和软件产品的质量。

1. 发展历史

在计算机刚诞生的那几年中,人们使用计算机裸机开发软件,在控制面板上操纵程序的运行,几乎没有软件工具可以用来辅助工作。在 20 世纪 50 年代中期,开始出现了程序语言,当时的软件开发主要是编程,出现了编辑程序、汇编程序和各种程序语言的编译或排错程序、装配程序、解释程序、连接程序等辅助软件编程活动的工具。同时,受制于技术问题,计算机的性能很差,因此,也出现了一些辅助程序运行的工具,例如,在定点计算机上运行的浮点解释程序,提高计算精度的多倍字长运算程序等。

20 世纪 60 年代末出现了软件工程,提出了软件生命周期的概念,出现了许多软件开发模型方法,人们也开始逐渐重视软件管理。于是,支持软件开发、维护、管理等过程的各种活动的辅助工具也应运而生。例如,需求分析工具可以支持需求分析活动、支持维护过程的维护工具和理解工具,支持管理过程中进度管理活动的 PERT 工具、质量保证工具支持软件支持过程等。与此同时,大量结构性的开发工具涌现,逐步开始活跃在软件开发过程中。

伴随着产业的升级,计算机应用也迅速发展、更新迭代,出现了一大批应用类工具,例如用户界面工具、多媒体开发工具、数据库应用工具等。

到了 20 世纪 80 年代中期,人们提出了软件过程的新概念,相应地开始研制过程建模工具、过程评价工具等。总之,只要出现一种新模型、新方法、新概念,则辅助它们的软件工具也就应运而生。

2. 分类

软件工具种类繁多,用途广泛,很难有统一的划分标准,可以通过多个角度对辅助软件工具进行分类。

1)支持软件开发过程进行分类

支持软件开发过程的工具主要有需求分析工具、设计工具、编码工具、测试工具、排错工具等。它们还可按支持的开发方法和活动进行分类,比如结构化设计工具,面向对象分析工具。

2) 支持软件维护过程进行分类

支持软件维护过程的工具主要有版本控制工具、文档分析工具、逆向工程(Reverse Engineering)工具、再造工程(Reengineering)工具等。

3) 支持软件管理过程和支持过程进行分类

支持软件管理过程和支持过程的主要工具有项目管理工具、配置管理工具、软件评价工具等。

软件工具由于其烦琐多样的特点,分类方式也有很多,上述方法只是较为流行的几种。此外这种分类并非是严密的,一种工具可以分属两个不同的分类。所以从使用软件工具的开发者的角度来说,软件工具的分类并不重要,重要的是软件工具是否能在软件开发过程中起到辅助的作用。

3. 工具的选择和评价

当今市场上各类软件开发工具种类繁多,十分丰富,但是也存在着价格波动大、质量良莠不齐的情况。如何来选择和评价适合自己或该项目的软件开发工具呢? 可以根据以下标准来衡量软件开发工具的优劣。

1) 功能

软件开发工具的功能是首先应该考虑的方面,它不仅要实现所需的功能需求,支持用户所选定的开发方法,还应可以检查与之相关的方法学能否正确执行,并保证产生与方法学一致的输出结果。

2) 易用性

软件开发工具要有友好的用户界面,让用户乐于使用。工具应能自由裁算和定制,以适应特定用户的需要。工具应含有提示用户的交互操作,提供简单有效的执行方式。工具还应能检查用户的操作错误,尽可能做到自动改正错误。

3) 稳健性

一个好的软件开发工具的可靠性非常重要,并且可以做到适应环境或其他条件变化的要求,即使在非法操作或故障情况下,也不应导致严重后果。

4) 硬件要求和性能

软件开发工具的性能(如响应时间、占用存储空间的大小等),将直接影响工具的使用效果。合理的性能和对硬件的合理要求可以使资源能被更高效地加以利用,使用户的投资产生最大的作用。

5) 服务和支持

作为软件开发工具的生产厂家应该为该工具提供配套的技术服务,例如咨询、培训、说明和对于工具的升级和更新等,对应的工具文档应该配备齐全且易于理解。

1.5.2 软件开发环境

软件开发环境(Software Development Environment,SDE)是指在基本硬件和数字软件的基础上,为支持系统软件和应用软件的工程化开发和维护而使用的一组软件。它由软件工具和环境集成机制构成,前者用以支持软件开发的相关过程、活动和任务,后者为工具集成和软件的开发、维护及管理提供统一的支持。

软件开发环境的主要组成部分是软件工具集以及集成环境机制。工具集包含支持软件开发过程中各种活动、支持不同方法的工具，以实现对软件开发的全方位支持。集成环境提供了数据、控制、界面的集成机制。集成的优点是可以把工具组合起来支持更广泛的软件开发活动。人机界面是软件开发环境与用户之间的一个统一的交互式对话系统，它是软件开发环境的重要质量标志。存储各种软件工具加工所产生的软件产品或半成品(如源代码、测试数据和各种文档资料等)的软件环境数据库是软件开发环境的核心。工具间的联系和相互理解都是通过存储在信息库中的共享数据得以实现的。

下面主要介绍集成开发环境。

集成开发环境(Integrated Development Environment,IDE)是用于提供程序开发环境的应用程序，通常由工具集和环境集成机制组成，工具集一般包括支持软件开发过程中各种活动的各类工具，例如代码编辑器、编译器、调试器和图形用户界面工具。

环境集成机制可以提供对工具的集成及对用户软件的开发、维护及管理提供统一的支持。按功能可划分为数据集成、控制集成和界面集成。

(1) 数据集成机制：为各种相互协作的工具提供统一的数据接口规范，以实现不同工具之间的数据交流。

(2) 控制集成机制：支持各个工具或开发活动之间的通信、切换、调度和协同工作，并支持软件开发过程的描述、执行与转接。

(3) 界面集成机制：支持工具界面的集成和应用系统的界面开发，统一界面风格，提供一种相似的视觉感觉，有利于用户降低学习不同工具的代价。

本 章 总 结

本章具体介绍了计算机软件和软件工程的基本概念、发展周期、软件生命周期，还介绍了最典型的软件过程模型，例如瀑布模型、增量模型、快速原型模型、螺旋模型、喷泉模型和统一过程模型等，最后简要介绍了 CASE 工具与环境。

习　　题

题库

一、单选题

1. 软件产品与物质产品有很大区别，软件产品是一种(　　)产品。

    A. 有形　　　　　　　B. 消耗　　　　　C. 逻辑　　　　　　D. 文档

2. 软件会逐渐退化而不会磨损，其原因在于(　　)。

    A. 软件通常暴露在恶劣的环境下　　　B. 软件错误通常发生在使用之后

    C. 不断的变更使组件接口之间引起错误　D. 软件备件很难订购

3. (　　)不是 20 世纪 60 年代中期以前软件开发的特点。

    A. 开发中已形成文档规范　　　　　　B. 开发依赖个人技能

    C. 没有开发方法指导　　　　　　　　D. 开发过程缺乏有效管理

4. 软件工程的出现是由于(　　)。

    A. 软件危机的出现　　　　　　　　　B. 计算机硬件技术的发展

C. 软件社会化的需要　　　　　　　D. 计算机软件技术的发展

5. 软件工程要解决的问题是(　　　)。

　A. 加快软件开发速度　　　　　　　B. 降低软件开发成本

　C. 提高软件质量　　　　　　　　　D. 以上都是

6. 在软件生命周期中,能准确地确定"软件系统必须做什么"的阶段是(　　　)。

　A. 总体设计　　　　B. 详细设计　　　　C. 可行性研究　　　　D. 需求分析

7. 软件生命周期中花费最多的阶段是(　　　)。

　A. 详细设计　　　　B. 软件编码　　　　C. 软件测试　　　　D. 软件维护

8. 软件开发方法是(　　　)。

　A. 指导软件开发的一系列规则和约定　　B. 软件开发的步骤

　C. 软件开发的技术　　　　　　　　　　D. 软件开发的思想

9. 在软件开发模型中,提出最早、应用最广泛的模型是(　　　)。

　A. 瀑布模型　　　　B. 喷泉模型　　　　C. 快速原型模型　　D. 螺旋模型

10. 瀑布模型本质上是一种(　　　)模型。

　A. 线性顺序　　　　　　　　　　　　B. 顺序迭代

　C. 线性迭代　　　　　　　　　　　　D. 能及早见到产品的

11. 瀑布模型突出的缺点是不适应(　　　)的变动。

　A. 算法　　　　　　B. 程序语言　　　　C. 平台　　　　　　D. 用户需求

12. 螺旋模型是一种将瀑布模型和(　　　)结合起来的软件开发模型。

　A. 增量模型　　　　B. 专家系统　　　　C. 喷泉模型　　　　D. 变换模型

13. 快速原型模型的主要优点不包括(　　　)。

　A. 能让用户参与开发、给出反馈

　B. 尽早把需求分析清楚,以降低风险

　C. 尽早地发现问题、纠正错误

　D. 对软件分析设计人员的素质要求不高

14. 快速原型的主要问题在于(　　　)。

　A. 缺乏支持原型开发的工具　　　　　B. 要严格控制原型构造的迭代

　C. 终端用户对原型不能理解　　　　　D. 软件的测试和文档更新困难

二、多选题

1. 关于软件与其他工程学科所产生的制品的根本区别的说法,以下正确的是(　　　)。

　A. 软件是人类思维和智能所延伸的产物,其数据、状态和逻辑关系的组合以及人类思维的复杂性和不确定性导致它本身具有极高的复杂性

　B. 软件具有不可见性,它是抽象的和逻辑化的

　C. 软件具有可变性,有用的软件需要不断地修改和扩展,但是频繁的修改可能导致软件的退化

　D. 软件的开发在很大程度上依然是手工作坊式的,难以实现工厂化的生产

2. 通常将软件分为(　　　)。

　A. 系统软件　　　　B. 商业软件　　　　C. 支持软件　　　　D. 应用软件

3. 软件的本质特性包括(　　　)。

A. 可变性　　　　　B. 复杂性　　　　　C. 不可见性　　　　　D. 一致性

4. 软件一般包括以下（　　）部分。

A. 程序　　　　　B. 指令　　　　　C. 文档　　　　　D. 界面

5. 软件危机的表现包括（　　）。

A. 许多软件项目不能满足客户的要求　　　B. 许多软件项目超出预算和时间安排

C. 大量软件质量优良　　　　　　　　　　D. 大量已有软件难以维护

三、判断题

1. 文字处理软件 Word 属于系统软件。（　　）

2. 软件同其他事物一样，有孕育、诞生、成长、成熟和衰亡的生存过程。（　　）

3. 软件工程的目标是生产具有正确性、可用性以及开销合宜的产品，这些目标都能满足。（　　）

4. 软件危机的产生主要是因为程序设计人员使用了不适当的程序设计语言。（　　）

5. 软件生命周期是指一个软件从定义开始直到该软件最终退役为止的整个时期。（　　）

6. 面向对象开发方法的主要缺点是在适应需求变化方面不够灵活。（　　）

7. 瀑布模型是将软件生命周期各个活动规定为依线性顺序连接的若干阶段的模型。（　　）

8. 原型是软件的一个早期可运行的版本，它反映最终系统的部分重要特性。（　　）

9. 风险分析是螺旋模型的重要内容之一。（　　）

10. 当软件工程师知道软件或文档有涉及社会关切的明显问题时，应确认、文档记录和报告给雇主或客户。（　　）

四、简答题

1. 什么是计算机软件，软件和程序的区别是什么？

2. 简述按软件功能进行的分类，并尝试举例说明。

3. 软件语言分为哪几类，并尝试举例说明。

4. 什么是软件工程？什么是软件工程学？简述软件工程在软件开发中的作用和意义。

5. 软件工程的基本原则有哪些？

6. 软件生命周期分为哪几个阶段？划分阶段的原则是什么？并简述各阶段的任务。

7. 简述各类软件开发模型，比较不同模型的特点。

8. 简述 CASE 工具和开发环境的重要性。

实 践 活 动

软件工程的工具与环境

第1章实践
活动

一、背景知识

软件工程的主要目标是提高软件生产率，改善软件质量和降低软件成本，而这些目标的实现只能依靠软件工具、软件开发环境和计算机辅助软件工程（CASE）工具的广泛应用。软件工具和软件开发环境都是软件工程的重要支柱，对于提高软件生产率，改进软件质量，以及适应计算机技术的迅速发展有着越来越大的作用。

1. 软件工具

软件工具是可用来帮助和支持软件需求分析、软件开发、测试、维护、模拟、移植或管理等目的而编制的计算机程序或软件。它一般是为专门应用而开发,其主要目的是为了提高软件生产率和改善软件的质量。软件工具的范围很广,它既包括比较成熟的传统工具,如操作系统、编译程序、解释程序和汇编程序等,又包括支持软件生命周期各阶段,如需求分析、设计、编码、测试、维护等的开发和管理工具。例如,一项分类标准把软件工具分为13类,它们是系统模拟和模型工具、需求追踪工具、需求分析工具、设计工具、编码和单元测试工具、测试和集成工具、文档工具、项目管理工具、配置管理工具、质量保证工具、度量工具、软件再用工具、其他工具。软件工具的商品化推动着软件产业的发展,而软件产业的发展,又增加了对软件工具的需求,促进了软件工具的商品化进程。

2. 软件开发环境

软件开发环境则是面向软件整个生命周期,为支持各个阶段的需要,在基本硬件和宿主软件的基础上使用的一组软件系统。从20世纪70年代末开始,专家们就致力于软件开发自动化工具的研究,并逐步形成了应用于软件过程的集成的项目支撑环境(Integrated Project Support Environment)和CASE工具。在此基础上建立集成式软件开发环境,全面支持软件开发过程,以期实现软件设计过程的自动化或半自动化。

一般来说,软件开发环境都具有层次式的结构,可区分为四层:宿主层(包括基本宿主硬件和基本宿主软件)、核心层(包括工具组、环境数据库、通信设施和运行时刻支持设施)、基本层(包括一组工具,如编译程序、编辑程序、调试程序、连接程序和装配程序等,由核心层支持)、应用层(以特定的基本层为基础,包括一些补充工具,借以更好地支持各种软件的应用)。按照内容区分,软件开发环境一般由环境数据库、接口软件和工具组等构成。环境数据库是软件开发环境的核心,其中存放的信息有被研制软件在其生命周期中所必需的信息和软件研制工具的有关信息等;接口软件包括系统与用户的接口、子系统和子系统之间的接口,开发环境要求所有的接口都具有统一性;工具组中的各个工具被设计成由一些基本功能成分组成。这些成分可以组合,供用户选用,并且可通过环境数据库进行通信。

3. CASE工具

CASE工具是一组工具和方法的集合,用来辅助软件开发生命周期各阶段进行软件开发,它是软件开发管理、软件开发方法、软件开发环境和软件工具等方面研究和发展的产物,CASE把软件开发技术、软件工具和软件开发方法集成到一个统一的框架中,并且吸取了计算机辅助设计(CAD)、软件工程、操作系统、数据库、网络和许多其他计算机领域的原理和技术。因而,从产业角度讲,CASE是种类繁多的软件开发和系统集成的产品及软件工具的集合。

CASE工具可以简单到单个工具,它支持某个特定的软件工程活动,或者复杂到一个完整的环境,包含了工具、数据库、人员、硬件、网络、操作系统、标准以及许多其他部件。

二、实验目的

(1)掌握软件工程的概念,熟悉软件、软件生命周期、软件生命周期过程和软件生命周期各阶段的基本概念。

(2)通过互联网搜索,熟悉了解网络环境中各类软件工程技术网站,尤其是主流的部分,通过专业网站不断丰富软件工程最新知识,尝试通过专业网站的辅助与支持来开展实践。

    (3) 掌握软件工具、软件开发环境以及 CASE 工具的基本概念及其分类。

    (4) 通过互联网搜索,了解软件工具、软件开发环境和 CASE 工具的发展与应用状况,进一步掌握通过专业网站丰富软件工程最新知识的学习方法,尝试通过专业网站的辅助与支持来开展软件工程应用实践。

三、工具/准备工作

    在开始本实验之前,请回顾教程的相关内容。

    请联系指导教师或者熟识软件工程技术的人士,如软件企业的职员和具有丰富开发经验的教师等,了解他(她)们所在的企业或开发团队在软件研发活动中,是否使用以及使用了哪些软件工程的工具和开发支持环境,在什么地方可以找到关于这些软件工具、开发环境和 CASE 工具的技术资料和信息。

    需要准备一台带有浏览器、能够访问互联网的计算机。

四、实验内容与步骤

    (1) 请查阅有关资料,给"软件"下一个权威性的定义并说明定义的来源。

    (2) "软件生命周期"是软件工程技术的重要基础,是对软件的一种长远发展的看法,这种看法把软件开始开发之前和软件交付使用之后的一切活动都包括在软件生命周期之内。请查阅有关资料,给出"软件生命周期"的定义并说明定义的来源。

    (3) "软件生命周期过程"概念进一步完善了关于软件生命周期的定义,回答其主要内容是什么并说明定义的来源。

    (4) 由于工作对象和范围的不同以及经验的不同,对软件生命周期过程中各阶段的划分也不尽相同。但是,这些不同划分中有许多相同之处。说明相关的软件工程国家标准把软件生命周期划分的几个阶段,并说明把软件生命周期划分为不同阶段的意义何在。

    (5) 上网搜索和浏览,了解软件工程技术的应用情况,看看哪些网站在做软件工程的技术支持工作? 请记录在本次搜索中使用的关键词以及搜索结果。

    (6) 在软件工程技术中,无论采用哪一种开发方法,重要的是要尽可能地使用自动化工具来提高系统开发工作的速度和质量。请查阅有关资料,给出"软件工具""软件开发环境"和 CASE 工具的定义。

    (7) Microsoft Visio 具有强大的专业绘图功能,系统分析员可以用 Visio 来创建 CASE 应用中所需要的任何系统模型。Visio 带有一个绘图模板集,包含了用于各种商业和工程应用的符号。其中的软件和系统开发模板提供了流程图、数据流图、实体-联系(E-R)图、UML 图以及其他许多图形符号。模板提供了一个用于存储图表元素的定义和描述信息的有限资料库。请通过网络搜索,简单了解和体会 Visio 工具的应用状况。

    (8) 集成应用程序开发工具 Visible Analyst 是可视系统公司(www.visible.com)的产品。这种工具使得绘制典型的传统模型(如数据流图和 E-R 图)更加容易,同时也能支持面向对象 UML 模型。Visible Analyst 包含了一个用于定义系统组件并提供错误检测以及一致性检验支持的资料库。请通过网络搜索,简单了解和体会 Visible Analyst 工具的应用状况。

    (9) Oracle 公司(www.oracle.com)将 Oracle Designer 描述成一个工具集。该工具集

用来记录定义并快速构造灵活、图形化的客户-服务器应用。它常常与 Oracle Developer 集成在一起。而 Oracle Developer 是一个用于在 Oracle 关系数据库上创建 GUI 应用的开发工具。Oracle Designer 包括一个完整的资料库，具有图形表示功能和代码生成功能，是一个支持传统系统开发方法的集成 CASE 工具。用于分析的系统模型程序包括一个过程模型程序、功能等级绘图程序、数据流绘图程序以及 E-R 绘图程序。Design Transformer 以及 Design Editor 使用它所生成的图表以及资料库中的详细定义来创建数据库和应用逻辑。请通过网络搜索，简单了解和体会 Oracle Designer 工具的应用状况。

（10）作为 UML 支撑环境的 Rational Rose 可视化建模工具，可用于 RUP 或使用 UML 图表的任何方法。该工具除提供资料档案库外还提供逆向工程和代码生成能力，同时也能和其他工具结合使用，从而提供一个完整的系统开发环境。UML 是一种面向对象分析与设计（OOA&D）方法的可视化建模语言，包括需求规格描述直至系统实现后的测试、维护和发布等。而 Rational Rose 则是实现这种建模语言的工具，相当于 UML 的编译与解释系统。请通过网络搜索，简单了解和体会 Rational Rose 工具的应用状况。

（11）往返工程是软件工程工具中的一个新概念。由于系统开发是经常反复的过程，尤其在面向对象方法中。因此，对图形模型（例如类图）和生成程序代码进行同步操作是很重要的。比如，如果分析员改变了程序代码，那么类图也需要更新。同样地，如果类图改变了，那么程序代码也要更新。往返工具将自动地完成两个方向上（往返）的同步过程。Together Soft 公司（www.togethersoft.com）在称为 Together 的工具中首先采用了往返工程。Together 使用 UML 图表和几种不同的面向对象编程语言来对往返工程提供支持。请通过网络搜索，简单了解和体会 Together Soft 工具的应用状况。

（12）Embarcadero Describe（www.embarcadero.com）是包含面向对象建模以及往返工程特征的一个新产品。Describe 企业版的一个很重要的特征就是为分析和设计提供灵活的 UML 建模功能，包括基于 Java 的往返工程。Describe 开发工具可以将包括 JBuilder 和 Sun Forte 在内的几个 Java 开发工具集成进来。请通过网络搜索，简单了解和体会 Embarcadero Describe 工具的应用状况。

（13）CASE Studio 是一个专业的数据库设计工具。它可以通过 E-R 图、数据流图来设计各种数据库系统（如 MySQL、Oracle、Sybase 等），另外，程序还提供了各种各样的管理单元来提供设计帮助。请通过网络搜索，简单了解和体会 CASE Studio 工具的应用状况。

（14）Sybase PowerDesigner 提供了一个完整的建模解决方案，业务人员、系统分析人员、设计人员、数据库管理员和开发人员等可以对其裁剪以满足他们的特定需要；而其模块化的结构提供了极大的灵活性，从而使开发单位可以根据其项目的规模和范围来使用他们所需要的工具。PowerDesigner 灵活的分析和设计特性允许使用一种结构化的方法有效地创建数据库或数据仓库，而不要求严格遵循一个特定的方法学。请通过网络搜索，简单了解和体会 PowerDesigner 工具的应用状况。

（15）Mercury Interactive 公司（http://www.mercury.com/cn/）提供了被称为"应用实施方案"（Application Delivery，AD）的软件测试套件，通过管理测试提高工作效率，通过功能测试和压力测试实现对软件质量的严格控制，通过软件更新流程来控制软件更新的风险。Mercury 的商业优化科技（Business Technology Optimization，BTO）行业创新战略提出"从商业的角度管理 IT"，自顶而下地使用户能够从一开始就把 IT 与商务流程紧密联系起来，从而最大化商业运作,而不是把目光集中在类似于路由器、服务器、数据库这样的 IT 基本元素上。Mercury 公司的自动化测试应用实施方案主要采用了该公司 BTO 技术中的 3 个重要产品,即管理测试软件 TestDirector、功能测试工具 WinRunner 和性能测试工具 LoadRunner。请通过网络搜索,简单了解和体会软件测试工具 WinRunner 和 LoadRunner 的应用状况。

(16) 一般而言,如果没有项目管理软件系统的支持,项目管理的技术和方法的实现是比较困难的,因为不仅需要用模型来描述它们,还需要进行大量的计算。Microsoft Project 是实现项目管理技术应用的很好的工具。人们使用 Project 的目的包括项目控制和跟踪、详细的时间安排、早期的项目计划、沟通、报告、高级计划、甘特图、CPM 和 PERT。Project 可以从项目管理所有 9 个知识领域的角度来帮助用户辅助实施项目管理。请通过网络搜索,简单了解和体会 Project 工具的应用状况。

(17) VSS 版本控制系统是 Microsoft 公司开发的配置管理软件,可用于管理软件和 Web 站点的开发,它可以同 Visual Basic、Visual C++、Visual J++、Visual InterDev、Visual FoxPro 开发环境以及 Microsoft Office 应用程序集成在一起,提供了方便易用、面向项目的版本控制功能。VSS 可以处理由各种开发语言、创作工具或应用程序所创建的任何类型文件。VSS 面向项目的特性能更有效地管理工作组应用程序开发或 Web 站点开发工作中的日常任务。请通过网络搜索,简单了解和体会 VSS 工具的应用状况。

(18) 除了上面简单介绍的内容之外,实际上还有许多优秀的软件工具、开发环境和 CASE 工具。请通过网络进行搜索,更为全面地了解这方面的产品及其应用与研究信息。请列举其版本、支持厂商和主要技术内容并简单描述所调查的范围及其基本情况。

(19) 实例研究:借助于软件工程的一些思想方法来研究一个"完成学习教育"的实例。假设你作为一位完成学历、攻读学位的在校大学生,考虑把完成大学学业当成是一个项目,这个大项目将持续很多年,并且所花费的甚至将远远多于你和你的家庭承受能力;一些学生在管理"完成大学学业"这个项目上比其他人做得更好;有不少学生却会完全失败;有些学生则利用学籍管理制度的有关规定延期完成学业并且超出了预算。像任何其他项目一样,为了获得成功,你应该遵循某些"完成学习教育"的方法,即应该遵循从计划开始到成功完成等一系列的活动和任务的准则。

尝试规划:

➤ 你的自身学习教育完成生命周期的各个阶段是什么?

➤ 每个阶段的主要活动有哪些?

➤ 有助于你完成这些活动的技术有哪些?在完成学习教育的过程中,你可能会创建什么模型?请注意区分你建立的那些使你完成教育的模型和那些有助于你计划和控制完成学习教育的过程的模型。

➤ 有助于你创建这些模型的工具有哪些?

试就上述问题,以"完成学习学业"为题目编写规划报告。

五、实验总结

请对实验背景知识的掌握情况、实验步骤的进行情况、实验心得体会等进行总结。

第2章   问题定义及可行性研究

软件计划是软件生命周期的第一个阶段,其任务是通过对用户需求的调查研究,尽快明确软件开发的目标、规模和基本要求;研究系统开发的可行性并制订软件工程开发计划;制定软件开发、运行、维护和退役全过程的工作和产品的软件工程标准。

🖋 本章思维导图

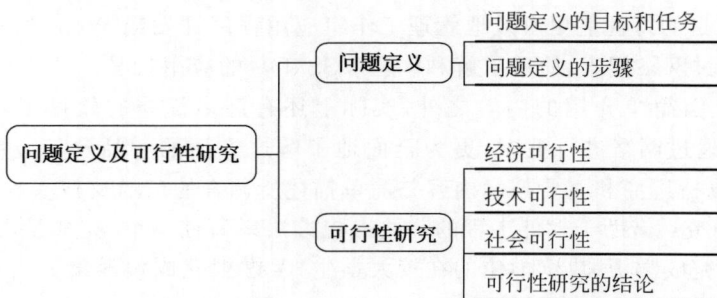

```
                                        ┌ 问题定义的目标和任务
                          ┌ 问题定义 ┤
                          │             └ 问题定义的步骤
                          │
问题定义及可行性研究 ┤             ┌ 经济可行性
                          │             │ 技术可行性
                          └ 可行性研究 ┤
                                        │ 社会可行性
                                        └ 可行性研究的结论
```

2.1   问 题 定 义

在软件工程项目的前期,首先要进行系统的问题定义。系统问题定义工程为系统提供总体概貌描述,它必须回答的关键问题是:"要解决的问题是什么?"目的是分析基于计算机系统的各项性能指标,并将它们分配到基于计算机系统的各个系统元素中,确定它们的约束条件,系统硬件、软件功能和接口。系统问题定义的结果要以报告的形式描述项目的名称、性质、目标、意义、规模等,并经过讨论和必要的修改之后得到客户的确认,最终获得对要开发软件项目的高层描述。尽管对软件项目进行确切的系统问题定义十分必要,但是在实践中却常因耗时最短而成为最容易被忽视的一个步骤。

2.1.1   问题定义的目标和任务

系统问题定义涉及的问题不仅仅只属于软件工程的范畴,它根据对需求的初步理解,把功能分配给硬件、软件及系统的其他部分,为系统提供总体概述,相当于整个软件生命周期开发工程的快速缩影。问题定义的目标和任务包括以下几点。

(1) 系统研发的背景和现状。包括问题的性质、类型范围、开发系统的理由和条件、开发系统的问题要求、环境要求、系统的使用背景,开发系统现处于什么状态等。

（2）系统研发的总体目标。包括功能、性能、规模、系统的接口等。

（3）进行初步的系统分析和设计并确定初步的实现方案，把系统功能分配给硬件、软件和系统的其他部分。

（4）初步确定系统的开发费用限额和时间进度期限。

将以上内容形成问题定义报告（或称系统定义报告）并得到客户的确认，以供可行性分析阶段使用。

2.1.2　问题定义的步骤

问题定义是软件计划时期的第一个阶段，在软件生命周期中占有重要的位置。在问题定义阶段，系统分析员要与用户负责人密切配合，必要时可调阅相关资料，对用户的想法进行详细的研究，明确软件系统的目的、规模和基本要求，以便高质量完成问题定义报告。问题定义的步骤如下。

1. 明确系统目标规模和基本要求

首先是基于计算机系统的分析。主要是通过处理信息来分析计算机系统的元素对软件开发有哪些影响。计算机系统的元素主要有软件、硬件、人员、数据库、文档和规程。

其次是在调查研究的基础上明确软件开发的目标，条件、假定和限制，基本要求，可行性研究的方法，评价尺度等。

（1）目标：包括人力与设备费用的减少、处理速度的提高、控制精度或生产能力的提高、管理信息服务的改进、人员利用率的改进等。

（2）条件、假定和限制：包括经费、投资的来源和限制，法律和政策的限制，硬件、软件、运行环境和开发环境的条件和限制，可利用的信息和资源，系统运行寿命的最小值，完成期限等。

（3）基本要求：包括软件的功能和性能、输入（数据的来源、类型、数量、组织以及提供的频度）、输出（报告、文件或数据，说明其用途、产生频度、接口及分发对象）、处理流程和数据流程、安全和保密方面的要求、与本系统相连接的其他系统等。

（4）可行性研究的方法：主要从经济、技术、法律等方面进行调查，分析现行的解决方案是否可行并且给出分析结果，可采用调查、加权、确定模型、建立基准点或仿真等方法进行可行性分析。通常只有在方案可行且具有一定的经济效益或社会效益时才会进行软件的开发。

（5）评价尺度：主要从经费的多少、各项功能的优先次序、开发时间的长短以及使用的难易程度等方面对系统进行评价。

2. 分析现有系统，设计可能方案

从以下 6 方面对现有系统存在的问题进行分析，阐明开发新系统或修改现有系统的必要性和可行性。

（1）基本的业务处理流程和数据流程；

（2）所承担的工作和工作量；

（3）费用开支；

（4）人员：各种人员的专业技术类别和数量；

（5）设备：各种设备类型和数量；

（6）局限性：现有系统存在的问题和开发新系统时的限制条件。

系统分析员在分析现有系统的基础上，针对新系统的开发目标设计出新系统的若干种高层次的可能解决方法，可以用高层数据流图和数据字典来描述系统的基本功能和处理流程。先从技术的角度出发提出不同的解决方案，再从经济可行性和操作可行性方面优化和推荐方案。最后将上述分析结果整理成清晰的文档，供用户方的决策者选择。注意，现在尚未进入需求分析阶段，对系统的描述不是完整、详细的，只是概括、高层的。

3. 形成问题定义报告

在完成以上各部分的任务之后，应该形成一份系统的问题定义报告，作为日后开发的基准说明和指导。问题定义报告应该包括基于计算机系统的功能和性能，各类约束条件和最终目的，进行可行性研究的分析后再给出成本预估和进度安排计划。系统分析员要与用户负责人反复讨论，以澄清模糊的地方、改正不正确的地方。最终形成双方都满意的问题定义报告，并确定双方是否有继续合作的意向。

2.2　可行性研究

2.2 可行性研究

在明确系统定义，系统目标规模和基本要求之后，接下来要做的不是急于进行需求分析，更不是进行系统分析和系统设计，而是要进行可行性分析。

可行性研究是软件开发生命周期中的第二个阶段，是一种分析、评价各种建设方案和生产经营决策的科学方法。这个阶段要回答的关键问题是："对于上一个阶段所确定的问题是否有可行的解决办法吗？"回答这个问题，系统分析员需要在较抽象的高层次上进行一次大大压缩和简化了的系统分析和设计过程。因此，可行性研究一般比较简短，所需的成本占总工程成本的 $5\%\sim10\%$，这个阶段的任务不是具体解决问题，而是研究问题的范围，探索问题是否值得去解决，是否有可行的解决办法。即从技术、经济、社会等方面对软件工程项目进行调查研究，分析比较，并对项目建成后可能取得的技术经济效果进行预测，最终提出该项目是否值得投资和怎样进行建设的意见，为项目决策提供可靠的依据，避免人力、物力和财力上的浪费。

2.2.1　经济可行性

经济可行性研究主要进行成本效益分析，从经济角度确认系统是否值得开发，其研究结果是客户做出是否继续进行这项工程的决定的重要依据，一般来说，只有投资可能取得较大效益的那些工程项目才值得继续进行。经济可行性研究包括分析成本与收益两方面，做出投资的估算和系统投入运行后可能获得的经济效益或可节约的费用估算。

1. 成本

基于计算机的软件项目开发成本主要包括以下成本。

- 硬件购置或租赁费用：包括场地（如用房……）、硬件设备（如服务器、工作站、打印机、通信设备、传感器……）；
- 软件购置或租赁费用：包括数据库管理系统、第三方开发的构件等；
- 系统的安装、运营和维护费用；
- 人员培训费用；

- 其他一次性或非一次性支出；
- 系统的开发费用：最主要的开发费用是人力成本。人力成本的估算会受到人员素质和市场行情等诸多主观和客观因素的影响，有一定的估算难度。目前已经有一些常用的估算方法，如代码行方法、任务分解方法、自动估计成本方法等。

（1）代码行方法。代码行方法是一种简单的定量估算方法，它把开发的每个软件功能成本和实现功能需要用的源代码行数联系起来。代码行数是指所有可执行的源代码行数，每行代码的平均成本主要取决于软件的复杂程度和人员工资水平，一般可用历史的经验数据作参考。根据每人每月编写的代码行数与该项目估算的总代码行数比较，估算出开发需要的总工作量，再参考开发人员的平均月工资水平，即可估算出整个项目的人工费用。

（2）任务分解方法。任务分解方法把软件开发工程分解为若干相对独立的任务，再估算出每个独立开发的任务成本，最后累加得到软件开发工程的总成本。在估算每个任务的成本时，通常先估计完成该任务需要的人力，再乘以每人每月的平均工资，得出每个任务的成本。

（3）自动估计成本方法。采用自动估计成本的软件工具（如 Microsoft Project、Primavera P6 等）可减轻人的劳动，得出的估计结果比较客观。但采用这种方法必须有长期搜集的大量历史数据为基础，并且需要有良好的数据库系统支持。

2. 效益

效益通常可分为经济效益和社会效益。

（1）经济效益包括使用开发软件后的收入和可以节省的开发费用（如开支的减少，工作时间、人员、资源的节省等）。在进行效益成本分析时一般只考虑 5 年内的经济效益；

（2）社会效益指的是使用基于计算机的系统后对社会产生的积极影响（如提高了办事效率，使用户满意度上升等），一般来说社会效益只能定性估算。

经济效益一般可以根据货币的时间价值、投资回收期和纯收入进行度量。

3. 货币的时间价值

在分析经济效益时，通常会对投入的成本和未来累积的收益进行比较。可是软件项目的投资期一般都比较长（一般以 5 年计），开发成本需要在系统交付前投入，而累计的经济收益往往要在系统交付后的数年内才能获得。考虑到经济发展、货币贬值等因素，若干年后的 P 元钱已经不能等价于软件开发时的 P 元钱，因此要考虑货币的时间价值。

货币的时间价值一般用银行的储蓄年利率 i、当期现金金额 P 和 n 年后的回收金额 F 来表示，关系表示为

$$F = P(1+i)^n \tag{2-1}$$

由此可得，n 年后获得的金额 F，折合成当期的现金金额 P 为

$$P = \frac{F}{(1+i)^n} \tag{2-2}$$

例如，一个软件系统投入使用后，每年产生的经济收益为 1000 万元，若银行现行的储蓄年利率为 2%，那么 5 年内累计的经济效益折合成现在的现金价值为

$$P = \sum_{n=1}^{5} \frac{1000}{(1+0.02)^n} = 4713.4595$$

因此，在进行成本效益分析时，该系统的累计经济收益是 4713.4595 万元，而不是 5000

万元。

4. 投资回收周期

投资回收周期是指累计的经济收益正好等于成本投入金额所需的时间。投资回收周期通常是评价开发一个工程的价值的重要经济指标，它显示需要多长时间才能收回最初的投资。很显然，投资回收周期越短越好。

5. 纯收入

纯收入是另一个评价开发工程项目价值的重要经济指标，它指出了若干年内扣除成本后的实际收入。

$$纯收入 ＝ 累计经济效益 － 成本$$

从经济理论的角度看，当纯收入大于零时，该工程值得投资开发；当纯收入小于零时，该工程不值得投资(除非它有明显的社会效益)；当纯收入等于零时，通常也不值得投资，因为开发一个项目都存在一定的风险。如果在承担这些风险后仍不能得到相应的经济上的回报，那么，这种项目也不值得投资。显然，纯收入越大越好。在实践中，一个软件工程项目只有在投资能够取得较大收益(通常是指纯利润要达到投资方的心理预期，而不是纯利润大于零即可)时才值得开发。

2.2.2 技术可行性

技术可行性分析是根据客户提出的系统功能、性能及实现系统的各项约束条件等，对设备条件、技术解决方案的实用性和技术资源的可用性在现有条件下能否实现的可行性分析。在决定采用何种开发方法和工具时，必须考虑设备条件并选用实用的、开发人员掌握较好的一类。由于系统分析和定义过程往往与系统技术可行性分析同时进行，此时系统目标、功能和性能的不确定性都会给技术可行性论证带来一定困难。技术可行性分析一般分为风险分析、资源分析和技术分析三种类型。

1. 风险分析

风险分析主要是分析在软件开发设计过程中可能会遇到的风险。如采用不成熟的技术可能造成的技术风险、人员流动可能会给项目带来的进度风险、成本和人员预算不够所导致的预算风险等。在可行性研究时找出风险并评价风险的大小，分析能否有效地控制和缓解风险是风险分析的目的。

2. 资源分析

资源分析的主要目的是评估在技术层面，是否具备系统开发所需的各类人员、硬件、软件等资源和相应的工作环境。如开发团队有过开发类似项目的经历，或者有足够的人员保障且较为熟悉系统所处的领域，所需要的各类硬件和软件资源都可以通过合法的途径获取，那么从技术角度看，可以认为待开发的系统具备设计和实现的资源条件。

3. 技术分析

技术分析的主要目的是分析当前的科学技术是否足以支撑软件系统开发的各项活动。在技术分析过程中，分析员收集系统的功能、性能、可靠性、可维护性和生产率等方面的信息，分析实现系统功能、性能所需的技术、方法、算法和过程，从技术角度分析可能存在的风险，以及这些技术问题对成本的影响。

2.2.3　社会可行性

社会可行性是指软件项目在社会层面是否具有可行性,具体需要考虑的社会因素主要包括市场、政策与法律方面的因素。

1. 市场因素

要考虑软件产品所面对的市场性质是成熟的,还是未成熟的或者是即将消亡的。

(1) 未成熟市场:如果进入未成熟市场则要冒很大的风险,要尽可能地估计潜在的规模,将在多长时间占领市场以及可占领多大的份额等;

(2) 成熟市场:如果进入成熟市场,风险虽然不大,但存在竞争;

(3) 即将消亡的市场:不要进入即将消亡的市场。

2. 政策因素

要考虑国家宏观的经济政策对软件开发及销售的影响。

3. 法律因素

应该考虑软件的开发是否会侵犯他人、集体或国家的利益,是否会违反国家的法律并可能由此承担相应的法律责任等。我国颁布了《中华人民共和国著作权法》,其中将计算机软件作为著作权法的保护对象。国务院颁布了《计算机软件保护条例》。这两个法律文件是法律可行性分析的主要依据。

2.2.4　可行性研究的结论

可行性研究一定要有一个明确的结论,并需要以书面报告的形式呈现,可能会有四种不同的结论。

(1) 可以进行开发;

(2) 现阶段不适合开发,需要等待某些条件(如资金、人力、设备)落实后才能进行开发;

(3) 现阶段不适合开发,需要修改某些开发目标后才能进行开发;

(4) 由于技术不成熟导致不能进行开发,或者经济上不划算而没有必要进行开发。

如果待建系统的可行性研究结论为"可以进行开发",那么接下来就要设计和选择可行的开发方案。一般来说,一个基于计算机的系统可以有多个可行的实现方案,每个方案对成本、时间、人员、技术、设备等都有不同的要求,不同方案开发出来的系统在功能、性能方面也会有所不同。这时,应该在满足功能、性能、环境,可扩充性的前提下将各个系统的功能与其必要的一些性能和接口特性一起分配给一个或者多个系统元素。不同的分配方式对应着不同的实现方案,可以按照成本、进度等约束条件在若干可能的方案中择优推荐。方案择优推荐的依据是待开发系统的功能、性能、成本、开发时间、采用的技术、设备、风险以及对开发人员的要求等。

由于系统的功能和性能受到多种因素的影响,某些因素之间相互关联和制约。例如,为了达到高的精度就可能导致长的执行时间,为了达到高可靠性就会导致高的成本等。因此,在必要时还应进行折中。

本 章 总 结

系统问题定义工程为系统提供总体概貌描述,目的是分析基于计算机系统的各项性能指标,并将它们分配到基于计算机系统的各个系统元素中,确定它们的约束条件,系统硬件、

33

第2章

问题定义及可行性研究

软件功能和接口。系统问题定义的结果要以报告的形式描述项目的名称、性质、目标、意义、规模等,并经过讨论和必要的修改之后得到客户的确认,最终获得对要开发软件项目的高层描述。

可行性研究是一种分析、评价各种建设方案和生产经营决策的科学方法。系统分析员需要在较抽象的高层次上进行一次大大压缩和简化了的系统分析和设计过程。这个阶段的任务不是具体解决问题,而是研究问题的范围,探索问题是否值得去解决,是否有可行的解决办法。即从技术、经济、社会等方面对软件工程项目进行调查研究,分析比较,并对项目建成后可能取得的技术经济效果进行预测,最终提出该项目是否值得投资和怎样进行建设的意见,为项目决策提供可靠的依据,避免人力、物力和财力上的浪费。

可行性研究包括经济可行性、技术可行性和社会可行性三方面。经济可行性研究主要进行成本效益分析,从经济角度确认系统是否值得开发,其研究结果是客户做出是否继续进行这项工程的决定的重要依据,一般来说,只有投资可能取得较大效益的那些工程项目才值得继续进行。技术可行性分析是根据客户提出的系统功能、性能及实现系统的各项约束条件等,对设备条件、技术解决方案的实用性和技术资源的可用性在现有条件下能否实现的可行性分析。社会可行性是指软件项目在社会层面是否具有可行性,具体需要考虑的社会因素主要包括市场、政策与法律方面的因素。

习 题

1. 什么是问题定义,请简述问题定义的目标和任务。
2. 简述可行性研究的定义,可行性研究分为哪几种类型?简述其主要工作。
3. 可行性研究的结论有哪些?什么情况下才适合开始系统开发,简述方案择优推荐和方案折中的必要性和过程。

实 践 活 动

软件可行性分析

——以大学生党员信息管理系统为例

一、背景知识

软件可行性分析是软件开发前期至关重要的一环,从技术、经济、工程等角度对项目进行调查研究和分析比较,并对项目建成以后可能取得的财务、经济效益及社会环境影响进行科学预测,为项目决策提供公正、可靠、科学的软件咨询意见。主要从经济、技术、社会环境等方面分析所给出的解决方案是否可行,当解决方案可行并有一定的经济效益和/或社会效益时才开始真正的基于计算机的系统的开发。因此,可行性研究实质上是要进行一次大大压缩简化了的系统分析和设计的过程,也就是在较高层次上以较抽象的方式进行的系统分析和设计的过程。本实验以大学生党员信息管理系统为样例,介绍可行性分析的过程及关键步骤。

二、实验目的

1. 了解软件可行性分析的基本流程与内容；
2. 掌握软件可行性分析的基本方法；
3. 掌握软件可行性分析报告书写流程。

三、实验内容与步骤

以下为以大学生党员信息管理系统为主题的可行性分析过程样例。

1. 项目背景

1.1 本开发项目的名称

大学生党员信息管理系统。

1.2 选题的依据

近年来，随着信息技术的不断进步，信息化成为了社会发展的必然趋势，信息技术应用于社会经济的方方面面，可以有效地解决管理问题，提高工作效率。高校大学生党员的信息管理是每个基层党支部所必须面对的最基本的工作。因此，如何充分利用信息化手段，解决实际管理中的问题，促进有效沟通，更好地完成高校大学生党员管理、培训、查询和宣传等核心任务，是高校中学生发展建设中的重点工作之一。

目前，相对于其他一些管理系统来说，大学生党员信息管理系统的研发数量较少，特别是高校基层党组织的信息管理系统的研究和开发更是屈指可数。现有的一些党员信息管理系统，处理的都是已经成为党员后的日常管理及有关活动，没有触及任何发展党员、预备党员转正的工作流程。而对于这些流程，由于许多基层党支部缺乏高效率、信息化的党员管理，仍然需要采用手工注册、纸质文件提交的管理模式。这种管理模式必然会浪费更多的人力、物力和时间。如今随着各个高校基层党支部的人数越来越多，这种管理方式已经不能满足基层党支部高效率工作的需求。

因此，开发一个上手简单、界面友好、操作容易、数据安全性高和稳定性好的高校大学生党员信息管理系统来规范基层党支部建设，提高信息化管理水平，满足高校大学生党员管理的需求已经变得非常紧迫。

1.3 选题的意义

高校大学生党员信息管理系统的建设目的是建立一个系统化、规范化、透明化和模块化的大学生党员信息管理系统，解决学校党委在管理党员转正工作流程过程中遇到的各种问题，将党员转正工作流程规范化自动化，减少重复性劳动，使管理工作更为高效准确；为想要入党的团员、发展党员、预备党员及正式党员提供一个了解入党流程、信息查询交互的平台，进而推动学校的党建工作。

为此，选择独立开发高校大学生党员信息管理系统来满足学生使用需求。这个系统设计不仅实用性强，而且在设计过程中能按照学校及学生的实际要求来开发，同时也能够为示范校建设添砖加瓦。

在实际工作应用中，本系统的开发意义如下。

（1）系统给出了从申请入党积极分子到正式成为党员的整个过程的各环节需要准备的资料，需要注意的事项。对于新生党员来说具有非常现实的意义；

(2) 能够准确地记录学生整个入党流程中的各个重要时间点与相关信息,如申请入党时间、正式成为入党积极分子和预备党员的时间,介绍人和推荐人等;方便党员的查询和党支部的管理;

(3) 党员能够通过该系统进行党费的在线缴纳,方便快捷;

(4) 党支部可通过该系统进行党务工作的安排和相关通知的发放,党员能够通过该平台及时得到重要通知;

(5) 当校党委需要作出某决定时,系统提供的数据能给予校党委一定的数据支撑,帮助校党委作出正确可靠的判断和选择;

(6) 提供具体的入党积极分子转为预备党员的工作流程,预备党员转正工作流程以及所需准备的详细资料。对于即将入党的团员来说,本系统给他们能提供详细的工作流程;

(7) 本系统具有党员违纪处理管理,党员评优管理和组织关系转接等功能,对于党员自身的考核具有非常重要的价值;

(8) 改变了之前手工整理党员纸质档案的情况,降低了校党委的工作强度,还提供了便捷的整理资料的途径,能通过本系统随时随地掌握党员的基本情况。

因此,建设高校大学生党员信息管理系统,能够有效地解决校党委工作中面临的一系列管理问题,并为学生的入党提供具体方便的流程。系统可以有效地实现党员信息管理,促进管理的信息化、规范化和集成化,采用贴身实用的管理流程,参考其他党员信息管理系统,结合入党流程的实际情况进行建设,真正达到"简而不繁,贴身实用"的标准。

2. 国内外该选题的研究现状及发展趋势

2.1 国外研究现状

国外学校的计算机技术较为成熟、起点较高,关于此类系统已经具有较为成熟的设计思想。国外电子党务的研究主要集中在电子党务信息化的过程,由于国外的信息化过程处于领先地位,所以研究主要国家的信息化发展战略,可以为大部分国家的信息化战略提供实践经验。发达国家的党务管理在信息化发展道路上的思考和行动规划的实践结果通常正是这些国家的党务管理信息化的实现。

在国外,以美国、英国等欧美发达国家为代表,在十几年前就启动了对党务信息的电子化进程,经过一些年的努力,欧美国家在党务信息管理的一些领域内取得了一定的成果。21世纪,南美和东欧的一部分国家也陆续开展了党务信息电子化管理的进程,这些国家在几经摸索和发展后,党务信息电子化管理现在也取得了一定的效果。在互联网飞速发展的今天,西方的一些发达国家通过互联网技术来推动党政建设,充分发挥互联网技术的优点来开展党务管理工作,宣传国家政党的一些政策,通过宣传来获得更多的政党支持者,同时也提升了政党在群众中的影响力。

2.2 国内研究现状

我国大规模的信息化管理大多开始于20世纪90年代,比西方国家的发展要落后10~20年,在东部沿海地区和经济较发达的省市,由于有较为扎实的经济基础和科研技术优势,高校的信息化建设相对比较迅速。例如浙江省宁波市委党校,结合行政学院和社会主义学院三位一体的建设工作,在信息管理、知识管理和对外信息发布方面,都有了较为成熟的系统平台支撑。然而,在中西部欠发达地区,计算机技术的发展仍然比较缓慢。

客观地说,国内信息化建设起步相对较晚,在数字校园理论逐步应用的过程中,各学校一方面不断投资构建各种硬件、系统软件和网络,另一方面也不断开发实施了各类教学、科研、办公管理等应用系统,形成了一定规模的信息化建设体系。但是,由于整体信息化程度相对落后,经费短缺,理论体系不健全等原因,国内学校教务管理系统在机构设置、服务范围、服务质量及人员要求方面与国外学校相比有一定差距。

目前,国内大多数学校基层党组织在开展工作时,信息化的手段并不明显,很多学校还在使用简单的 Office 办公,还处于低端的电子办公,并无通用的基于信息技术的党员管理系统。另外也有部分基层党组织针对本部门的特殊情况,对数据库的应用系统进行了开发,为党务工作的开展提供方便,但由于系统的通用性比较差,导致它的应用受限,而且该类型系统不能对用户的权限进行有效管理,对于系统的访问控制无法有效的实现,安全系数也比较低。

2.3 发展趋势

在我国,党员管理系统采用的是传统的纸质档案管理模式,而在近几年我国的计算机信息管理方面快速发展,党员信息管理系统受到政府的高度重视。在党员信息管理系统在技术和应用上都得到了更高层次发展的情况下,党员信息管理系统将成为现代社会的重要标志。目前,对党员信息管理系统的建设不仅需要重视对信息的充分共享,而且更强调各阶段的相互协作,而这种协作要靠工作流程来实现。即使某个学生档案信息发生变化,系统管理员只需将其角色、任务流程重新调整一下,系统就可在新机构下继续正常运转,无须修改其原程序,这就使党员信息管理系统具有了较长的生命周期。

高校大学生党员信息管理系统处于党员信息化建设的重要地位,它加快了对党员工作管理的进程,从根本上减轻了相关人员的工作负担,提高了管理质量和工作效率。因此,高校大学生党员信息管理系统具有三个重要特征:第一,综合化。随着党建工作的逐渐变化,未来的高校大学生党员信息管理系统将同党员内其他信息资源有效地融为一体,从而可进行综合化管理,更为智能地为学生党建工作提供便利。第二,环保化。当今社会,环境污染严重,而党员信息管理系统在未来可以很大程度上减少纸张的使用,从而实现办公环保化。第三,人性化。人性化是指能在更大程度上适应用户需求的改变。随着高校大学生党员信息管理功能的不断扩展,它的使用随之会越来越复杂。因此,要求高校大学生党员信息管理系统必须遵循人性化设计,能够根据不同的用户需求进行功能组合。

3. 对现有系统的分析

现有业务流程使用流程图描述系统内各个机构、参与者之间的业务关系、作业顺序和管理信息流向,主要目的是描述业务处理流程。

3.1 党员转出管理流程

在高校党员管理中,由于每年都有一批毕业年级的学生要毕业,所以党员的转出管理就成了非常重要的一项工作。党员转出首先需要党员向所在支部提出申请并上交申请材料,然后由党支部审核和受理,符合要求并且材料齐全便可以开具《党员组织关系介绍信》,并将该党员相关档案寄往转至单位,转出党员便可以到组织关系转入的单位办理相关手续。党员转出管理的业务流程如图 2.1 所示。

3.2 党员奖惩管理流程

为了发挥党员群体的先锋模范作用,激励党员群体争先创优的热情,使得学生党员脱颖

```
        开始
          ↓
上交审核材料 → 审核受理
    ↑              ↓
    否       通过审核
             是 ↓
          出具证明 → 学院党委组织部门审核
                              ↓
转入组织部    ←    开具介绍信
门办理手续
    ↓
  开具回执    →    接收回执
                    ↓
          登记转出信息并存档
                    ↓
                  结束
```

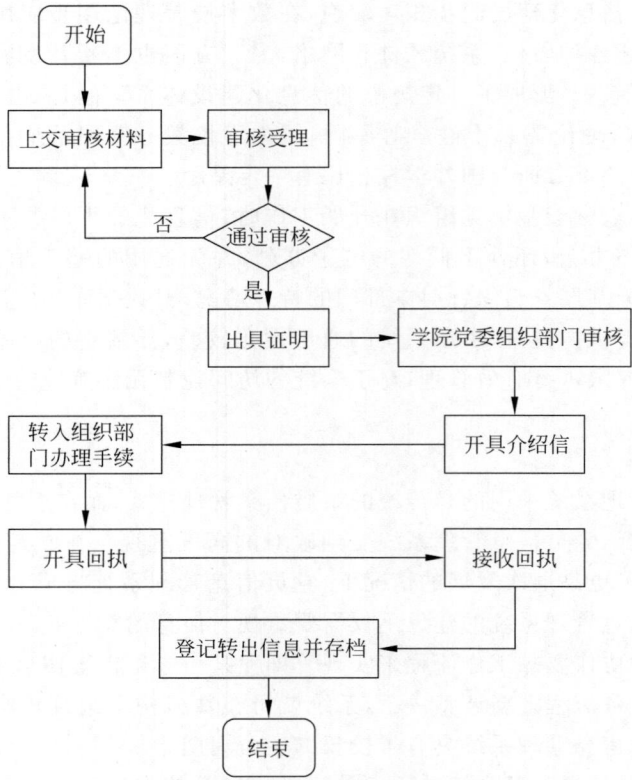

图 2.1　党员转出管理的业务流程

而出,起到模范带头作用,完善的党员奖惩制度是必不可少的。首先由党组织打印奖惩制度,符合奖励的党员提出书面申请并且准备好证明材料,上交党支部审核,审核通过就将给出审核意见,将所有材料上交上级党组织并存档,若审核不通过则退回申请人。党员出现违纪行为时,党组织将根据规定对该党员做出处罚决定,并且发布纸质通知并存档。图 2.2 所示是党员奖励管理的业务流程。

3.3　组织生活管理流程

组织生活会一般由党支部书记主持。主持人首先要宣布党员到会情况和会议着重要解决的问题。然后组织引导党员开展批评和自我批评。引导党员联系思想实际,认真检查自己的工作、学习情况,检查执行党的路线、方针、政策及支部决议的情况,检查发挥党员先锋模范作用的情况。在组织生活会上,每个党员在进行完自我批评之后,要发动大家客观地、全面地指出这个党员的优点、缺点,按照"惩前毖后、治病救人"的方针,摆事实,讲道理,既要弄清问题,又要团结同志,防止把组织生活会开成单纯的"自我小结会"。图 2.3 所示是组织生活管理业务流程。

3.4　党费管理流程

党费是党的事业和党的活动所需资金的来源。交党费是党组织成员义不容辞的责任,是党员关心党的事业的一种体现。党费不仅可以提供经费给党组织,是党组织的经济支持,更重要的是,可以加强党员的组织观念。根据党章规定,党员向党组织交纳党费,是共产党员必须具备的基本条件。党费缴纳首先是上级党组织逐级通知缴费金额,然后支部党员交

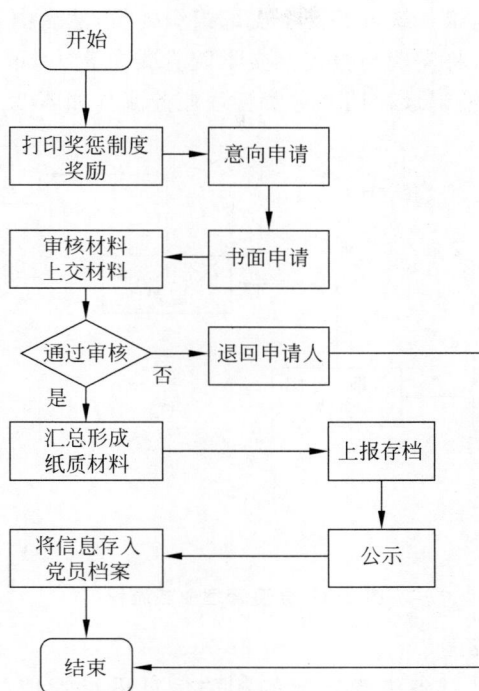

图 2.2 党员奖励管理的业务流程

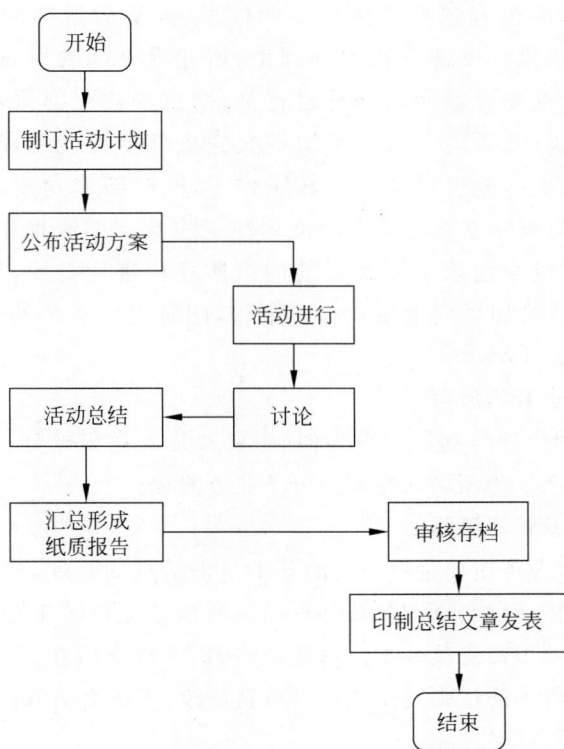

图 2.3 组织生活管理业务流程

第
2
章

问题定义及可行性研究

给党小组组长,再由党小组组长统计好交个支部组织委员,然后由支部组织委员汇总各党小组所交党费形成报表,最后将党费与报表上交学院党委负责人,审核无误后登记入册,同时各支部将本支部的党费详情记录存档。党费管理业务流程如图 2.4 所示。

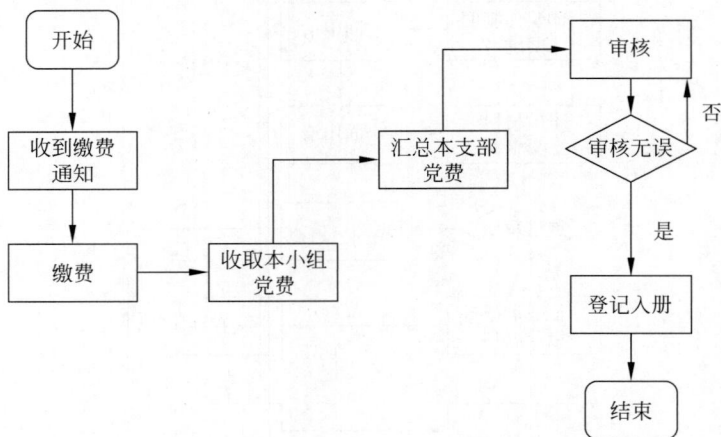

图 2.4　党费管理业务流程

3.5　组织机构管理流程

组织机构管理主要是对各级党支部的相关信息进行管理,主要包括新建党支部信息,已存在党支部信息的维护和查询等。新建组织机构时,首先需要向上级党委提出新建党支部的请示,请示的内容包括新建单位的性质、人员数量等简要情况,现有正式党员、预备党员的数量,新建党支部的依据和理由,所建党支部的性质,党支部组成人数和委员设置方案等;上级党委考察后给出批复意见,同意新建支部请示后则可以开始酝酿支部委员会成员的组成;然后向上级党组织提交党支部委员会组成的请示,待上级党组织批复同意后,新建党支部就可以开始运转工作了,同时新建党支部的信息在各级党组织中纸质存档。修改与删除党支部信息的流程与新建党支部流程相似,需要各级党组织的批复同意,然后在各级党组织中查找之前的纸质存档进行替换,重新留存。还有一个方面,就是党支部换届,换届后向上级党组织报告,同时更换支部的委员信息表。新建党组织的业务流程如图 2.5 所示。

3.6　入党积极分子管理流程

入党积极分子管理业务与党员管理类似,主要就是入党积极分子相关信息的新增、修改、删除和查询等。图 2.6 为新增入党积极分子业务流程。

3.7　党员基本信息管理流程

党员基本信息管理业务主要是对党员的基本身份信息的管理,主要分为新增党员基本信息、党员基本信息维护、存档、查询党员基本信息和预备党员转正等业务。在新增党员基本信息中,首先党员需要填写党员基本信息登记表,然后提交所在支部审核,若审核通过则存档后上交上级支部,若不通过则通知该党员重新修改,再次上交审核。新增党员基本信息的业务流程如图 2.7 所示。

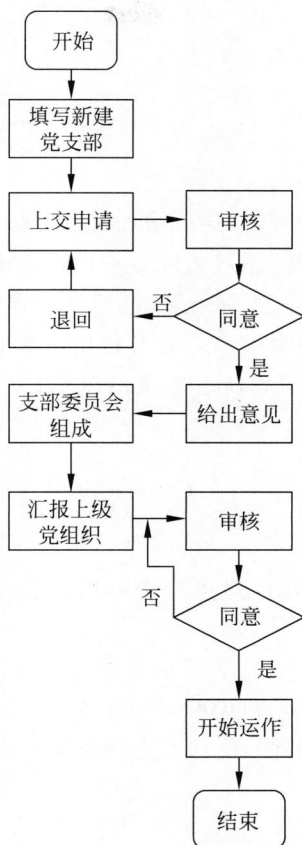

图 2.5　新建党组织的业务流程

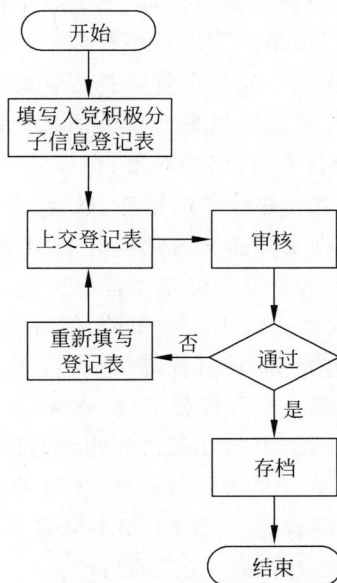

图 2.6　新增入党积极分子业务流程

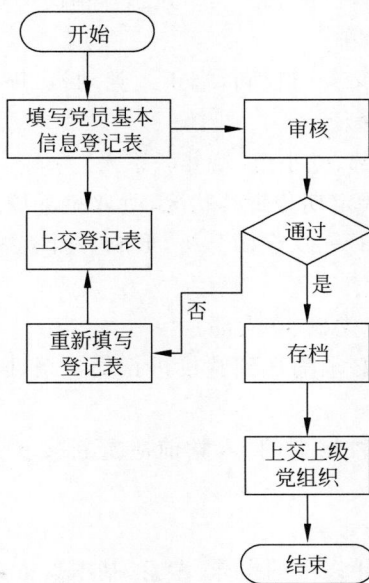

图 2.7　新增党员基本信息业务流程

问题定义及可行性研究

4. 拟开发系统项目的要求和目标

4.1 对拟开发系统项目的基本要求

1. 人员管理

人员管理包括"团员管理"和"党员管理"两部分。

(1) 团员管理：用于团员信息的查询。

(2) 党员管理：用于党员增加、党员减少、党员信息查询。党员增加：用于超级管理员增加、维护系统基础数据，以便二级单位添加入党申请人等，系统可以自动检索出所需信息。该功能对二级单位管理员不开放。党员减少：党员减少信息的采集，包括党员退党和党员转出两个模块。党员退党：主要是添加、查看退党党员基本信息。党员转出：主要是添加、查看转出党员基本信息。党员信息查询：主要用于查看学校所有党员的基本信息，包括正式党员、预备党员、培养对象、积极分子、入党申请人。

2. 入党积极分子的培养、教育、考察

1) 向党支部递交入党申请书(申请人)

(1) 本人自愿向党组织提出申请。

(2) 对虽未提出入党申请，但政治素质好，有培养前途的对象应进行启发引导，吸收参加党的一些活动，使其提高认识，自愿提出入党申请。

2) 确定入党积极分子(党支部)

经党小组(共青团员经团组织)推荐，支委会(支部大会)讨论确定为积极分子，并确定两名党员(正式党员或预备党员)作培养联系人，进行重点培养；建立入党积极分子档案。

3) 培养教育(党支部、培养联系人)

(1) 吸收参加一些党的活动；

(2) 交任务、压担子，通过参加党小组或支部的活动，在实践中锻炼；

(3) 要经常向党组织汇报自己的思想、学习、工作情况(思想汇报强调质量和真实感受，不强求数量)；

(4) 帮助他们明确党员的义务与权利，端正入党动机，提高思想觉悟，树立共产主义理想，坚定中国特色社会主义信念。

4) 定期考察和分析(党支部、党小组、培养联系人)

对入党积极分子，党支部要定期分析其状况，听取培养联系人和党内外群众的意见，每半年对培养、教育、考察情况进行一次全面分析，形成书面考察意见填入《入党积极分子培养考察登记表》。

5) 集中培训教育(党校、分党校、党支部)

(1) 入党积极分子入党前必须输送到党校进行集中培训教育，未经党校培训一般不能发展入党；

(2) 在中学期间参加过党校培训的，入党前应重新接受党校培训，但培养时间可连续计算。

6) 确定发展对象(党支部)

(1) 入党积极分子经过一年以上的培养、考察，基本具备党员条件的，通过座谈了解、民主测评等形式广泛征求党内外群众意见后，由支委会或支部大会集体讨论后确定为发展对象；

（2）听取党外群众意见：由党支部组织，至少要有 2 名党员参加，采取座谈会或个别听取意见的方式进行，要做好详细记录，党员要在记录上签字；

（3）团组织推优（在全体团员中进行）：本科低年级入党积极分子被确定为发展对象时，要通过团组织推优的形式，听取团组织意见；本科高年级及研究生入党积极分子被确定为发展对象时，是否采取团组织推优，应由基层党组织视党员发展工作需要而定。

7）政治审查（党支部、党总支）

（1）政审的内容：申请人对党的路线、方针、政策的态度；申请人的政治历史和在重大政治斗争中的表现；家庭及主要社会关系的政治情况；尤其要看申请人是否信仰宗教、邪教、迷信，有无受刑事或政治处分。

（2）政审的方法：同本人谈话、查阅有关档案材料、找有关单位和人员了解，必要的函调或外调；经听取本人介绍和查阅档案后，情况清楚的可不再函调和外调。

（3）政审要形成综合性的政审材料，要防止"重函调，轻政审"现象，防止以函调材料取代政治审查。

3．发展党员转正工作流程

1）接收预备党员前的审核、预审（党总支、党支部、组织员）

党支部应该整理和审核的入党材料如下。

（1）入党申请书；

（2）自传；

（3）思想汇报；

（4）党校结业证书（复印件）；

（5）《入党积极分子培养考察登记表》；

（6）党内外群众意见的原始记录；

（7）团组织推优意见原始记录；

（8）政治审查材料等。

党支部应向总支（党委）报告上述情况，提请党总支（党委）预审。

党总支（党委）预审内容如下。

（1）考察时间是否期满；

（2）全过程是否规范；

（3）材料是否齐全，填写是否规范；

（4）本人的思想政治、学习表现和群众基础是否符合党员标准。

2）对发展对象进行公示（党总支、党支部）

（1）公示内容：姓名、性别、年龄、政治面貌、学历、出生地、递交入党申请书时间、列为入党积极分子时间、参加党校培训情况、培养联系人、政审人、举报电话、联系方式、公示期（一周）等。

（2）公示方式：张贴红榜、院系主页、BBS、电子邮件（相关教师）。

（3）及时处理群众的举报监督，根据群众反映的问题及核查结果确定公示对象是否符合条件。

3）确定入党介绍人（党总支、党支部）

（1）要有两名正式党员作为入党介绍人；

问题定义及可行性研究

（2）入党介绍人一般由培养联系人担任，也可由发展对象约请或党组织指定。

4）填写《入党志愿书》（申请人、介绍人）

党支部要向发展对象解释志愿书中的各项内容，志愿书由本人填写，入党介绍人作指导，填写要规范，字迹要清楚（用黑色钢笔或签字笔），不允许涂改。党支部要对志愿书进行审阅。

5）召开接收预备党员大会（党支部）

大会程序如下。

（1）申请人宣读《入党志愿书》；

（2）介绍人如实介绍情况；

（3）支委会负责人介绍情况，通报公示结果，并提出初步意见；

（4）大会讨论；

（5）发展对象谈认识和决心；

（6）大会表决并作出决议；（采取举手或无记名投票的方式进行表决，赞成票超过应到会正式党员的半数方为有效。）

（7）支部负责人总结；

（8）党支部及时将支部大会的决议填入《入党志愿书》，决议内容：申请人的基本情况、入党动机、对党的路线、方针、政策的态度、主要优缺点、政审的主要结论、是否具备党员的条件，应到会和实到会的有表决权的正式党员人数，对申请人能否被接收为预备党员的表决结果（赞成、不赞成和弃权票数），以及通过决议的日期和党支部书记签名盖章。

6）指派专人进行入党前谈话（党总支）

（1）谈话人一般应为教师党员；

（2）谈话内容：申请人对党的认识、入党动机，对党员权利和义务的理解，对群众态度和支部审议意见的态度；

（3）谈话人应将谈话情况和自己对申请人能否入党的意见认真负责地填入《入党志愿书》。

7）审批（党总支）

（1）党委授权党总支集体讨论审批，主要审核内容：党员条件是否具备；材料是否齐全、规范；手续是否完备；总支审批格式为"经审查，同意吸收×××同志为中共预备党员，预备期自×年×月×日至×年×月×日止"；

（2）基层党委、党总支必须在三个月内审批支部上报的接收预备党员材料和决议，遇特殊情况可适当延长审批时间，最长不得超过六个月（我校为"党委授权、总支审批"）；超过三个月未审批的，应由原报批党支部进行复议，再报基层党委、党总支审批；超过六个月未审批的，党支部要重新为发展对象办理入党手续；

（3）党总支、上级党委有权否决有关决议。

注：党员入党时间为党支部召开接受预备党员大会时间。

8）组织部盖章、备案（党委组织部、党总支）

（1）党委组织部在志愿书上加盖"党委授权、总支审批"章、组织部和校党委书记的印章并备案。

（2）党总支将新发展党员基本信息录入学校的"大学生党员信息管理系统"。

4．预备党员转正工作流程

1）反馈审批结果（党总支、党支部）

（1）党总支及时向支部反馈审批结果，支部及时通知预备党员，提出要求和希望；

（2）将预备党员编入党支部、党小组参加活动；

（3）向支部大会公布，并在一定范围内张榜公布；

（4）预备党员进入一年的预备期，接受继续教育和考察。

2）入党宣誓（党委、党总支）

（1）宣读参加宣誓新党员名单；

（2）宣誓人持立正姿势，面向党旗举右手握拳宣誓；

（3）党组织负责人逐句领誓，宣誓人跟读；

（4）领誓人读完誓词说"宣誓人"后宣誓人分别报自己的姓名。

3）预备党员的教育、考察、培训（党支部、党总支、党校）

（1）支部要通过听取党员汇报、谈心、严格组织生活、不定期考评、分配一定工作等方式对预备党员进行教育和考察；

（2）预备期满半年时，党支部要召开会议对预备党员的表现进行评议；

（3）党校要对预备党员进行集中培训。

4）提出转正申请（预备党员）

预备党员在预备期满之前，应提交书面转正申请。

（1）说明入党、预备期满的时间；

（2）对本人预备期内的表现作全面的总结，说明成绩及不足，尤其是入党时支部大会提出的缺点的改正情况；

（3）今后努力的方向；

（4）提出按期转正的申请并表明态度。（支部书记有义务提醒预备党员提出转正申请。）

5）审查、讨论（支委会、支部大会）

（1）支委会在听取群众、党员意见的基础上进行审查并提出意见；

（2）支部大会讨论：预备党员汇报；支委会介绍情况，提出初步意见；大会讨论；大会表决并作出决议；

（3）具备条件的，按期转为正式党员；不具备条件、需进一步教育和考察的，可延长一次预备期，延长时间不得少于半年，最长不超过一年；不具备党员条件的，应取消预备党员资格。

6）审批转正申请和支部决议（党总支）

（1）党支部将党员大会讨论结果报告党总支；

（2）党委授权党总支审批，党总支需在三个月内讨论审批，审批格式为"经研究，同意×××按期转为中共正式党员，党龄从×年×月×日算起"。注：党龄从预备党员转正之日算起。

7）组织部盖章、备案（党委组织部）

党委组织部在志愿书上加盖"党委授权、总支审批"章、组织部和校党委书记的印章并备案。

8）反馈转正审批结果（党总支、党支部）

（1）党总支及时向支部反馈转正审批结果，支部及时通知党员，提出要求和希望；

（2）审批结果应向支部大会公布，并张榜公布。

9）将党员发展材料存档（党总支）

基层党委、党总支要及时将党员发展材料存档，存档材料包括：《入党志愿书》、入党和转正申请书、自传、政治审查材料、《入党积极分子培养考察登记表》等。

5. 组织关系接转

用于党员组织关系转入、转出等管理。分为"组织关系转入""组织关系转出""支部间转移""身份变更""非党员转移"等 5 个模块。

（1）组织关系转入：用于校内外党员的组织关系转入。

（2）组织关系转出：用于校内外党员的组织关系转出。

（3）支部间转移：用于将同一党委（党总支、直属党支部）下的党员，在不同支部间转移。

（4）身份变更：用于同一党委（党总支、直属党支部）下的党员，因工作变动、升学带来的党员身份类别变化，如本科生变为研究生、在岗变为离退休等。

（5）非党员转移：用于将本单位非党员信息，包括递交申请书、入党积极分子、培养对象信息转移到基础库中。有点类似党员组织关系转出功能，只不过操作的对象是非党员，转出单位是系统基础库。

① 组织关系转入：用于校内外党员的组织关系转入。功能包括"校外转入""校内转入待确认""已转入"三个模块。

校外转入：校外党员因工作变动、升学到我校后，进行组织关系转入操作。

校内转入待确认：校内其他院系党员，组织关系转入另一院系，确认组织关系转入。

已转入：用于查看所有组织关系转入的信息，包括校外和校内转入。

② 组织关系转出：用于校内外党员的组织关系转出。功能包括"转出""转出待确认""已转出"三个模块。

转出：党员因工作变动、升学到其他单位，进行组织关系转出，转出类别分校内、省内校外、省外三类。

转出待确认：审核支部提交的组织关系转出申请，开具、打印组织关系介绍信，确认回执等。

已转出：查看所有组织关系已转出的党员信息。

③ 支部间转移：选择需要转移的人员，选择所要转移到的支部，即可进行支部间转移。

④ 身份变更：选择需要转移的人员，按照相应要求填写相关信息，完成身份变更。

⑤ 非党员转移：非党员转移的操作对象，仅限于对入党申请人、入党积极分子、发展对象进行操作。选择需要转移的人员，按照相应要求填写相关信息，完成转移。

6. 党员事务管理

用于党员日常管理事务操作。包括"党纪处分管理""党员出国/境管理""党员评先表彰""党费收缴管理"等模块。

党纪处分管理：用于党员违反党的纪律受处分的事务管理。

党员出国/境管理：用于党员出国（境）、回国（境）事务管理。

党员评先表彰：用于党员七一评先表彰申报。

党费收缴管理：用于党员党费的收缴、核算、统计等管理。

1) 党纪处分管理

新增处分党员：管理员增加需要被处分的党员，以便操作。

编辑处分党员：管理员编辑被处分的党员，时时更新最新信息，以便查看。

撤销处分党员：管理员撤销被处分的党员。

2) 党员出国/境管理

新增出国/境（回国/境）党员：管理员增加出国/境（回国/境）的党员，以便操作。

编辑出国/境（回国/境）党员：管理员编辑出国/境（回国/境）的党员，时时更新最新信息，以便查看。

3) 党员评先表彰

增加评先表彰的党员：管理员增加评先表彰的党员，并对其进行奖赏。

4) 党费收缴管理

党费收缴通知：通知所有正式党员交党费。

在线缴纳党费：直接在本系统里面用二维码进行支付，方便快捷。

未缴费名单公布：公布未缴费党员名单和最后期限通知，逾期将进行退党管理。

7. 校党活动

用于校党活动，包括"会议通知"、"教育培训"和"支部活动"三部分。

会议通知：用于一些重要会议（必须参加）的通知。

教育培训：用于教育培训的通知、内容公布、签到情况。

支部活动：用于支部活动的通知。

4.2 主要开发目标

（1）方便准备入党的大学生清晰地了解整个流程从而可以快捷地准备相关材料，同时也方便大学生党员即时得到相关通知；

（2）方便大学生党员即时查询相关信息，如各个关键时间点或者推荐人等；

（3）方便党支部对于党员信息进行即时管理和查询；

（4）能够进行在线缴纳党费，为大学生党员提供了便捷，同时也方便党支部对于党费的管理。

5. 可行性研究

从技术可行性、经济可行性、社会可行性三方面进行分析。

大学生党员信息管理系统是在信息化蓬勃发展的趋势下，响应以信息化手段促进管理的要求，从加强大学生党员管理建设，提升工作效率，减轻工作人员负担，建立决策分析支撑等多个方面入手，建设相应的管理信息系统。因此，大学生党员信息管理系统的建设，是顺应时势，符合数字城市要求，具有切实意义。

5.1 技术可行性

大学生党员信息管理系统是以全校学生作为用户，系统的开发采用 Java 语言，基于 J2EE 的 Web 应用 B/S 结构开发模式，前端页面采用 JSP＋JavaScript＋HTML，后台数据采用 MySQL，运行平台为 MyEclipse，操作系统为 Windows 7，用 Tomcat 作为 Web 服务器软件。硬件方面要求不高，在普通的个人电脑上就可以操作；目前 Java 语言作为当下互联网中最受欢迎、最有影响的编程语言之一,技术已逐渐趋于完善,特别适应本工作单位的网络和因特网环境。Java有很多优点,其中面向对象、分层结构、安全性强、有较强移植性等特点非常符合本系统的开发需求。根据以上分析得出的结果,本系统开发采用的技术是成熟可靠的,硬件条件完全能满足开发需求。

5.2 经济可行性

从成本可行性方面来看,本系统设计简单,规模不大,开发所需的花费将非常小,利用学院已有资源基本就可解决,不会对党组织的资金方面带来压力,基于主流技术开发使得系统的通用性很强,多个党组织可以共同开发与使用,从而进一步降低成本。从经济合理性的角度来看,之前大量人工完成的各项工作由党员信息管理系统来代替,将大大降低人力、物力和财力的耗费。所以,经济上是完全可行的。

5.3 社会可行性

本系统操作简单,对于当今时代下的高校学生,入学前就已经具备一定的计算机操作基础;对于高校党组织管理员,一些基本的计算机专业知识已经成为必不可少的能力;对于系统管理员,高校相关职能部门完全可以实现对本系统的基本维护与管理。所以,该系统的应用完全可以给学生党组织的日常管理工作带来快捷、科学的方式。因此,具有社会可行性。

四、实验思考和总结

请大家根据上述实验步骤,独立完成下列题目,并完成实验报告。

校园网系统通常被设计为满足学校或大学校园网络需求的综合性解决方案。它提供了一系列功能来支持网络连接、安全性、资源共享和管理等方面的需求。

1. 通过已有图书资料或互联网对将要开发的软件进行调研;

2. 在调研的基础上,分析并确定将要开发的软件总体目标与各个功能目标;

3. 基于软件总体目标与功能目标,结合现有的经济条件与技术基础等,从经济、技术和社会三方面进行可行性分析;

4. 在可行性分析的基础上,对将要开发的软件进行综合评估,给出开发是否可行的结论(结论有3种:可行、基本可行和不可行);

5. 撰写可行性分析实验报告并进行总结。

设计实现篇

需 求 分 析

思政

　　软件需求分析是软件开发过程中的重要阶段,是软件生命周期非常重要的一步,是关系到软件开发成败的关键步骤。它在问题定义和可行性研究阶段之后进行。它的基本任务是准确地回答"系统必须做什么?"这个问题。虽然在可行性研究阶段粗略了解了用户的需求,甚至还提出了一些可行的方案,但是可行性研究的基本目的是用最小的代价在尽可能短的时间内确定问题是否存在可行解,因此许多细节易被忽略,一个微小的疏漏都可能导致误解或铸成系统的严重错误,在纠正时将付出巨大的代价。因而可行性研究并不能代替需求分析,它实际上并没有准确地回答"系统必须做什么"这个关键问题。

　　需求分析并不是确定系统应该怎样完成它的工作,而是确定系统必须完成的工作有哪些。在需求分析结束之前,系统分析员应准确地描述软件需求,写出软件需求规格说明书。以书面形式准确地描述软件需求。在此过程中,分析员和用户都起着关键的、必不可少的作用。

本章思维导图

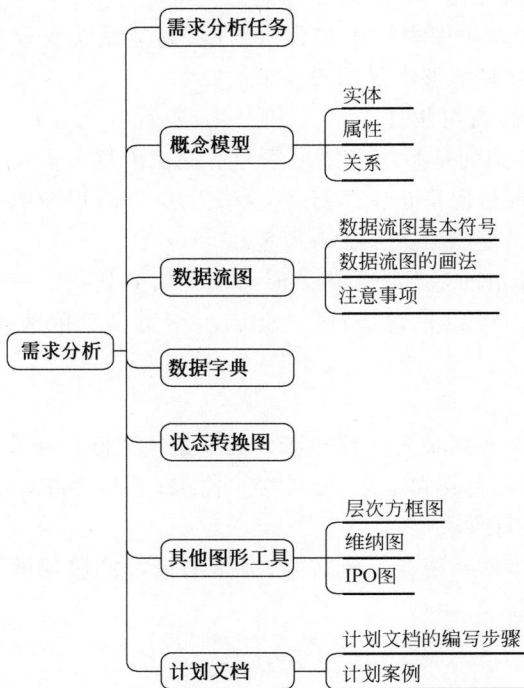

```
                    ┌─ 需求分析任务
                    │
                    │                    ┌─ 实体
                    ├─ 概念模型 ─────────┤─ 属性
                    │                    └─ 关系
                    │
                    │                    ┌─ 数据流图基本符号
                    ├─ 数据流图 ─────────┤─ 数据流图的画法
                    │                    └─ 注意事项
      需求分析 ─────┤
                    ├─ 数据字典
                    │
                    ├─ 状态转换图
                    │
                    │                    ┌─ 层次方框图
                    ├─ 其他图形工具 ─────┤─ 维纳图
                    │                    └─ IPO图
                    │
                    │                    ┌─ 计划文档的编写步骤
                    └─ 计划文档 ─────────┤
                                         └─ 计划案例
```

3.1 需求分析任务

3.1.1 确定具体要求

需求分析阶段要确定系统的具体要求,下面说明需求分析阶段的具体任务。

1. 确定系统运行环境

确定系统运行环境指的是系统部署和运行所需要的硬件、软件、网络等基础设施和环境条件。

(1) 确定系统所需的硬件环境:包括确定系统运行所需的服务器配置、客户端设备要求等。

(2) 确定系统所需的软件环境:包括确定系统所需的操作系统、数据库管理系统、开发工具等。

(3) 确定系统的网络环境:包括确定系统需要支持的网络协议、网络带宽要求等。

(4) 确定系统的安全环境:包括确定系统所需的安全控制措施、数据加密要求等。

(5) 确定系统的可扩展性和可维护性:包括确定系统需要支持的用户数量、数据量等,并考虑系统未来的扩展和维护需求。

2. 确定系统的具体功能

确定系统必须具备的所有功能,通过需求分析划分出系统必须完成的所有功能。

(1) 收集用户需求:通过与用户、利益相关者和领域专家的沟通,收集用户的需求和期望。

(2) 分析和整理需求:对收集到的需求进行整理和分析,将其分类为功能性需求(系统需要具备的具体功能)和非功能性需求(如性能、安全性、可靠性等要求)。

(3) 确定系统功能:基于用户需求和分析结果,确定系统需要具备的具体功能。这些功能应当清晰、可测量,并且能够满足用户需求。

3. 确定系统的可靠性与可用性

(1) 可靠性:可靠性指的是系统在特定条件下提供准确的和一致的结果的能力。一个可靠的系统应该能在各种情况下正常运行,不会发生意外的崩溃或错误。可靠性可以通过系统的稳定性、容错性、恢复能力等方面来衡量。

(2) 可用性:可用性指的是系统在需要时可用的时间比例。一个具有高可用性的系统应能够保证在用户需要时可以正常运行,不会因为不可预见的故障或维护而导致系统不可用。

4. 确定接口需求

接口需求主要用于定义系统与外部环境或其他系统之间的交互方式和规范。常见的接口需求有用户接口需求,软件接口需求,硬件接口需求,通信接口需求等。

5. 其他可能被提出的要求

应该明确列出不在当前系统开发范畴内,但是未来可能出现的要求。这样在被需要时更容易增加需求和修改需求。

3.1.2　建立逻辑模型

需求分析实际上就是建立系统逻辑模型的活动。

模型是为了完全了解事务而对事务做出的一种抽象活动,模型以一种简洁、准确、结构清晰的方式系统地描述了软件需求,可以帮助软件工程师更好地理解系统的结构和行为,从而进行系统设计、分析和测试。使得需求分析任务更容易实现,结果更系统化,同时易于发现用户描述中的模糊性和不一致性。模型分为三种,即数据模型、功能模型和行为模型。

数据模型:描述了数据的结构和关系,建立数据模型是为了理解和表示问题的信息域。

功能模型:描述系统的功能和用例,建立功能模型是为了定义软件有何功能。

行为模型:描述系统中各个组成部分的交互和行为,建立行为模型是为了表示软件的行为。

为了实现上述目标用三种不同的图像,通过数据字典进行描述。数据字典用来描述软件使用或者软件产生的所有实体。数据模型用实体-关系图来描述实体与实体之间的关系;功能模型用数据流图来进行描述;行为模型可以用状态转换图来描述系统的各种行为模式(状态)和不同状态之间的转换。以下是建立模型的基本目标。

(1)描述用户的需求:通过与用户进行交流,了解用户所需要的功能。

(2)为软件设计奠定基础:有效的模型可以为软件开发提供正确的方向,进一步保证开发的顺利进行。

(3)定义需求以便于验收软件产品:对需求的定义可以在验收时用于验证软件是否达成预定功能,从而便于验收软件产品。

3.1.3　需求规格说明

需求分析阶段除了建立模型以外,还必须写出需求规格说明书。软件需求规格说明书附有可执行原型和初步的用户手册。

软件需求规格说明书是分析任务的最终产物,通过建立完整的信息描述、详细的功能和行为描述、性能需求和设计约束的说明、合适的验收标准,给出对目标软件的各种需求。

其中,最知名的标准是 IEEE/ANSI 830—1993 标准,表 3.1 是软件需求规格说明书的框架。

表 3.1　软件需求规格说明书的框架

Ⅰ. 引言	A. 系统参考文献
	B. 整体描述
	C. 软件项目描述
Ⅱ. 信息描述	A. 信息内容表示
	B. 数据流表示:1.数据流;2.控制流
Ⅲ. 功能描述	A. 功能划分
	B. 功能描述:1.处理说明;2.限制/局限;3.性能需求;4.设计约束;5.支撑图
	C. 控制描述:1.控制规格说明;2.设计约束
Ⅳ. 行为描述	A. 系统状态
	B. 事件和响应

Ⅴ．检验标准	A．性能范围
	B．测试种类
	C．预期的软件响应
	D．特殊考虑
Ⅵ．参考书目	
Ⅶ．附录	

3.1.4　修正开发计划

修正开发计划是软件工程中对原始开发计划进行调整和修改的过程。这可能是由于发现了新的需求、技术限制、资源限制或其他外部因素导致的变化。修正开发计划通常需要对项目范围、时间表、预算和资源分配等方面进行调整,以确保项目能够按时交付并满足客户需求。修正开发计划是软件工程中常见的实践,可以帮助项目团队应对变化和挑战,以确保项目成功完成。

3.1.5　制订测试计划

为了验证所开发系统能否满足用户的需求,必须对系统的功能进行测试。在系统开发初期就制订相应的测试计划有利于明确设计目标,保证设计的正确性。

测试计划包括测试的范围、测试的目标、测试的策略和方法、测试资源的分配、测试进度安排、风险评估以及测试的标准和评估方式等内容。制订测试计划是为了确保软件项目能够按照既定的质量标准进行测试,以验证软件是否符合用户需求和设计规范,同时也帮助项目团队在测试过程中更好地管理和控制测试活动。

软件测试计划描述了测试的方法,测试活动的范围、资源和进度。它规定了被测试的项目、特性、应该完成的任务等。

项目在确认交付时,根据之前制定的软件测试计划进行验收,所以测试计划应该得到用户的同意。

3.1.6　编写用户手册

在系统的需求分析阶段可以编写初步的用户手册,在以后的各个软件开发阶段逐步对其进行改进和完善。

1. 引言

(1)编写目的:阐明编写用户手册的目的,指明读者对象。

(2)项目背景:说明项目来源、委托单位开发单位及主管部门。

(3)定义:列出用户手册中使用的专门术语的定义和缩写词的原意。

(4)参考资料:列出有关资料的作者、标题、编号、发表日期、出版单位或资料来源,可包括 a.项目的计划任务书、合同或批文;b.项目开发计划;c.需求规格说明书;d.概要设计说明书;e.详细设计说明书;f.测试计划;g.手册中引用的其他资料、采用的软件工程标准或软件工程规范。

2. 软件概述

(1)目标:介绍软件要实现的目标。

（2）功能：介绍软件详细的功能。

（3）性能：介绍软件的性能，包括 a.数据精确度。如输入、输出及处理数据的精度；b.时间特性。如响应时间、处理时间、数据传输时间等；c.灵活性。在操作方式、运行环境需做某些变更时软件的适应能力。

3. 运行环境

（1）硬件：列出软件系统运行时所需的硬件最小配置，包括 a.计算机型号、主存容量；b.外存储器、媒体、记录格式、设备型号及数量；c.输入、输出设备；d.数据传输设备及数据转换设备的型号及数量。

（2）支持软件：包括 a.操作系统名称及版本号；b.语言编译系统或汇编系统的名称及版本号；c.数据库管理系统的名称及版本号；d.其他必要的支持软件。

4. 使用说明

1）安装和初始化

给出程序的存储形式操作命令、反馈信息及其含意、表明安装完成的测试实例以及安装所需的软件工具等。

2）输入

给出输入数据或参数的要求。

3）数据的逻辑描述

可以将数据分为静态数据和动态数据。静态数据是指系统运行过程中主要作为参考的数据，它们一般不随系统的运行而改变，在很长的一段时间内不会变化。动态数据包括所有在系统运行时要发生变化的数据和系统运行时要输入输出的数据。

（1）静态数据。

（2）动态输出数据。

（3）动态输入数据。

（4）内部生成数据。

（5）数据约定：对数据的限定，包括但不限于容量、数据的最大值和最小值。对于在设计和开发中的限制更要明确提出。

4）数据的收集

（1）要求和范围：输入数据的来源；输出设备的形式；数据的范围，当数据为非数字量时要给每一种合法值的形式和含义；更新处理的频率。

（2）输入的承担者。

（3）预处理。

（4）影响：要说明数据要求对于设备，软件，用户和开发单位可能产生的影响等。

【例 3.1】 为开发一款名为"学生信息管理系统（SIMS）"的软件所编写的一个初步的用户手册。

解析如下。

用户手册主要包括如下内容。

1. 引言

编写目的：本用户手册旨在指导使用 SIMS 的教职员工和学生，以确保他们正确理解和使用系统功能。

项目背景：SIMS 由教育部委托开发单位"软件工程有限公司"开发，主管部门为各个教育机构。

SIMS：学生信息管理系统；

教职员工：指学校教师、工作人员等；

学生：在校学生。

参考资料：项目的计划任务书、项目开发计划、需求规格说明书、概要设计说明书、详细设计说明书、测试计划、其他相关的软件工程标准或规范。

2．软件概述

目标：SIMS 旨在实现学校、教职员工和学生之间信息交流、记录和管理。

功能：SIMS 包括学生档案管理、成绩录入、考勤管理、课程安排、通知发布等功能。

性能：数据精确度。保证学生成绩等数据的准确性。

时间特性：系统响应时间应在 1 秒内。

灵活性：能够在不同运行环境下正常运行。

3．运行环境

1）硬件

计算机配置：至少 4GB 内存，双核处理器。

外存储器：至少 100GB 可用空间。

输入设备：键盘、鼠标。

输出设备：显示器、打印机。

2）支持软件

操作系统：Windows 10 或更高版本。

数据库管理系统：MySQL 8.0。

4．使用说明

1）安装和初始化

(1) 将 SIMS 安装包解压至本地目录。

(2) 运行安装程序，按照提示完成安装。

(3) 输入数据库连接信息，进行初始化设置。

2）输入

(1) 添加学生信息：姓名、学号、班级等。

(2) 录入成绩：选择课程、输入成绩等。

5．数据的逻辑描述

静态数据：学生档案信息、课程信息、教职工信息。

动态输出数据：考试成绩单、课程表、动态输入数据、学生成绩录入、请假信息录入。

内部生成数据：学期课程统计数据、考试分数排名数据。

数据约定：学号为 8 位数字；成绩为 0～100 之间的数字。

6．数据的收集

1）要求和范围

输入数据的来源：学校教务处、教师。

输出设备的形式：电子文档、打印格式。

数据范围：成绩、考勤、学生信息。

更新处理的频率：每学期末更新一次。

2）输入的承担者

教师：录入成绩、考勤。

学生：个人信息更新。

3）预处理

数据输入前进行格式验证和逻辑检查。

4）影响

数据处理可能影响系统性能和用户体验。

以上是初步的用户手册范例，在软件开发各阶段可逐步改进和完善用户手册内容以满足实际需求。

3.1.7 需求复审

需求复审是由系统分析员和用户一起对需求分析结果进行严格的审查，以确保软件需求的一致性、完整性和正确性，并且对可能存在的问题进行修正和改进。通过需求复审，可以有效地减少需求变更和开发中的错误，提高软件开发的效率和质量。

系统分析员得到的实体-关系图、详细的数据流图、数据字典、状态转换图和一些简明的算法描述准确吗？完整吗？有没有遗漏必要的处理或数据元素？数据元素从何而来？如何处理？正确吗？……这一切都必须有确切的答案，而这些答案只能来自于系统用户。因而，必须请用户对需求分析仔细复查。

用户对需求分析的复查是从数据流图的输入端开始的，系统分析员可借助数据流图和数据字典及简明的算法描述向用户解释系统是如何将输入数据一步一步转变为输出数据的。用户应该注意倾听系统分析员的详细介绍，及时地进行纠正和补充。在此过程中很可能引出新的问题，此时应及时修正和补充实体-关系图、详细的数据流图、数据字典、状态转换图和一些简明的算法描述，然后再由用户对修改后的系统做复查。如此反复循环多次，才能得到完整准确的需求分析结果，才能确保整个系统的可靠性和正确性。

需求分析阶段结束时应提供的文档有修正后的项目开发计划、软件需求规格说明书、实体-关系图、详细的数据流图、数据字典、状态转换图和一些简明的算法描述、数据要求说明书、初步的测试计划、初步的用户手册等。

3.2 概念模型

为了理解和表示问题域的信息，需要建立概念模型。概念模型是现实世界中事物内部及事物之间的联系。在信息世界中反映为同一实体集中各个实体内部的联系和不同实体集的各个实体之间的联系。概念模型可以用实体-关系图来描述。实体-关系图简称 E-R 图，是一种用于描述数据之间关系的图形化工具，主要用于分析和设计系统中的数据结构和数据之间的关系。软件工程中的实体关系包括以下要素。

实体。现实世界中客观存在的事物。如汽车、面包。

实体集。具有相同性质的同类实体的集合为实体集。如所有的汽车是实体集。

属性是实体的特性,每个实体会有多个属性。如学生实体有姓名、学号、性别、年龄、所在班级等属性。

实体标识符(也称键)。能唯一表示该实体的属性或者属性集称为实体标识符。如学生实体中的学号就是实体标识符。

实体联系。实体集间的对应关系。

关键码。用来区分不同实体的关键属性。如学号是学生的关键属性。

3.2.1 数据对象(实体)

数据对象是对软件必须理解的复合信息的抽象。所谓复合信息是指具有一系列不同性质或属性的事物,仅有单个值的事物(例如宽度)不是数据对象。

数据对象可以是外部实体(例如产生或使用信息的任何事物)、事物(例如报表)、行为(例如打电话)、事件(例如响警报)、角色(例如教师、学生)、单位(例如会计科)、地点(例如仓库)或结构(例如文件)等。总之,可以由一组属性来定义的实体都可以被认为是数据对象。

3.2.2 数据对象的属性

属性定义了数据对象的性质。必须把一个或多个属性定义为"标识符",也就是说,当人们希望找到数据对象的一个实例时,用标识符属性作为"关键字"(通常简称为"键")。应该根据对所要解决的问题来确定特定数据对象的一组合适的属性。

例如,为了开发机动车管理系统,描述汽车的属性应该是生产厂家、品牌、型号、发动机号码、车体类型、颜色、车主姓名、住址、驾驶证号码、生产日期及购买日期等。

3.2.3 数据对象间的关系

数据对象彼此之间相互连接的方式称为联系,也称为关系。实体间的联系分为两类,一类是同一实体集中各个实体间的联系;一类是不同实体集中各个实体间的联系。而不同实体集中各个实体间的联系又分为以下三类。

1. 一对一联系(1:1)

如果有实体集 A 中的每一个值,实体集 B 中至多有一个值与之联系,反之亦然,则称实体 A 与实体 B 之间是一对一的联系。

如:班级是一个实体集,正班长也是一个实体集。每个班级有且只能有一个正班长,而一个正班长只能在一个班级任职,这样班级和正班长是一一对应关系。

2. 一对多联系(1:n)

如果有实体集 A 中的每一个值,实体 B 中有 n 个值($n \geqslant 1$)与之联系;反之,若实体集 B 中的每一个值,实体 A 中至多有一个值与之联系,则称实体 A 与实体 B 之间是一对多的联系。

如:一个班级有若干名学生,一个学生只属于一个班级。

3. 多对多联系($m:n$)

如果有实体集 A 中的每一个值,实体集 B 中有 n 个值($n \geqslant 1$)与之联系;反之,若实体集 B 中的每一个值,实体 A 中可以有 m 个值($m \geqslant 1$)与之联系,则称实体 A 与实体 B 之间是多对多的联系。

如：学生与课程之间就是多对多的联系。

两个不同实体集间的三种联系如图 3.1 所示。

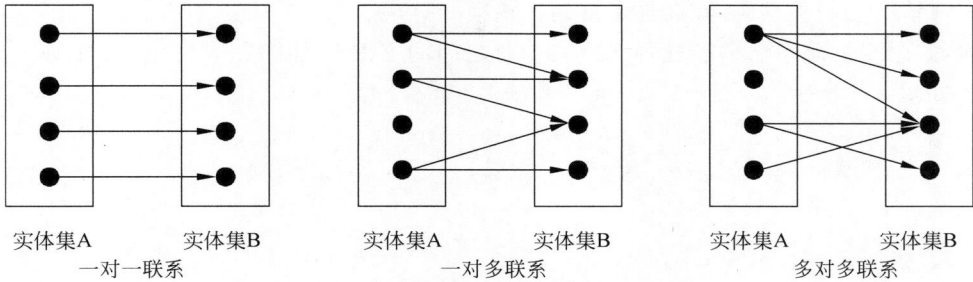

图 3.1　两个不同实体集间的三种联系

3.2.4　实体-关系图

实体-关系(Entity-Relationship,E-R)图,用来描述实体本身的特征及实体间的联系,是一种描述现实世界的概念模型,是一个非常重要的模型。

1. E-R 图的四个基本构成

实体:矩形框表示实体,实体名一般为名词。

属性:椭圆形表示属性,属性名一般为名词。

联系:菱形框表示实体间的联系,联系名一般为动词。

连线:用于连接实体型与连接类型,也可用于表示实体与属性的联系,可注明种类;对关键码的属性,在属性名下划一道横线。

例如,图 3.2 表示学生与课程间的联系("学")是多对多的,即一个学生可以学多门课程,而每门课程可以有多个学生来学。

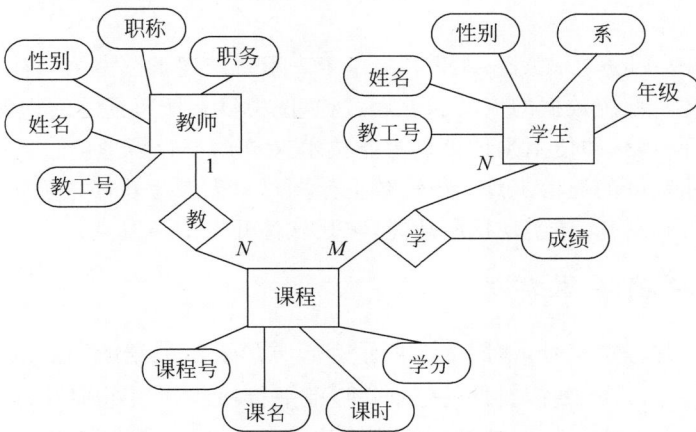

图 3.2　某校教学管理 E-R 图

联系也可能有属性。例如,学生"学"某门课程所取得的成绩,既不是学生的属性也不是课程的属性。由于"成绩"既依赖于某名特定的学生又依赖于某门特定的课程,所以它是学生与课程之间的联系"学"的属性(图 3.2)。

2. 建立 E-R 图的过程

首先确定实体及实体的属性,然后确定联系,再将实体和联系连接起来形成 E-R 图,最后确定实体类型的关键码,在属性名下划一道横线。

例如,学生与院系、课程、教师、班级、专业之间的 E-R 图如图 3.3 所示(属性略);学生实体图如图 3.4 所示。

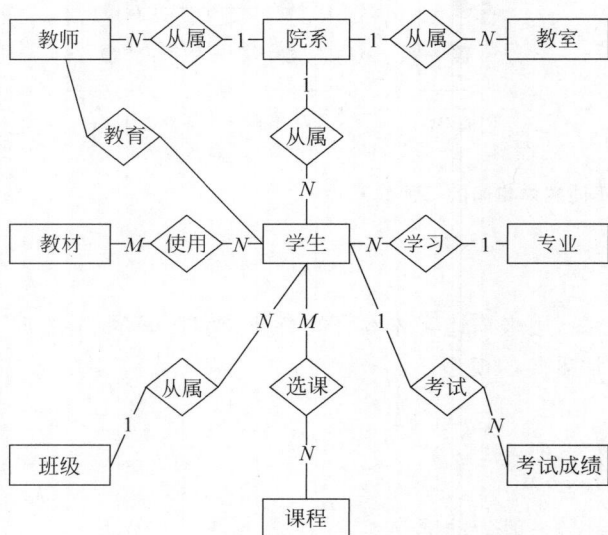

图 3.3 E-R 图

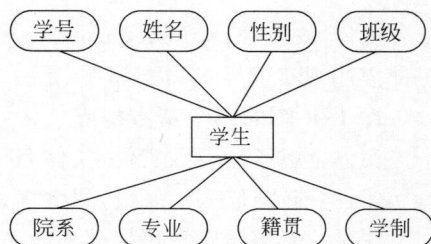

图 3.4 学生实体图

注:由于 E-R 图中实体属性多,因此分为 2 个图举例呈现。

3.3 数据流图

数据流图(Data Flow Diagram,DFD)是用于表示系统逻辑模型的一种工具。它以直观的图形清晰地描述了系统数据的流动和处理过程,图中没有任何具体的物理元素,主要强调的是数据流和处理过程,即使不是计算机专业技术人员也很容易理解。数据流图是软件开发人员和用户之间很好的通信工具。设计数据流图时只需考虑软件系统必须完成的基本逻辑功能,不需要考虑如何具体实现这些功能,它是软件开发的出发点。

3.3.1 数据流图基本符号

数据流图有 4 种基本符号,如图 3.5 所示。长方形表示数据的源点或终点;圆形代表变换数据的处理;两条平行横线代表数据存储;箭头表示数据流,即特定数据的流动方向。注意,数据流与程序流程图中用箭头表示的控制流有本质不同,千万不要混淆。熟悉程序流程图的初学者在画数据流图时,往往试图在数据流图中表现分支条件或循环,殊不知这样做将造成混乱,画不出正确的数据流图。在数据流图中应该描绘所有可能的数据流向,而不应该描绘出现某个数据流的条件。

图 3.5 数据流图基本符号

除上述 4 种基本符号之外,有时也使用几种附加符号,"＊"表示数据之间的关系(同时存在);"＋"表示"或"关系,"⊕"表示只能从中选一个(互斥的关系)。

3.3.2　数据流图的画法

数据流图是为了让用户明确系统之中数据流动和处理的情况,即系统的基本逻辑功能。对于一个系统来说,数据流图的表示方法并不唯一,比较好的方法是分层次的描述系统。顶层数据流图描述系统的总体,表明了系统的关键功能,然后分别对每一个关键功能进行适当的详细描述。分层次的描述便于用户了解系统。

1. 画数据流图的基本原则

(1) 数据流图中所有的符号必须是前面所述的 4 种基本符号和附加符号。

(2) 数据流图的主图(顶层)必须含有前面所述的 4 种符号,缺一不可。

(3) 数据流图主图上数据流必须封闭在外部实体之间(外部实体可以是一个,也可以是多个)。

(4) 加工(变换数据处理)至少有一个输入数据流和一个输出数据流,反映出此加工数据的来源与加工的结果。

(5) 任何一个数据流子图必须与它父图上的一个加工相对应,父图中有几个加工,就可能有几张子图,两者的输入数据流和输出数据流必须一致,即所谓"平衡"。

(6) 数据流图中的每个元素都必须有名字(流向数据存储或从数据存储流出的数据流除外)。

2. 画数据流图的步骤

先画数据流图的主图,大致可分为以下几步。

第一步,先找外部实体(可以是人、物或其他软件系统),找到了外部实体,则系统与外部世界的界面就得以确定,系统的源点和终点也就找到了;

第二步,找出外部实体的输入和输出数据流;

第三步,在图的边上画出系统的外部实体;

第四步,从外部实体的输出流(源点)出发,按照系统的逻辑需要,逐步画出一系列变换数据的处理,直到找到外部实体处所需的输入流(终点),形成数据流的封闭;

第五步,按照上述原则进行检查和修改,最后按照上述步骤画出所有子图。

【例 3.2】　飞机票预订系统的数据流图。

飞机票预订系统的数据流图见图 3.6。

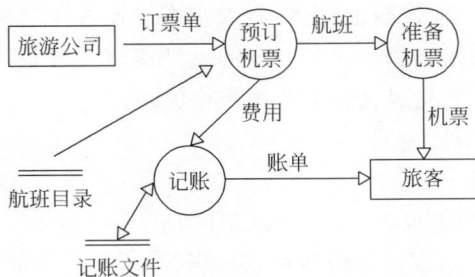

图 3.6　飞机票预订系统的数据流图

说明:"—▷"箭头,表示数据流;"○"圆或椭圆,表示变换数据的处理;"□"矩形框,表示数据的源点或终点;"="双杠或单杠,表示数据存储(文件)。

3.3.3 注意事项

(1)变换数据的处理不一定是一个程序。一个处理框可以代表一个程序或者一个模块,也可以代表一个处理过程。

(2)一个数据存储不一定是一个文件。它可以表示一个文件或者一个数据项,数据可以存储在任何介质上。

(3)数据存储和数据流都是数据,只是所处的状态不同。数据存储是静止的数据,数据流是运动的数据。

(4)分层次地画数据流图。据调查研究表明,若一张数据流图中包含的处理多于9个时,人们很难领会它的含义,所以此时数据流图应该分层绘制。将复杂的功能分解为子功能来细化数据流图有利于人们理解其含义,所以数据流图可分为高层总体的数据流图和多张细化的数据流子图。

(5)数据流图的细化原则。数据流图分层细化之时必须保持信息的连续性,即细化前后对应功能的输入输出数据必须相同。当一个功能细化为子功能需要写出程序代码时,就不应该进行细化。

(6)画数据流图时,只考虑数据流的静态关系,不考虑其动态关系(如启动、停止等与时间有关的问题),也不考虑出错处理问题。

(7)画数据流图时,只考虑常规状态,不考虑异常状态,这两点一般留在设计阶段解决。

(8)画数据流图不是画程序流程图,二者有本质的区别。数据流图只描述"做什么",不描述"怎么做"和做的顺序,而程序流程图表示对数据进行加工的控制和细节。

(9)不能期望数据流图一次画成,而是要经过各项反复才能完成。

(10)描绘复杂系统的数据流图通常很大,对于画在几张纸上的图很难阅读和理解。一个比较好的方法是分层描绘这个系统。在分层细画时,必须保持信息的连续性,父图和子图要平衡,每次只细画一个加工。

3.4 数据字典

3.4 数据字典

数据字典是对数据流图中的数据元素、数据流、文件、处理的定义的集合。数据字典是在软件分析和设计的过程中提供数据描述,通常包含了系统中所有数据元素的定义、描述、属性和关系等信息,它是数据流图中必不可少的辅助资料。数据流图和数据流图中每个元素的确切定义,它们共同才能构成完整的系统规格说明。

数据字典由以下五类条目组成。

1. 数据元素

数据元素是数据的最小组成单位,包含以下内容。

(1)数据元素的名称:数据元素的名称或标识符,用于唯一地标识该数据元素。

(2)数据元素的类型:描述数据元素的类型,例如整数、浮点数、字符串、日期等。

(3)数据元素的长度:描述数据元素的长度或容量限制,特别是对于字符串或数组等数据类型。

（4）数据元素的取值范围：描述数据元素允许的取值范围，包括最小值和最大值。

（5）数据元素的定义：对数据元素的功能、含义和用途进行详细的描述。

2. 数据流

数据流条目用于描述系统中的数据流，包括数据流的名称、描述、类型、来源、去向、处理等信息。

3. 数据存储

数据存储条目用于描述系统中的数据存储，包括数据存储的名称、描述、结构、内容、访问方式等信息。

4. 数据处理

数据处理条目用于描述系统中的数据处理，包括数据处理的名称、描述、输入、输出、处理逻辑等信息。

5. 外部项

数据源等外部实体，表示了系统数据的来源以及去处。外部项越少越好，若过多则系统独立性差，确定的人机界面不合适。

【例 3.3】 学生实体的数据字典。

实体名称：学生（Student）

数据项：

（1）学生 ID（Student ID）。数据类型：整数；描述：学生的唯一标识符。

（2）姓名（Name）。数据类型：字符串；描述：学生的姓名。

（3）年龄（Age）。数据类型：整数；描述：学生的年龄。

（4）性别（Gender）。数据类型：字符串；描述：学生的性别。

（5）班级（Class）。数据类型：字符串；描述：学生所在的班级。

（6）地址（Address）。数据类型：字符串；描述：学生的家庭地址。

3.5　状态转换图

状态通常指的是系统或对象在特定时间点或时间段内所处的特定条件或情况。状态是描述系统、组件或对象的属性和特征的一种方式，它反映了系统或对象在某一时刻的行为、性质或特征。一个状态表示系统的一种行为模式。有时对象在不同的状态下呈现不同的行为方式，所以应该分析对象的状态，才能正确地认识实体的行为并且定义它的操作。

状态转换图是一种用于描述系统状态以及状态之间转换关系的图形化工具。通过状态转换图，可以清晰地描述系统的各种状态以及状态之间的转换关系，帮助开发人员和利益相关者更好地理解系统的行为并进行系统的设计、分析和测试。

并不是所有实体都要画状态转换图，有些实体有意义明确的状态，当其行为在不同的状态下有一定的改变时，才需要画出状态转换图。

1. 状态转换图的画法

画状态转换图的步骤有以下几步。

（1）确定系统的状态。首先，需要明确系统的所有可能状态。这些状态是系统在某一时间点的特定情况或条件。例如,一个订单处理系统可能有"待处理""已处理""已取消"等状态。

(2)确定状态之间的转换关系。确定系统中状态之间的转换关系,即在某些条件下系统从一个状态转换到另一个状态。这些条件可以是外部事件、用户输入或系统内部条件的改变。需要明确每个状态之间可能的转换条件和触发事件。

(3)绘制状态转换图。使用图形工具(如 UML 工具、绘图软件等),根据上述确定的状态和状态之间的转换关系,绘制状态转换图。在图中,用节点表示每个状态,用有向边表示状态之间的转换关系,箭头上标注触发状态转换的事件或条件。

(4)标注状态转换的条件和动作。在状态转换图中,需要标注每个状态转换的条件和可能执行的动作。这些条件和动作描述了系统在状态转换时的行为。

(5)审查和验证。绘制完成后,需要对状态转换图进行审查和验证,确保图中描述的状态和转换关系符合系统的实际行为,并且没有遗漏或错误。

2. 状态转换图的符号

状态转换图中常用的符号如下。

(1)椭圆:表示实体的一种状态,椭圆内部填写状态名称。

(2)箭头:表示从箭头出发的状态可以转换为箭头指向的状态。

(3)事件:箭头线上可标注引起状态转换的事件名。事件后可以加方括号,方括号内可写状态转换的条件。

(4)实心圆:指出该实体被创建之后所处的初始状态。

(5)内部实心的同心圆:表示最终的状态。

【例 3.4】 状态图中使用的主要符号。

状态图中使用的主要符号见图 3.7。

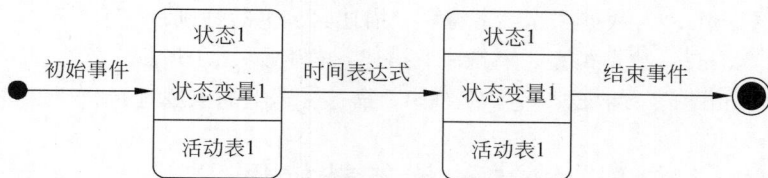

图 3.7 状态图中使用的主要符号

3.6 其他图形工具

需求分析阶段,除了使用之前讲过的几种方法之外,还经常使用一些其他的图形工具来描述需求关系和逻辑处理功能,3.6 节将介绍层次方框图、维纳图和 IPO 图。

3.6.1 层次方框图

层次方框图由一系列多层次的树形结构的矩形框组成,用来描述数据的层次结构。层次方框图的顶层是一个单独的矩形框,它代表数据结构的整体,下面各层的矩形框代表这个数据结构的子集,最底层的各个矩形框代表组成这个数据的不能再分割的基本元素。随着结构描述向下层的细化,层次方框图对数据结构的描述也越来越详细,系统分析员从顶层数据开始分类,沿着图中每条路径不断细化,直到确定数据结构的全部细节时为止,这种处理模式很适合需求分析阶段的需要。但在使用中需要注意,方框之间的联系表示组成关系,不是调用关系,因为每个方框不是模块。

【例 3.5】 一家计算机公司全部产品的数据结构可用层次方框图描述。

全部产品层次方框图见图 3.8。

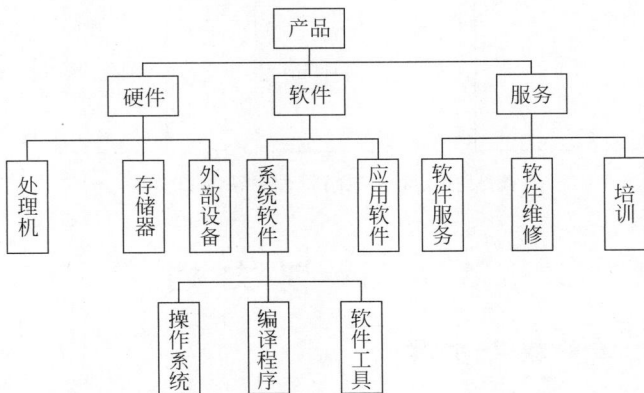

图 3.8 一家计算机公司全部产品层次方框图

3.6.2 维纳图

维纳图是表示信息层次体系的一种图形工具,由法国计算机科学家 J. D. Warnier 提出。维纳图又称 Warnier 图,同层次方框图类似,也可以用来描述树形结构的信息,可以指出一类信息或一个信息是重复出现,也可指明信息是有条件出现的。在维纳图中使用以下几种符号。

(1) 大括号"{}"用来区分信息的层次;

(2) 异或符号"⊕"指出一个信息类或一个数据元素在一定条件下出现,符号上、下方的名字代表的数据只能出现一个;

(3) 圆括号"()"指出这类数据重复出现的次数。

【例 3.6】 描绘一类产品的维纳图。

一类产品的维纳图见图 3.9。

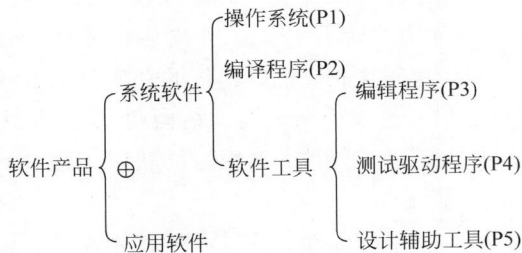

图 3.9 一类产品的维纳图

3.6.3 IPO 图

IPO 图是输入—处理—输出图(Input-Process-Output)的简称,是美国 IBM 公司发展完善起来的一种图形工具。IPO 图使用的基本符号少而简单,因此易学易懂。它的基本形式是画 3 个方框,在左边的框中列出有关输入数据,在中间框内列出主要处理,在右边的框内列出产生的输出数据。处理框中列出的处理次序是按执行顺序书写的。但是这些符号还不能精确地描述执行处理的详细情况,在 IPO 图中,还用类似向量符号的空心箭头清楚地指出数据通信的情况。

【例 3.7】 考试成绩管理系统的 IPO 图,通过这个例子可以了解 IPO 图的用法。

考试成绩管理系统的 IPO 图见图 3.10。

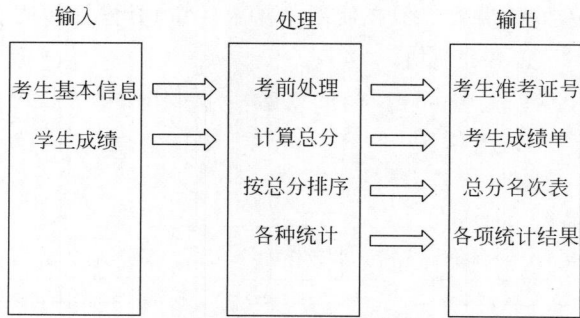

图 3.10　考试成绩管理系统的 IPO 图

3.7　计 划 文 档

3.7.1　计划文档的编写步骤

计划文档的编写步骤如下。

(1) 确定需求:首先需要明确软件工程计划文档的编写目的和范围,包括需要开发的软件功能、性能要求、用户界面设计等方面的需求。

(2) 制订计划:根据需求,制定软件工程计划的时间表和里程碑,确定开发团队的组成和分工,以及开发过程中所需的资源和预算。

(3) 分析风险:对可能出现的风险进行分析和评估,包括技术风险、市场风险和人员风险等,制定相应的风险应对措施。

(4) 制定开发流程:确定软件开发的具体流程和方法,包括需求分析、设计、编码、测试、部署和维护等阶段的工作内容和时间安排。

(5) 编写文档:根据制订的开发计划和流程,编写软件工程计划文档,包括项目背景、范围、目标,开发团队的组织结构和分工,开发过程的具体安排等内容。

(6) 审核和修改:对编写的软件工程计划文档进行内部审核和修改,确保文档的准确性和完整性。

(7) 批准和发布:经过审核和修改后,软件工程计划文档由项目负责人或管理者批准并发布,以便开发团队按照计划进行工作。

3.7.2　计 划 案 例

【案例】　制订演唱会观众管理和信息分析系统的软件开发计划。

某演唱公司要开发一个演唱会观众管理和信息分析系统,若立即开始考虑实现演唱会观众信息管理系统的详细方案并且开始编写程序,这不符合软件工程的开发思想。系统分析员首先要考虑开发这样一个系统能否可行,是否能够产生经济效益,而不是立刻实现它。还要进一步考虑,用户面临的问题有什么。根据上述计划文档编写步骤进行编写。

1. 确定需求

开发一个演唱会观众管理和信息分析系统,包括观众信息录入、座位管理、票务销售、数据分析等功能。

要求系统能够支持大型演唱会的观众信息管理和数据分析,具备安全性和高可靠性。

2. 制订计划

开发周期为 5 个月,包括需求分析、设计、编码、测试和部署等阶段。

开发团队包括 5 名开发工程师、2 名测试工程师和 1 名项目经理。

预算为 60 万元,包括硬件设备、软件工具和人员成本。

3. 分析风险

技术风险:座位管理和大数据分析可能带来开发复杂度。

人员风险:团队成员离职或项目调岗可能影响开发进度。

市场风险:需求变更或竞争对手的影响可能影响项目规划。

4. 制定开发流程

需求分析阶段:1 个月,确定功能需求、用户界面设计和数据库设计。

设计阶段:1 个月,完成系统架构、数据库设计和接口定义。

编码阶段:1.5 个月,进行模块编码和集成测试。

测试阶段:1 个月,进行功能、性能和安全等各项测试。

部署阶段:0.5 个月,上线前准备和用户培训。

5. 编写文档

项目背景:介绍演唱会观众管理和信息分析系统的开发背景和目标。

开发团队:列出各成员的职责和工作安排。

开发流程:详细描述各阶段的工作内容和时间安排。

6. 审核和修改

内部审核人员对文档进行审核,并对文档进行必要的修改和完善。

7. 批准和发布

项目负责人批准并发布软件工程计划文档。

本 章 总 结

可行性研究阶段对用户进行详细的研究调查之后,确定软件开发的系统功能,目标,规模以及所开发软件与其他软件之间的关系。需要从技术方面,经济方面等方面写出可行性研究报告。

需求分析是建立系统逻辑模型的活动,研究用户的需求以便得到系统或者软件需求的过程。功能模型使用状态转移图来进行描述。需求分析阶段需要建立各种模型,除了建立模型之外还应该写出软件需求规格说明书、修改软件开发计划、系统测试计划。

习　　题

一、单选题

1. 数据流图是进行软件需求分析的常用图形工具,其基本图形符号是(　　　)。

　　A. 输入、输出、外部实体和加工　　　　B. 变换、加工、数据流和存储

　　C. 加工、数据流、数据存储和外部实体　　D. 变换、数据存储、加工和数据流

2. 进行需求分析可使用多种工具,但(　　　)是不适用的。

A. 数据流图　　　　　B. 判定表　　　　　C. PAD 图　　　　　D. 数据字典

3. 软件需求分析一般应确定的是用户对软件的(　　)。

　A. 功能需求　　　　　　　　　　　B. 非功能需求

　C. 性能需求　　　　　　　　　　　D. 功能需求和非功能需求

4. 描述类中某个对象的行为,反映了状态与事件关系的是(　　)。

　A. 对象图　　　　　B. 状态图　　　　　C. 流程图　　　　　D. 结构图

5. 在软件需求分析中,开发人员需要从用户那里解决的最重要的问题是(　　)。

　A. 要让软件做什么　　　　　　　　B. 要给该软件提供哪些信息

　C. 要求软件工作效率怎样　　　　　D. 要让软件具有何种结构

6. 需求分析阶段最重要的技术文档之一是(　　)。

　A. 项目开发计划　　　　　　　　　B. 设计说明书

　C. 需求规格说明书　　　　　　　　D. 可行性分析报告

二、填空题

1. 软件需求分析阶段的目的是(　　),并把双方共同的理解明确地表达成一份书面文档(　　)。

2. 软件需求分类,分为(　　)需求和(　　)需求。

3. 需求开发的步骤包括(　　)、(　　)、编写规格说明、需求验证。

三、简答题

1. 需求分析阶段的基本任务是什么?

2. 需求分析阶段需要执行哪些活动?

实 践 活 动

第 3 章实践活动

软件需求分析

——以大学生党员信息管理系统为例

一、背景知识

　　需求分析是软件开发过程中至关重要的一环,它确保了软件项目的成功和用户满意度。通过仔细分析和理解用户的需求,开发团队能够核实正在构建的软件产品能否满足用户的期望和需求。需求分析有助于识别和定义问题的范围,明确项目的目标,并为整个开发过程奠定坚实的基础。本实验以大学生党员信息管理系统的需求分析报告为样例,介绍需求分析的基本书写流程。

二、实验目的

　　1. 掌握需求分析基本方法;

　　2. 掌握需求分析报告书写流程。

三、实验内容与步骤

　　以下为以学生党员信息管理系统为主题的需求分析报告样例。

1. 确定对系统的综合要求

1.1 功能要求

功能是刻画系统行为,特别是系统与环境关系的重要概念。功能需求定义了必须实现的软件功能,使得用户通过这些功能完成他们的任务,从而实现业务需要。

角色分析:学生党员信息管理系统共有三个角色,即普通用户、党支部、管理员,见表3.2。

表 3.2   系统角色类型

角 色	职责或功能
普通用户	党费管理,党员管理,信息浏览,培训指导
党支部	组织关系管理,党员管理,信息浏览,培训指导,党费管理
管理员	用户管理,权限管理,数据库管理,系统维护,系统登录

业务功能:从业务功能出发,给出了系统的总体用例图,包括党员管理、信息浏览、培训指导、组织关系管理、党费管理等用例,如图3.11所示。

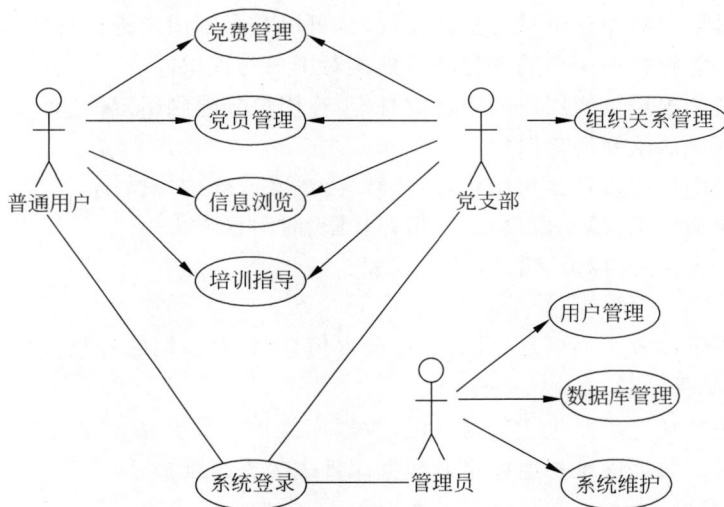

图 3.11   系统总体用例图

1) 党员管理

党员管理主要包括团员管理和发展党员管理。团员管理是指那些想要入党但没有入党的共青团团员的信息管理。发展党员管理主要包括一个申请入党人员到发展成为正式党员的整个流程,包括确定为积极分子,确定为发展对象,发展对象政治审查,确定为预备党员,预备党员转正等流程。每个不同的阶段,人员分类有所变动。

2) 信息浏览

信息浏览包括党支部发布的新闻资讯、培训会议、活动通知三方面。不同学院的信息会分配到各个学院学生登录页面上。其中,培训会议会提前通知时间地点,会议后发布内容及注意事项,或者近期需要提交的材料,还有此次会议的考勤情况公布。

3) 党费管理

党费管理用于对党员缴纳党费情况进行登记记录管理,包括党费基数设置、党费收缴登记、党费缴纳情况浏览三部分。

4）培训指导

培训指导包括入党过程中党支部开展的培训会议,入党流程的详细资料指导。其中,党支部开展的培训会议,针对各个阶段的不同学院同学,会有详细的通知及会议的大概内容公布,具体请看信息浏览页面。此外,对于入党流程的详细资料指导,会发布各个流程的模板,将详细指导同学填写相关信息及要上交的有关材料。

5）组织关系管理

组织关系管理主要是将支部间调转、人员调入、人员调出、党员退党人员还原到党员库。其中,支部间调转是指属于同一节点下的不同党支部或联合党支部之间的人员调转。

6）用户管理

用户管理主要是管理进入系统的用户,包括用户的增加、修改、删除以及权限分配等。

系统管理员负责创建和维护用户组,对用户组进行权限分配,并对学校下属各个学院进行用户管理以及特殊权限管理。

系统管理员可以对用户组进行整体授权,也可以对个别用户进行特殊授权。

系统管理员能够根据用户的变化随时更换对用户的授权。

系统管理员能根据新增用户的职责或身份,将用户分配到指定的用户组,系统能自动根据用户组的权限默认给新用户授权。

系统支持对用户进行口令初始化,用户转移,删除或查询等操作。

权限范围包括范围权限、模块权限、指标权限、时间权限。

权限级别分为浏览、修改、增加、删除或无。

7）系统维护

系统维护用于设置个人信息,设置系统公告信息,并对系统的各类参数进行设定。

8）数据库管理

数据库管理的功能主要包括数据备份,数据库维护。数据备份主要是对数据库中的相关数据进行备份。数据库维护主要是对数据库日志等进行维护。

1.2 性能要求

（1）易使用性：系统界面直观、简洁、美观,用户使用方便。

（2）可靠性：系统提供的功能完善,准确反映用户需求,不存在较大的错误。

（3）可维护性：系统管理人员能够对系统实时进行维护,包括服务器、数据库、硬件等。数据库各表格之间交叉的部分可以互相查询,但修改只能在本表格中进行。系统应具有良好的可维护性,在发生故障时,能够以最快的速度恢复运行。

（4）可扩展性：对于管理系统的设计,应充分考虑到日后的可扩展性。系统的设计要满足未来发展所需,预留各种必要的标准接口,以便可以根据需要随时添加必要的功能模块或者更换不需要的系统模块,可以配置新的硬件设备,扩大系统整体功能。要满足系统的可扩展性,前提是系统要具有开放性,即要将系统设计为一个开放性的系统,符合一定的规范,能提供足够的手段进行功能的调整和扩展。通过软件的升级和硬件的更新,完成系统的升级和更新换代。

1.3 运行要求

服务器配置如表 3.3 所示。

表 3.3　服务器配置

系统所用数据库	SQL Server
操作系统	Windows 2003
Web 服务器	IIS7.5
数据库	MySQL Server

客户端配置如表 3.4 所示。

表 3.4　客户端配置

操作系统	Windows XP 或以上版本操作系统
浏览器	IE6.0 及其以上版本(IE7.0、IE8.0)
分辨率	

1.4　其他要求

1) 安全性与完整性需求

安全性是指管理员能够方便地对信息进行浏览、添加、修改、删除、查询、统计等操作。制定安全策略确保系统硬件设备的安全,人员对数据操作过程中的安全、网络的安全和数据库的安全。完整性是指能够防止合法用户使用数据库时向数据库中添加不合语义的数据。通过各个表之间的联系来实现数据完整性约束。

2) 图形界面需求

系统具备友好的人机交互界面,整个系统界面风格统一,系统功能分类明确,具备界面提示功能。

3) 可扩展性和兼容性需求

该系统应尽可能满足硬件和软件平台,但同时也考虑到预留接口,在未来的功能扩展、程序的扩展和修改时,不破坏原有的架构,增强系统的适应性,让系统跨平台也能够正常使用。

4) 容错性需求

系统如存在较小错误和漏洞时,确保系统不受影响能正常运行。

2.　逐层画出系统的数据流图

0 层数据流图如图 3.12 所示。

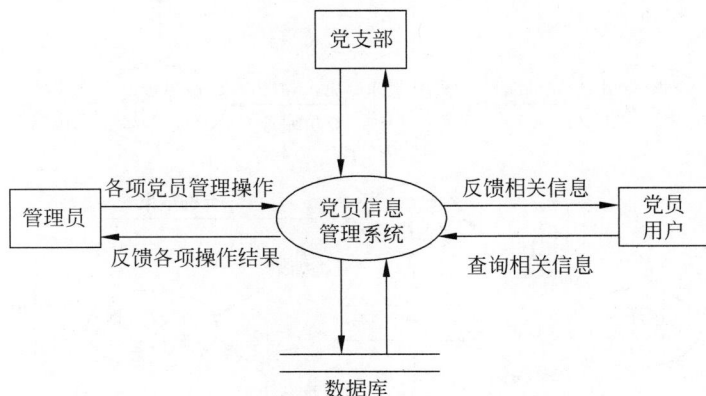

图 3.12　0 层数据流图

1 层数据流图如图 3.13 所示。

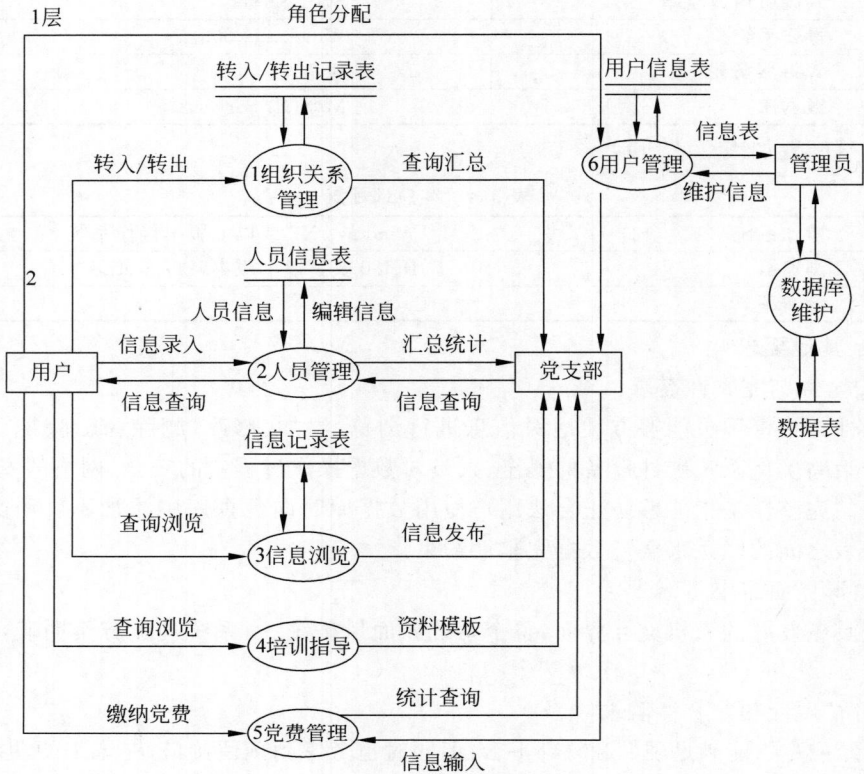

图 3.13　1 层数据流图

2 层数据流图如图 3.14～图 3.19 所示。

(1) 组织关系管理数据流图,见图 3.14。

图 3.14　组织关系管理数据流图

（2）党员管理数据流图，见图 3.15。

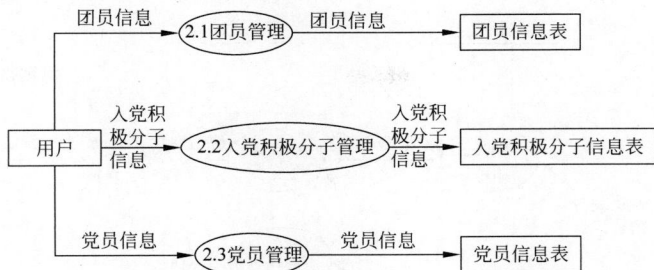

图 3.15　党员管理数据流图

（3）信息浏览数据流图，见图 3.16。

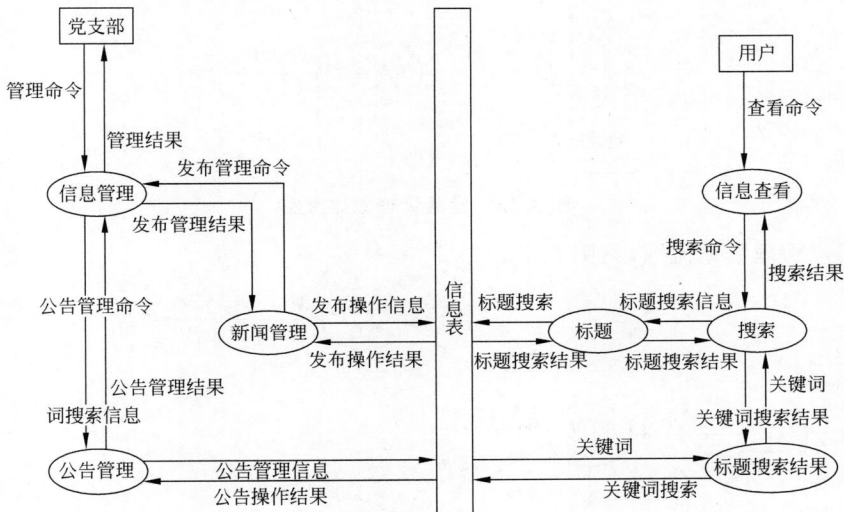

图 3.16　信息浏览数据流图

（4）培训指导数据流图，见图 3.17。

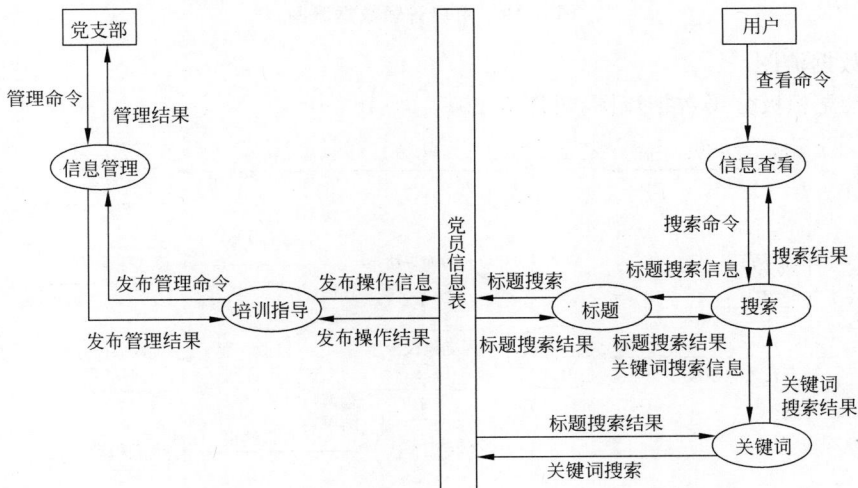

图 3.17　培训指导数据流图

需求分析

（5）党费管理数据流图,见图 3.18。

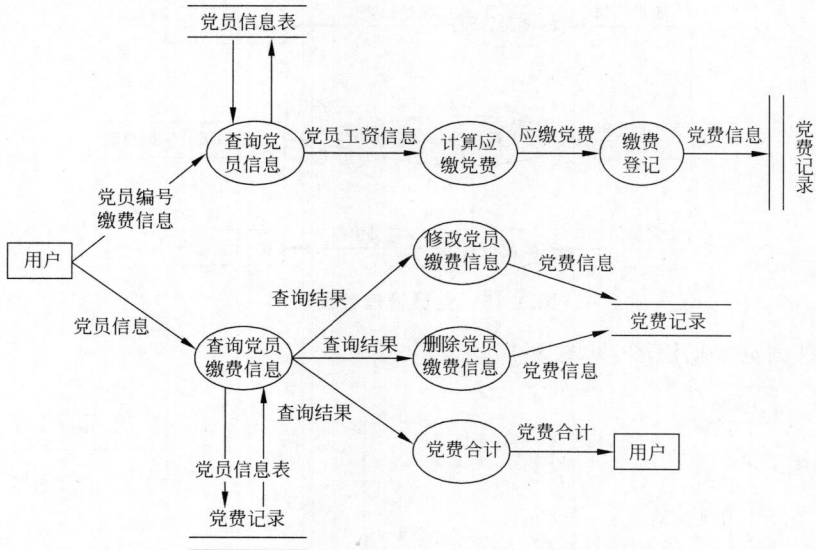

图 3.18　党费管理数据流图

（6）用户管理数据流图,见图 3.19。

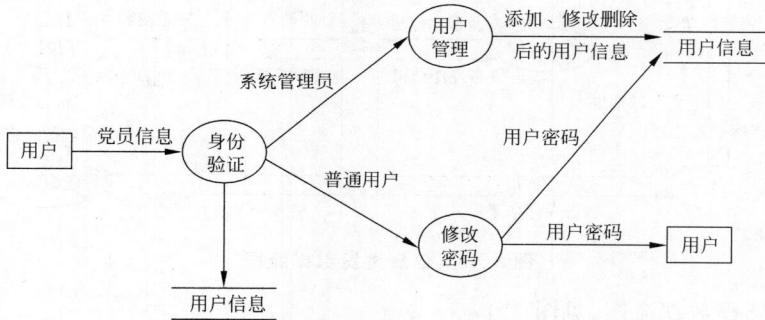

图 3.19　用户管理数据流图

3. 层数据流图

（1）入党积极分子数据流图,见图 3.20。

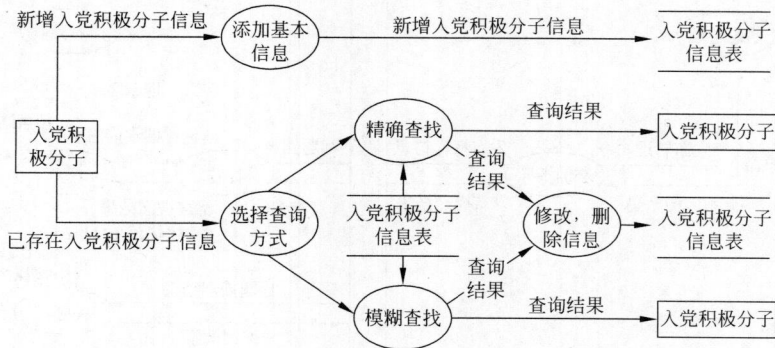

图 3.20　入党积极分子数据流图

（2）党员管理数据流图，见图 3.21。

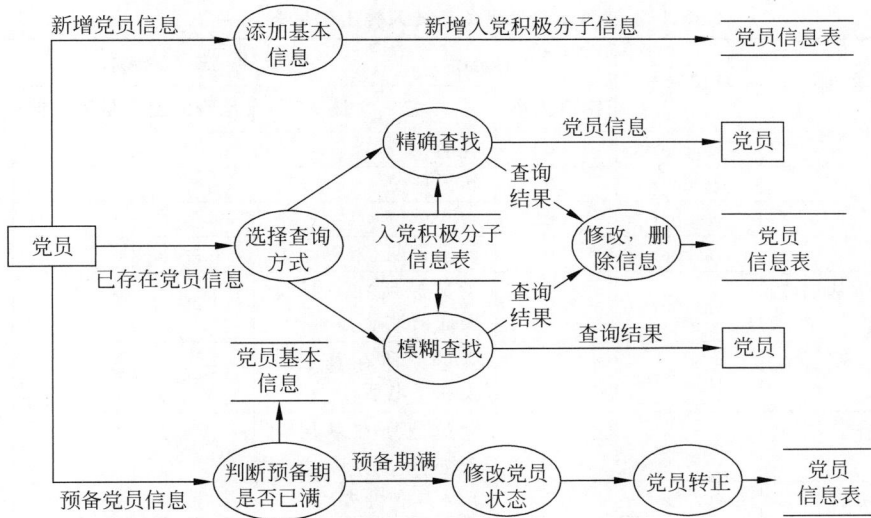

图 3.21　党员管理数据流图

4. 数据字典

4.1　数据流条目

（1）流动党员信息表，见表 3.5。

表 3.5　流动党员信息表

字 段 名 称	数据类型	字段属性				
		字段大小	描　　述	是否为空	是否外键	是否主键
姓名	varchar	50	姓名	否	否	是
班级	varchar	50	班级	否	否	否
性别	char	10	性别	否	否	否
民族	varchar	50	民族	否	否	否
籍贯	varchar	50	籍贯	否	否	否
出生日期	varchar	50	出生日期	否	否	否
文化程度	varchar	50	文化程度	否	否	否
正式或预备党员	varchar	50	正式或预备党员	否	否	否
入党时间	varchar	50	入党时间	否	否	否
身份证号码	varchar	100	身份证号码	否	否	否
家庭住址	varchar	120	家庭住址	否	否	否
原党支部联系人	varchar	50	原党支部联系人	否	否	否
原党支部联系人电话	varchar	50	原党支部联系人电话	否	否	否
流入地（单位）党支部名称	varchar	50	流入地（单位）党支部名称	否	否	否
流入时间	varchar	50	流入时间	否	否	否
流入党支部联系人	varchar	50	流入党支部联系人	否	否	否
流入党支部联系人电话	varchar	50	流入党支部联系人电话	否	否	否

（2）党员关系转入转出信息表，见表 3.6。

表 3.6　党员关系转入转出信息表

字 段 名 称	数据类型	字 段 属 性				
		字段大小	描　　述	是否为空	是否外键	是否主键
姓名	varchar	50	姓名	否	否	是
转出单位	varchar	100	转出单位	否	否	否
转入单位	varchar	100	转入单位	否	否	否
转出日期	varchar	50	转出日期	否	否	否
党员原所在基层党委通信地址	varchar	150	党员原所在基层党委通信地址	否	否	否
党员原所在基层党委联系电话	varchar	50	党员原所在基层党委联系电话	否	否	否
党员原所在基层党委邮编	varchar	50	党员原所在基层党委邮编	否	否	否
转入单位经办人	varchar	50	转入单位经办人	否	否	否
转入单位经办人联系电话	varchar	100	转入单位经办人联系电话	否	否	否
接收时间	varchar	50	接收时间	否	否	否

4.2　数据项条目

党员学号

数据项名称：党员学号
数据项别名：party member_no
说明：学生党员的唯一标识
类型：字符串
长度：10
取值范围及含义：1～2 位为校区号；3～4 位为学院编号；5～8 位为专业编号；9～10 位为人员编号

4.3　数据文件条目

（1）入党积极分子信息表，见表 3.7。

表 3.7　入党积极分子信息表

字 段 名 称	数据类型	字 段 属 性				
		字段大小	描　　述	是否为空	是否外键	是否主键
学号	char	10	学号	否	否	是
姓名	varchar	50	姓名	否	否	否
班级	varchar	50	班级	否	否	否
性别	char	10	性别	否	否	否
民族	varchar	50	民族	否	否	否
籍贯	varchar	50	籍贯	否	否	否
出生日期	varchar	50	出生日期	否	否	否
职务	varchar	50	职务	否	否	否
申请时间	varchar	50	申请时间	否	否	否
联系人员	varchar	50	联系人员	否	否	否
培养教育	varchar	50	培养教育	否	否	否

字 段 名 称	数据类型	字 段 属 性					
		字段大小	描　　述	是否为空	是否外键	是否主键
培养人	varchar	50	培养人	否	否	否
考察意见	varchar	50	考察意见	否	否	否
培训时间	varchar	50	培训时间	否	否	否
积极分子时间	varchar	50	积极分子时间	否	否	否
党课成绩	varchar	50	党课成绩	否	否	否
电话	varchar	50	电话	否	否	否
地址	varchar	120	地址	否	否	否
Email	varchar	50	Email	否	否	否
备注	varchar	250	备注	否	否	否

（2）预备党员信息表,见表 3.8。

表 3.8　预备党员信息表

字 段 名 称	数据类型	字 段 属 性					
		字段大小	描　　述	是否为空	是否外键	是否主键
学号	char	10	学号	否	否	是
姓名	varchar	50	姓名	否	否	否
班级	varchar	50	班级	否	否	否
性别	char	10	性别	否	否	否
民族	varchar	50	民族	否	否	否
籍贯	varchar	50	籍贯	否	否	否
出生日期	varchar	50	出生日期	否	否	否
职务	varchar	50	职务	否	否	否
申请时间	varchar	50	申请时间	否	否	否
培养教育	varchar	50	培养教育	否	否	否
考察意见	varchar	50	考察意见	否	否	否
党费收缴	varchar	50	党费收缴	否	否	否
培训时间	varchar	50	培训时间	否	否	否
积极分子时间	varchar	50	积极分子时间	否	否	否
预备党员时间	varchar	50	预备党员时间	否	否	否
党课成绩	varchar	50	党课成绩	否	否	否
电话	varchar	50	电话	否	否	否
地址	varchar	120	地址	否	否	否
Email	varchar	50	Email	否	否	否
备注	varchar	250	备注	否	否	否

（3）正式党员信息表,见表 3.9。

表 3.9　正式党员信息表

字 段 名 称	数据类型	字 段 属 性					
		字段大小	描　　述	是否为空	是否外键	是否主键
学号	char	10	学号	否	否	是

字 段 名 称	数据类型	字 段 属 性				
		字段大小	描　　述	是否为空	是否外键	是否主键
姓名	varchar	50	姓名	否	否	否
班级	varchar	50	班级	否	否	否
性别	char	10	性别	否	否	否
民族	varchar	50	民族	否	否	否
籍贯	varchar	50	籍贯	否	否	否
出生日期	varchar	50	出生日期	否	否	否
职务	varchar	50	职务	否	否	否
申请时间	varchar	50	申请时间	否	否	否
培训时间	varchar	50	培训时间	否	否	否
积极分子时间	varchar	50	积极分子时间	否	否	否
预备党员时间	varchar	50	预备党员时间	否	否	否
转正时间	varchar	50	转正时间	否	否	否
党课成绩	varchar	50	党课成绩	否	否	否
电话	varchar	50	电话	否	否	否
地址	varchar	120	地址	否	否	否
Email	varchar	50	Email	否	否	否
备注	varchar	250	备注	否	否	否

4.4　数据加工条目

审核表

数据加工名称：审核预备党员是否期满

加工编号：2.3

说明：根据预备党员申请转正的时间和正式成为预备党员的时间相减后审核是否满一年

输入数据流：申请转正的时间和正式成为预备党员的时间

输出数据流：预备党员是否期满，能否转正

加工逻辑：

　　　　预备党员提交转正申请

　　　　在预备党员信息表中找出该预备党员正式成为预备党员的时间

　　　　If(申请转正时间－正式成为预备党员的时间＞1)

　　　　　　{输出预备期满，同意转正}

　　　　else{输出预备期未满一年}

四、实验思考和总结

　　请大家根据上述实验步骤，独立完成下列题目，并完成实验报告。校园网系统通常被设计为满足学校或大学校园网络需求的综合性解决方案。在第 2 章可行性分析的基础上，请按照样例需求分析报告完成该系统需求分析报告并进行总结，分析内容主要包括数据流图、数据字典等内容。

第 4 章

总 体 设 计

思政

经过软件需求分析阶段的分析和规约,建立了由数据流图、数据字典和一组算法描述所定义的系统逻辑模型,系统必须"做什么"已经清楚,下一步将进入软件设计阶段,即着手实现系统需求,要把"做什么"的逻辑模型变换为"怎样做"的物理模型。同时,要把设计结果反映在"软件设计规格说明书"文档中。

总体设计又称为概要设计或初步设计。通过这个阶段的工作将划分组成系统的物理元素——程序、文件、数据库、人工过程和文档等,基本目的就是回答:"系统应如何实现",具体内容将在详细设计章节中阐述。总体设计阶段的另一项重要任务是设计软件的结构,也就是要确定系统中每个程序是由哪些模块组成,以及这些模块相互间的关系。

本章思维导图

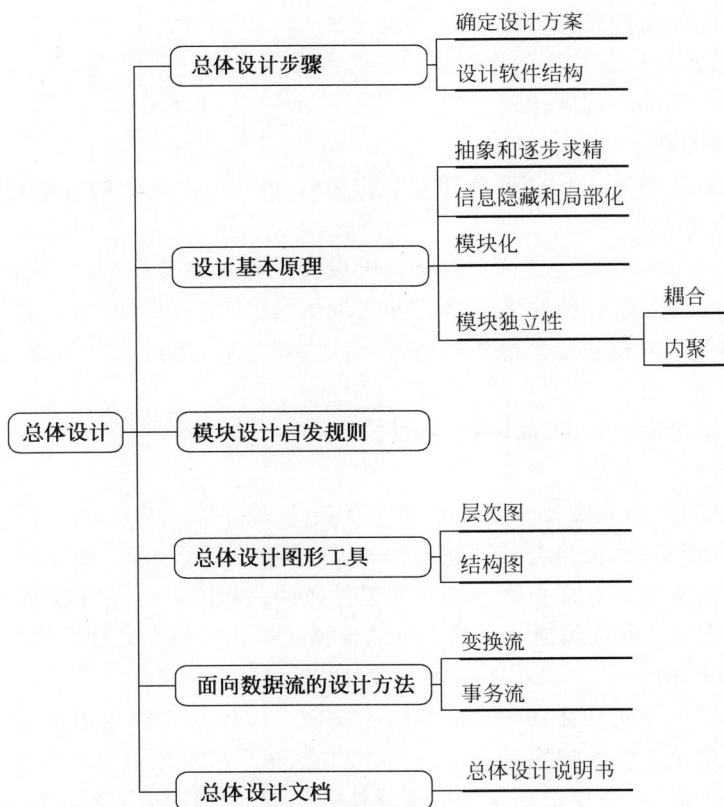

```
                              ┌── 确定设计方案
                 总体设计步骤 ──┤
                              └── 设计软件结构

                              ┌── 抽象和逐步求精
                              ├── 信息隐藏和局部化
                 设计基本原理 ──┤
                              ├── 模块化
                              │                ┌── 耦合
                              └── 模块独立性 ──┤
                                               └── 内聚
   总体设计 ──┤
                 模块设计启发规则

                              ┌── 层次图
                 总体设计图形工具 ──┤
                              └── 结构图

                              ┌── 变换流
                 面向数据流的设计方法 ──┤
                              └── 事务流

                 总体设计文档 ── 总体设计说明书
```

4.1　总体设计步骤

总体设计过程通常由两个主要阶段组成(9个步骤)。

第一阶段：系统设计阶段，确定系统的具体实现方案。

1. 设想供选择的方案

在实现所要求的系统的过程中，总体设计阶段分析员应该考虑各种可能的实现方案，并且从中选出最佳方案。在总体设计阶段开始时只有系统的逻辑模型，分析员有充分的自由分析比较不同的物理实现方案，一旦选出了最佳的方案，将在很大程度上提高系统的性能/价格比。

设想供选择的方案，一种常用的方法是在可供选择的多种方案中设想与选择较好的系统实现方案，抛弃在技术上行不通的分组方法(例如，组内不同处理间的执行时间不相容)，留下可能实现的实现策略，但并不评价这个方案。

2. 选取合理的方案

从前一步得到的一系列供选择的方案中选取若干个合理的方案，从中选取低成本、中成本和高成本的3种方案。在判断哪些方案合理时应该考虑在问题定义和可行性研究阶段确定的工程规模和目标，必要时还需要进一步征求用户的意见。

对每个合理的方案，分析员都应该准备下列4份资料。

(1) 系统流程图；

(2) 组成系统的物理元素清单；

(3) 成本/效益分析；

(4) 实现这个系统的进度计划。

3. 推荐最佳方案

分析员应该综合分析对比各种合理方案的利弊，推荐一个最佳的方案，并且为推荐的方案制定详细的实现计划。

用户和有关的技术专家应该认真审查分析员所推荐的最佳系统，如果该系统确实符合用户的需要，并且是在现有条件下完全能够实现的，则应该提请使用部门负责人进一步审批。在使用部门负责人也接受了分析员所推荐的方案之后，将进入总体设计过程的下一个重要阶段——结构设计。

第二阶段：结构设计阶段，确定软件结构。

4. 功能分解

为确定软件结构，首先需要从实现角度把复杂的功能进一步分解。遵循模块划分独立性原则(即模块功能单一，模块与外部联系很弱，仅有数据联系)。一般来说，经过分解之后应该使每个功能对大多数程序员而言都是明显易懂的。功能分解导致数据流图的进一步细化，同时还应该用IPO图或其他适当的工具简要描述细化后每个处理的算法。

5. 设计软件结构

通常程序中的一个模块完成一个适当的子功能。应该把模块组织成良好的层次系统，顶层模块调用它的下层模块以实现程序的完整功能，每个下层模块再调用更下层的模块，从而完成程序的子功能，最下层的模块完成最具体的功能。软件结构(即由模块组成的层次系统)可以用层次图(HC)或结构图(SC)来描绘。

如果数据流图已经细化到适当的层次,由结构化的设计方法(SD)可以直接从数据流图映射出结构图(SC)。

6. 设计数据库

对于需要使用数据库的应用系统,软件工程师应在需求分析阶段对需要使用数据库的应用领域,进一步根据系统数据要求进行数据库的模式设计,确定数据库物理数据的结构约束。然后进行数据库子模式设计,设计用户使用的数据视图。最后进行数据库完整性与安全性设计,改进与优化模式和子模式(用户使用的数据库视图)的数据存取。

7. 制订测试计划

为保证软件的可测试性,软件设计一开始就要考虑软件测试问题。这个阶段的测试计划可仅做测试 I/O 功能的黑盒法测试计划,在详细设计时才能做详细的测试用例与计划。

8. 编写概要文档

应该用正式的文档记录总体设计的结果,文档通常有下述几种。

(1) 系统说明:主要内容包括用系统流程图描绘的系统构成方案,组成系统的物理元素清单,成本/效益分析,对最佳方案的概括描述,精化的数据流图,用层次图或结构图描绘的软件结构,用 IPO 图或其他工具(例如 PDI 语言)简要描述的各模块的算法,模块间的接口关系,以及需求、功能和模块三者之间的交叉参照关系等。

(2) 用户手册:根据总体设计阶段的结果,修改更正在需求分析阶段产生的初步的用户手册。

(3) 测试计划:包括测试策略,测试方案,预期的测试结果,测试进度计划等。

(4) 详细的实现计划。

(5) 数据库设计结果。

简介数据逻辑设计和物理设计等。

9. 审查和复审

最后应该对总体设计的结果进行严格的技术审查,在技术审查通过之后再由客户从管理角度进行复审。

4.2 设计基本原理

4.2 设计基本原理

在将软件的需求规约转换成软件设计的过程中,软件设计人员通常采用抽象与逐步求精、信息隐藏和局部化、模块化、模块独立等原则。

4.2.1 抽象和逐步求精

1. 抽象

抽象是人类在认识自然界中的复杂事物和复杂现象过程中使用的一种思维工具。客观世界中的事物形形色色,千变万化。但是人们在实践中发现,形形色色的事物、状态之间存在着某些相似或共性的方面,把这些相似或共性的方面集中或概括起来,暂时忽略其他次要因素,这就是抽象。简单地讲,抽象就是抽出事物本质的共同特性而暂时忽略它们之间的细节差异。在软件设计中,抽象与逐步求精和模块化是紧密关联的。

软件工程过程的每一步都是对较高一级抽象的解进行一次具体化的描述,系统问题定义阶段把整个软件系统抽象成基于计算机系统的一个组成部分,需求分析阶段是对问题域的抽象,使用问题域中的术语,经过软件体系结构设计,部件级设计,抽象级别一次一次降低,到编码完成后,到达最低级别的抽象。

软件设计中的主要抽象手段有过程抽象和数据抽象。过程抽象(也称功能抽象)是指任何一个完成明确定义功能的操作都可被使用者当作单个实体看待,尽管这个操作实际上是由一系列更低级的操作来完成的。数据抽象是指定义数据类型和施加于该类型对象的操作,并限定了对象的取值范围,只能通过这些操作修改和观察数据。许多编程语言(如 Ada、Module、CLU 等)都提供了对抽象数据类型的支持,Ada 的程序包机制是对数据抽象和过程抽象的双重支持。

2. 逐步求精

逐步求精是人类解决复杂问题的基本技术之一,是把问题的求解过程分解成若干步骤或阶段,每一步都比上一步更精细化,更接近问题的最终解法。为了能集中精力解决主要问题应尽量推迟问题的细节考虑。逐步求精和抽象是一对互补的概念。抽象使得设计者能够描述过程和数据而忽略低层的细节,而求精有助于设计者在设计过程中揭示低层的细节。这两个概念对设计者在设计演化过程中构造完整的设计模型起到了至关重要的作用。

4.2.2 信息隐藏和局部化

应用模块化原理可以降低软件设计复杂度和减少软件开发成本,那么应当如何分解一个软件以得到最佳的模块组合呢? 信息隐藏原理指出,设计和确定模块的原则应该是使得包含在模块内的信息(过程和数据)对于不需要这些信息的模块是不能访问的。

信息隐藏意味着有效的模块化可以通过定义一组独立的模块来实现,这些模块彼此之间仅仅交换那些为了完成系统功能所必须交换的信息。

局部化概念和信息隐藏是密切相关的。所谓局部化,就是把一些关系密切的软件元素物理地址彼此靠近。在模块中使用局部量就是局部化的一个例子。显然局部化有助于信息隐藏。

信息隐藏原理的使用,使得软件在测试及维护期间软件的维修变得简单。这样规定和设计的模块会带来极大的好处,因为绝大多数的数据和过程对于软件其他部分是看不到的。因此,一个模块在修改期间由于疏忽而引入的错误传播到其他软件部分的可能性极小。

4.2.3 模块化

模块是软件结构的基础,是软件元素,是能够单独命名、独立完成一定功能的程序语句的集合,如高级语言中的过程、函数、子程序等。模块是构成程序的基本构件。在软件体系结构中,模块是可以组合、分解和更换的单元。

模块具有名字、参数、功能等外部特征以及完成模块功能的程序代码和模块内部数据等内部特征。对使用者来说,最感兴趣的是模块的功能和接口,而不必理解模块内部的结构和原理。理想的模块只解决一个问题,每个模块的功能应该明确,使人容易理解,模块之间的联结关系简单,具有独立性。用理想模块构建的系统,容易被人理解,易于编程,易于测试,易于修改和维护。模块化也有助于软件项目的组织管理,一个复杂的大型软件可以由许多程序员分工编写,进而提高了开发效率。

模块化就是把程序划分成独立命名且可独立访问的模块,每个模块完成一个子功能,把这些模块集成起来构成一个整体,可以完成指定的功能,满足用户的需求。如果一个大型程序仅由一个模块组成,它将很难被人所理解。下面根据人类解决问题的一般规律,论证上面的结论。

设 $C(x)$ 是确定问题 x 的复杂度函数,$E(x)$ 是解决问题 x 所需要的工作量(时间)。对于 P1 和 P2 两个问题:

如果 $C(P1) > C(P2)$ 即问题 P1 比 P2 复杂,显然有 $E(P1) > E(P2)$,即问题越复杂,所需要的工作量越大。

根据人类解决一般问题的经验,分解后的复杂性总是小于分解前的复杂性,因而可得

$$C(P1 + P2) > C(P1) + C(P2) \tag{1}$$

即如果一个问题由 P1 和 P2 组合而成,那么它的复杂程度大于分别考虑每个问题时的复杂程度之和,从而得到下列不等式:

$$E(P1 + P2) > E(P1) + E(P2) \tag{2}$$

由此可知,模块划分得越小,花费的工作量就越少,其复杂性也就降得越低。这个不等式符合"各个击破"的结论,也是"软件模块化可以降低复杂性"的有利论据。但并不等于说软件模块化"一定降低复杂性",因为论证是在 $C(P1+P2) > C(P1) + C(P2)$ 的前提下推出的,并未考虑到由于模块划分得小而导致模块之间的关系复杂程度的提高。当模块总数增加时,与模块接口有关的工作量也随之增加,从图 4.1 中可以看出模块化和软件成本的关系。

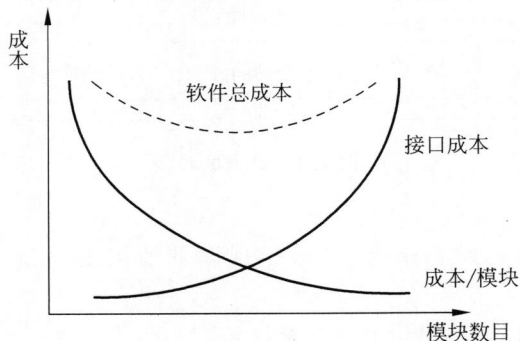

图 4.1 模块化和软件成本的关系

因此,在应用模块化过程中应避免模块独立性不足或者超模块独立性。如果模块与外部联系多,模块的独立性差;如果模块与外部联系少,则模块独立性强。当然模块划分的大小应当取决于它的功能和应用。由以上分析可知,软件模块化的过程必须致力于降低模块与外部的联系,提高模块的独立性,才能有效降低软件复杂性,使软件设计、测试、维护等工作变得简单和容易。

在软件工程中,模块化是设计大型软件的基本方法。那么,模块应该如何划分呢?

模块的分割方法如下。

由于人们在认识问题时遵循 Miller 法则,所以一个模块可分为 7~9 个子模块。模块化是自顶向下的过程,系统的顶层模块控制系统的主要功能,系统的底层模块完成对具体功能的实现。模块的分割主要根据功能的不同,根据系统本身的特点可采用以下几种不同的

分割方法。

1）横向分割

根据输入输出等功能不同来分割模块。

2）纵向分割

根据系统对于信息的处理过程的不同来进行分割。

3）模块分割顺序

首先确定中心控制模块,用控制模块指示从属模块,逐次进行。将每一个功能层次化、具体化,每个模块最后只有一个出口,一个入口。

4.2.4　模块独立性

在进行软件系统模块化时,最主要的就是度量模块的独立性。模块的独立性可以由两个标准来度量,分别称为内聚和耦合。耦合衡量不同模块彼此之间相互依赖的紧密程度;内聚衡量一个模块内部各个元素之间彼此结合的紧密程度。

1. 耦合

耦合是软件结构之中不同模块之间相互依赖的程度。耦合的强度取决于模块间接口的复杂程度,在进行软件结构设计时应尽量追求松散的耦合。若是这样,在系统中研究、测试、维护任意一个模块时就不需要对其他模块有较强的了解。所以耦合的强度对于软件系统的可研究性、可测试性、可维护性有很大的关系。

一般模块之间可能的耦合方式有 7 种类型,如图 4.2 所示。

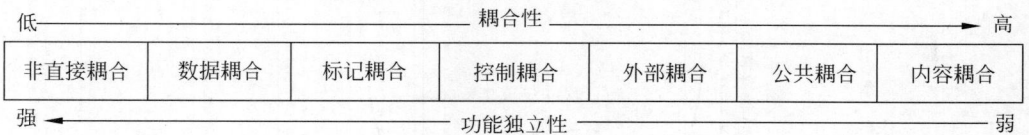

图 4.2　耦合的种类

1）内容耦合

最高程度的耦合就是内容耦合,如果出现以下情况之一就为内容耦合。内容耦合见图 4.3。

（1）一个模块访问另一个模块的内部数据。

（2）一个模块和另一个模块之间有代码重叠,即相同的代码。

（3）一个模块具有多个入口,也就是说模块有多个功能。

（4）一个模块通过非正常入口进入另一个模块的内部。

应该坚决避免使用内容耦合。事实上,许多高级程序设计语言已经设计成不允许在程序中出现任何形式的内容耦合。

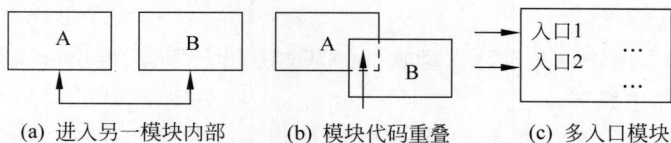

(a) 进入另一模块内部　　　(b) 模块代码重叠　　　(c) 多入口模块

图 4.3　内容耦合

2）公共耦合

若一组模块都访问同一个公共数据环境，则它们之间的耦合就称为公共耦合。公共数据环境可以是全局数据结构、共享的通信区、内存的公共覆盖区等。

3）外部耦合

模块间通过软件之外的环境联结（如 I/O 将模块耦合到特定的设备、格式、通信协议上）时，称为外部耦合。

4）控制耦合

如果一个模块传送给另一个模块的参数中包含了控制信息，该控制信息用于控制接收模块中的执行逻辑，则称为控制耦合。

5）标记耦合

两个模块之间通过参数表传递一个数据结构的一部分（如某一数据结构的子结构），就是标记耦合。

6）数据耦合

两个模块之间仅通过参数表传递简单数据，则称为数据耦合。

7）非直接耦合

如果两个模块之间没有直接关系，即它们中的任何一个都不依赖于另一个而能独立工作，这种耦合称为非直接耦合。

总之，耦合是影响软件复杂程度的一个重要因素，应该采取的原则是尽量使用数据耦合，少用控制耦合，限制公共耦合的范围，完全不用内容耦合。

2. 内聚

内聚是衡量一个模块内部各个元素之间彼此结合的紧密程度。理想的内聚模块只实现一个功能，模块设计时应该力求做到高内聚。内聚和耦合是密切相关的，模块内的高内聚通常会导致模块和模块之间的低耦合。

一般内聚包括以下 7 种，如图 4.4 所示。

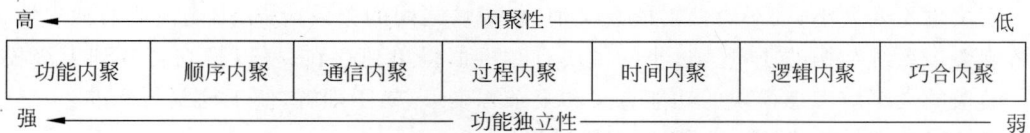

高 ◄—————————————内聚性—————————————► 低						
功能内聚	顺序内聚	通信内聚	过程内聚	时间内聚	逻辑内聚	巧合内聚
强 ◄—————————————功能独立性—————————————► 弱						

图 4.4　内聚的种类

1）巧合内聚（偶然内聚）

将几个模块中没有明确表现出独立功能的相同程序代码独立出来建立的模块称为巧合内聚模块。

2）逻辑内聚

逻辑内聚模块是指完成一组逻辑相关任务的模块，由传送模块的控制型参数来确定该模块应执行哪一块功能。

3）时间内聚

把需要同时执行的动作组合在一起形成的模块称为时间内聚模块。例如，模块完成各种初始化工作，同时打开若干个文件，同时关闭若干个文件等。

4)过程内聚

过程内聚是指一个模块完成多个任务,这些任务必须按照指定的过程执行。

5)通信内聚

如果模块中所有元素都使用相同的输入数据或者产生相同的输出数据,则称为通信内聚。

6)顺序内聚

一个模块中各个处理元素都与同一个功能紧密相关且必须顺序执行,此模块的内部联系属顺序内聚。

7)功能内聚

模块内所有元素属于一个整体,共同完成一个单一功能,缺一不可,则称为功能内聚。

一般认为,偶然内聚、逻辑内聚和时间内聚属于低内聚,通信内聚属于中内聚,顺序内聚和功能内聚属于高内聚。在设计软件时尽可能做到高内聚,并且能辨认出低内聚的模块,从而通过修改设计提高模块的内聚性,降低模块之间的耦合程度,提高模块的独立性,为设计高质量的软件结构奠定基础。

4.3 模块设计启发规则

人们在开发计算机软件的长期实践中积累了丰富的经验,在总结这些经验之后得到了一些模块设计的启发规则,这些规则往往有助于软件设计师提高软件的质量。

(1)降低耦合度,提高内聚度,提高模块独立性。

设计出软件的初步结构以后,应该对其进行审查评估,分析模块间的耦合度和模块间的内聚度,对不符合高内聚、低耦合的模块要重新进行分解或合并,以增强模块的独立性。

(2)模块规模应该适中。

模块的大小与问题的复杂程度相关,如果模块太大、过于复杂,会使设计、调试、维护十分困难,应仔细分析,进一步分解模块。

模块也不要太小,太小会使功能意义消失、模块之间的关系增强、影响模块的独立性,从而影响整个系统结构的质量。过小的模块有时不值得单独存在,可以把它合并到上级模块中。模块的大小应考虑模块的功能意义和复杂程度,以易于理解、便于控制为标准。

(3)模块的深度、宽度、扇出、扇入要适当。

深度指软件结构中从顶层模块到最底层模块的层数,若是层数过多就应该考虑有些模块是否过于简单,太过简单就应该向上层合并。宽度是软件结构内同一个层次上的模块总数的最大值,一般来说宽度越大,系统结构越复杂。

一个模块的扇出是指该模块直接调用的模块数目,扇出过大意味着模块过于复杂,扇出太小时可以把下级模块进一步分解成若干个子功能模块,或者合并到它的上级模块中。

扇入是指能直接调用该模块的模块数目,反映了该模块的复用程度。因此,模块的扇入越大越好。

(4)降低模块接口的复杂程度。

模块接口过于复杂是软件发生错误的一个主要原因。在结构化设计时,模块接口要简单、清晰,含义明确,易于实现、测试与维护。有时通过模块的分解或合并,可以减少控制信息的传递及对全程数据的引用。

（5）模块的作业范围应该在该模块的控制范围内。

模块的影响范围定义为受该模块内一个决策（如判定条件）影响的所有其他模块的集合。模块的控制范围是这个模块本身以及所有直接或间接从属于它的模块的集合。

进行软件设计时，模块结构可设计成树形结构。如果一个模块内的一个判定对一些模块有影响，则应把含判定的模块放在一棵子树的根结点，把受判定影响的模块放到该根结点的子女结点或再下层，但不能把它们放到兄弟结点位置或其他上层位置。受判定影响的结点应在含判定的模块之下，接受该模块的控制，使得模块的作用范围在控制范围之内。

（6）模块的功能应是可预测的，避免对模块施加过多的限制。

模块功能可预测是指该模块对相同的输入能产生相同的输出。

如果一个模块只完成一个单独的子功能，则呈现高内聚；但是，如果一个模块任意限制局部数据结构的大小，过分限制在控制流中可以做出的选择或者外部接口的模式，那么这种模块的功能就过分局限，使用范围也就过分狭窄了。在使用过程中将不可避免地需要修改功能过分局限的模块，以提高模块的灵活性，扩大它的使用范围；但是，在使用现场修改软件的代价是很高的。

（7）尽可能设计单入口和单出口的模块。

单入口和单出口的模块能有效地避免内容耦合，因此在结构化设计时应尽可能将模块设计成单入口和单出口。

4.4 总体设计的图形工具

进行软件系统结构设计需绘制系统模块的层次结构，可采用层次图和结构图。层次图着重描述软件系统的层次结构，结构图主要描述软件结构中模块间的调用关系和信息传递问题。

4.4.1 层次图

层次图适用于描绘软件的层次结构，适合自顶向下的总体设计。层次图中的一个矩形框表示一个模块，方框间的连线表示模块间的调用关系。

HIPO（Hierarchy plus Input-Process-Output）图是美国 IBM 公司发明的"层次图加输入-处理-输出图"的英文缩写，是软件开发中常用的一种层次结构的描述工具。完整的HIPO 图由层次图（H 图）、概要 IPO 图、详细 IPO 图三部分组成，为使 HIPO 图具有可追踪性，在 H 图中除最顶层的方框外的所有方框都应加上编号。编号的规则是每个处理的下层处理的编号是其上层编号后面加"."和序号，序号可用数字或英文字母。

HIPO 图最上层模块含有退出、输入、处理、输出、查询和系统维护模块。根据系统的要求，下层对功能逐步细化。HIPO 图中的每张 IPO 图都应标出它描绘的模块在 H 图中的编号，以便于追踪了解该模块在软件结构中的位置。

【例 4.1】 绘制某高校医疗费管理系统的 HIPO 图。

图 4.5 所示的高校医疗费管理系统的数据输入模块（1.0）分为报销（1.A）和结算（1.B）两个步骤；统计模块（2.0）分为大病患者人数（2.A）和常见病患者人数（2.B）；查询模块（3.0）可查询个人账户明细（3.A）；系统维护及退出模块（4.0）具有初始化（4.A）

和人员调动（4.B）两个功能。

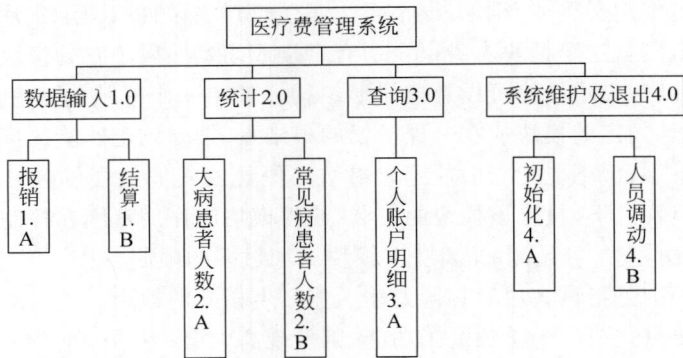

图 4.5　医疗费管理系统的 HIPO 图

4.4.2　结构图

结构图是软件系统的模块层次结构，是进行软件结构设计的一个强有力的工具，用于表示系统内部各部分间的逻辑结构和相互关系。结构图的特征为宽度、深度、扇入以及扇出。

结构图的符号见图 4.6。

（1）在结构图中一个方框代表一个模块，框内要注明模块的名字和主要内容。

（2）方框之间的大箭头或直线表示模块之间的调用关系，一般由位于上方的模块调用位于下方的模块。

（3）弧形箭头表示循环调用；菱形表示选择或者条件调用；带注释的箭头表示模块调用时传递的信息和传递的方向；尾部加实心圆的小箭头代表传递控制信息；尾部加空心圆的小箭头代表传递数据。

（4）选择结构：条件符合时 H 模块调用 A 模块，否则调用 B 模块。

（5）循环结构：模块 M 反循环调用模块 A、B、C。

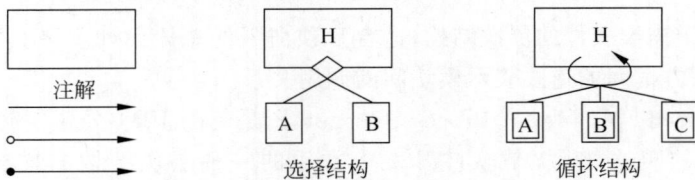

图 4.6　结构图的符号

4.5　面向数据流的设计方法

面向数据流的设计方法是基于描绘信息流动和处理的数据流图（DFD），从数据流图出发，根据数据流特性，划分软件模块，建立软件结构。

在需求分析阶段，信息流是十分重要的。一般使用数据流图来描绘信息在系统中流动的情况。面向数据流的设计方法定义了一些"映射"，这些映射可以将数据流图变换为软件结构。通常所谓的结构化设计方法也就是以数据流为基础的设计方法。

1. 变换流

信息沿输入通路进入系统,同时从外部形式变换成内部形式,进入系统的信息通过变换中心,经加工处理后再沿输出通路变成外部形式离开系统。具有这些特征的数据流图的信息流就叫变换流。变换流呈线性结构,由输入、变换、输出 3 部分组成,如图 4.7(a)所示。

变换流数据设计分为以下几点。

(1) 首先要划分出数据输入、输出、变换中心三部分。

(2) 画出初始结构图,顶层为主控模块,往下是输入、输出、变换模块。

(3) 根据数据流图逐步细化分割输入、输出、变换模块,直至画出每一个底层模块。

2. 事务流

当一个数据项到达处理某个模块时,将有多个动作,这就是事务型的。这种类型的数据流图常呈辐射状,数据沿输入通路到达下一个处理 T,这个处理根据输入数据的类型在若干个动作序列中选出一个来执行。这类数据流称为事务流,如图 4.7(b)所示。

事务流设计分为以下几个步骤。

(1) 在数据流图中确定事务中心、接受数据、全部处理路径三部分。

(2) 画出初始结构图的框架,将数据流图的三部分分别转化为三个模块。

(3) 细化接受和处理分支。沿着输入通路到达接收数据,根据输入类型在全部处理路径中选择一个来执行。

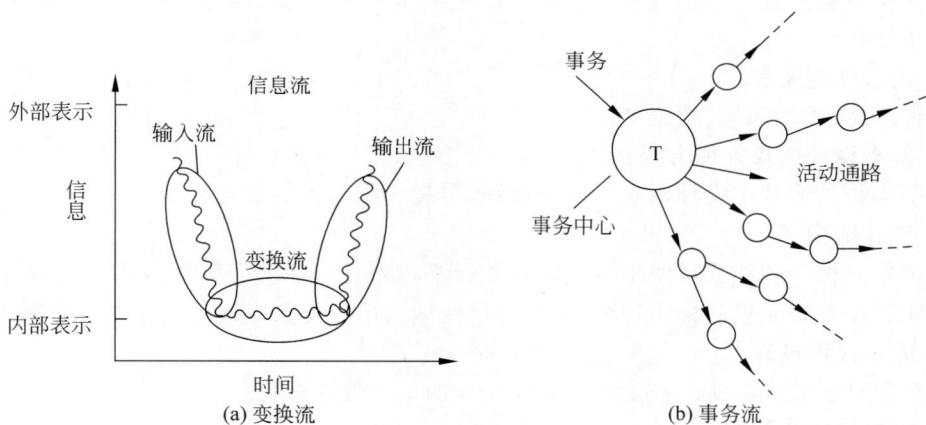

图 4.7　变换流和事务流

4.6　总体设计文档

以学生教材购销系统为例,本节主要介绍总体设计说明书编写的提示。总体设计说明书的内容如下。

4.6.1　引言

1. 编写目的

本文档旨在推动软件工程的规范化,使设计人员遵循统一的详细设计书写规范,节省制作文档的时间,降低系统实现的风险,做到系统设计资料的规范性与全面性,以利于系统的实现、测试、维护、版本升级等。

2. 背景说明

说明项目的委托单位、开发单位、主管部门以及该软件系统与其他系统的关系。

学生教材购销系统是针对计算机管理教材的需求而设计的,可以完成学生登记、购入教材、管理员统计销售情况、更新教材信息等主要功能。

3. 定义

列出文档中用到的专门术语定义和缩写词的原意。

4. 参考资料

列出这些资料的作者、标题、编号、发表日期、出版单位或资料来源,包括项目经核准的计划任务书,合同或上级机关的批文、项目开发计划、需求规格说明书等。

4.6.2 总体设计

1. 需求分析

软件需求分析是软件开发期的第一个阶段,是软件生命周期最重要的一步。需求分析的任务不是确定系统怎样完成它的工作,而仅仅是确定系统必须完成哪些工作,即对目标系统提出完整、准确、清晰而且具体的需求。需求分析的步骤分为需求获取、需求提炼、需求描述、需求验证。

以学生教材购销系统的需求分析与概述为例,该系统能够完成教材的购销要求,主要功能包括基础数据配置、教材采购管理、教材销售管理、统计分析与报表等,并且界面设计简洁美观易于操作。

2. 运行环境要求

硬件环境、软件环境、数据结构。

3. 基本设计以及处理方式

说明本系统的基本设计概念和处理流程,尽量使用图表的形式。

4. 设计结构

用表格或框图的形式说明本系统的系统元素,如各层模块、子程序、公用程序等的划分。扼要说明每个系统元素的标识符和功能,分层次地给出各元素之间的控制与被控制关系。

5. 人工处理过程

说明所开发软件系统工作工程中必须包含的人工处理过程。

6. 尚未解决的问题

说明在总体设计阶段尚未解决的问题。

4.6.3 接口设计

1. 外部接口

用于说明本系统与外界所有接口的安排,包括用户界面、软件接口与硬件接口。

此处将介绍学生教材购销系统的外部接口设计,如表 4.1 所示。

表 4.1 系统外部接口

分　　类	接　　口	传 递 信 息
硬件接口	与打印机接口	教材信息、用户信息、购买信息
	与读条码机接口	教材 ISBN、购买号
软件接口	与数据库接口	教材信息、用户信息、购买信息

2. 用户接口

用于说明向用户提供的命令和它们的语法结构以及软件回答信息。

3. 内部接口

模块之间的接口。

此处将介绍学生教材购销系统的内部接口设计,如表 4.2 所示。

表 4.2 系统内部接口

接 口		传 递 信 息
维护教材资料	添加教材	教材信息(书名、ISBN、定价、数量、是否可买)
维护教材资料	修改教材信息	教材信息(书名、ISBN、定价、数量、是否可买)
维护教材资料	删除教材信息	教材信息(书名、ISBN、定价、数量、是否可买)
用户主模块	更新用户资料	用户信息(SN、姓名、年龄、性别、学院、专业、年级、账户余额)
用户主模块	用户充值	金额
用户主模块	购买教材	借阅信息(ID、ISBN、数量、购买日期、金额)

4.6.4 运行设计

1. 运行模块组合

说明对系统施加不同的外界控制时会引起的各种不同的运行模块组合,说明每种运行所经历的内部模块和支持软件。

2. 运行如何控制

说明每一种外界运行控制的方式方法和操作步骤。

3. 运行时长

每种运行模块组合将占用资源的时间。

4.6.5 系统数据结构设计

系统数据结构设计要求完成对将要开发系统的数据库设计。

4.6.6 差错处理

1. 差错信息

用表格的方式说明在软件运行过程中可能出现的错误或者故障情况,并给出差错信息和可能的解决方法,以便系统使用者和维护者处理差错和故障。

2. 差错处理方法

1)后备技术

说明准备采用的后备技术,当原始系统数据丢失时会启用副本,副本的建立和启动技术,例如周期性地把磁盘信息记录到磁带上进行备份。

2)降效技术

说明准备采用的降效技术,使用另一个效率较低的系统或方法来求得所需结果的某些部分,例如一个自动系统的降效技术可以是手工操作和数据的人工记录。

3)恢复再启动技术

说明将使用的恢复再启动技术,使软件从故障点恢复执行或使软件从头开始重新运行的方法。

3. 系统的维护设计

为了系统维护的方便,需要在程序内部设计中做出一些部署和安排,包括在程序中专门安排用于系统的检查与维护的检测点和专用模块。

本 章 总 结

1. 总体设计的基本任务是以可行性研究报告和需求分析规格说明书作为设计的基础,确定模块结构、数据文件结构、系统接口设计和测试方案策略,编写概要设计说明书、用户手册和测试计划。总体设计要经过严格的评审,才能进入详细设计阶段。

2. 软件结构的模块化设计遵循抽象与逐步求精、信息隐藏和局部化、模块化、模块独立等原则。模块独立性是一个良好设计的关键,评价标准主要是模块的耦合和内聚,尽量做到高内聚、低耦合。

3. 评价模块分割好坏的标准。

(1) 模块的大小。

(2) 模块和模块之间的联系程度(耦合),模块内的联系程度(内聚)。

4. 模块化设计准则。

(1) 降低耦合度,提高内聚度,提高模块独立性。

(2) 模块规模应该适中。

(3) 模块的深度、宽度、扇出、扇入要适当。

(4) 降低模块接口的复杂程度。

(5) 模块的作业范围应该控制在该模块的控制范围内。

(6) 模块的功能应是可预测的,避免对模块施加过多的限制。

(7) 尽可能设计单入口和单出口的模块。

5. 面向数据流的方法有事务流和交换流。

6. 总体设计图形工具有层次图和结构图。

7. 在总体设计阶段常使用面向数据流设计方法和面向数据结构设计方法。

习 题

一、单选题

1. 在下列四种模块中,信息隐蔽性能最好的是( )。

   A. 控制耦合　　　　B. 内容耦合　　　　C. 公共耦合　　　　D. 数据耦合

2. 为了提高模块的独立性,模块内部最好是( )。

   A. 逻辑内聚　　　　B. 时间内聚　　　　C. 功能内聚　　　　D. 通信内聚

3. 下列耦合性按从强到弱排列是( )。

   A. 内容耦合,控制耦合,数据耦合,公共耦合

   B. 内容耦合,控制耦合,公共耦合,数据耦合

   C. 内容耦合,公共耦合,控制耦合,数据耦合

D. 控制耦合,内容耦合,数据耦合,公共耦合

4. 对软件的过分分解,必然导致(　　　)。
　　A. 模块的独立性差　　　　　　　　B. 接口的复杂程度增加
　　C. 软件开发的总工作量增加　　　　D. 以上都正确

5. 对软件的过分分解,必然导致(　　　)。
　　A. 模块的独立性差　　　　　　　　B. 接口的复杂程度增加
　　C. 软件开发的总工作量增加　　　　D. 以上都正确

6. 系统流程图用于可行性分析中的(　　　)描述。
　　A. 当前系统　　　　　　　　　　　B. 当前逻辑模型
　　C. 目标系统　　　　　　　　　　　D. 新系统

7. 在软件开发过程中常用图作为描述工具。如 DFD 就是面向(　　　)分析方法的描述工具。
　　A. 数据结构　　　　B. 数据流　　　　C. 对象　　　　D. 构件

8. 在结构化方法中,软件结构设计、数据库设计属于软件开发的(　　　)阶段。
　　A. 需求分析　　　　B. 总体设计　　　　C. 详细设计　　　　D. 运行设计

9. 概要设计是软件工程中很重要的技术活动,下列不是概要设计任务的是(　　　)。
　　A. 设计软件系统结构　　　　　　　B. 编写测试报告
　　C. 数据结构和数据库设计　　　　　D. 编写概要设计文档

10. 数据流图是表示软件模型的一种图示方法,画数据流图应遵循的原则是(　　　)。
　　A. 自底向上、分层绘制、逐步求精　　B. 自顶向下、分层绘制、逐步求精
　　C. 自顶向下、逐步求精　　　　　　D. 自底向上、分层绘制

二、填空题

1. 软件设计基本原理包括(　　　)、(　　　)、(　　　)、(　　　)。
2. 模块的独立程度可以由两个定性标准度量,这两个标准分别为(　　　)和(　　　)。
3. 内聚由低到高为(　　)、(　　)、(　　)、(　　)、(　　)、(　　)、(　　)。
4. 一个模块直接调用的模块数目称为(　　　)。
5. 关系数据库中的关系必须满足一定的(　　　)。
6. 面向数据流的设计方法一般将数据流划分为(　　　)。
7. 总体设计的两个阶段分别是(　　　)。
8. 总体设计阶段产生的最重要的文档是(　　　)。
9. 软件结构图中的方框表示(　　　)。

三、简答题

1. 什么是总体设计?总体设计阶段的基本任务是什么?
2. 什么是模块?模块具有哪几个特征?总体设计主要考虑什么特征?
3. 什么是模块化?模块化设计的原则是什么?
4. 如何区分数据流图的类型?试述"变换型数据流图"和"事务型数据流图"的设计步骤。
5. 衡量模块独立性的两个标准是什么?它们各表示什么含义?

实 践 活 动

软件总体设计

——以学生教材购销系统为例

一、背景知识

电子商务是利用现代信息网络进行商务活动的一种先进手段,作为创新的经济运行方式,其影响已经远远超出商业领域。现在各大学采取的均是学生自愿购买教材的政策,所以学生会在开学时自发去学校购书处购买教材,但是由于时间相对集中,人流量在此期间过于庞大,操作烦琐的人工教材购销系统无疑会出现让员工手忙脚乱、学生缺乏秩序的状况,导致拿错教材、教材损毁、收费出现差错等问题,因此针对以上情况,我们提出了构造一个利用现代信息网络进行教材购销的设想。

二、实验目的

1. 了解在软件系统开发中总体设计的意义。

2. 掌握软件系统总体设计的基本流程和方法。

3. 能够对给定的软件系统进行总体设计,并在需求分析的基础上,得出总体设计方案并编写总体设计文档说明书。

三、实验内容与步骤

1. 基本设计概念和处理流程

学生购买教材处理流程和更新教材资料处理流程如图4.8所示。

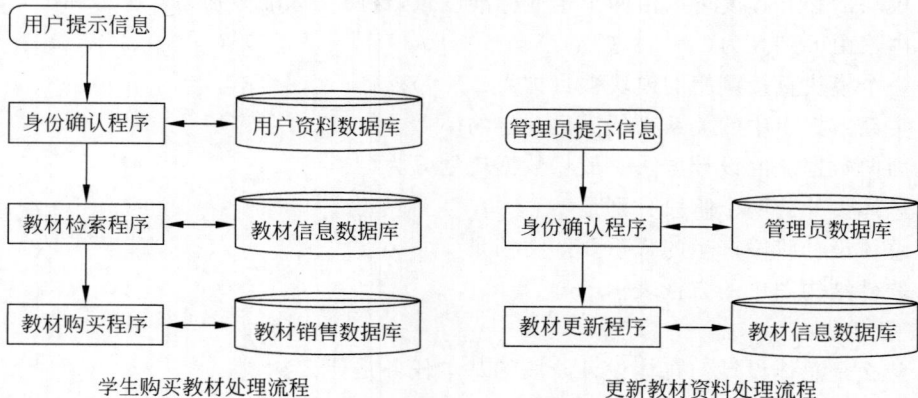

图 4.8　处理流程图

2. 系统总体结构和模块外部设计

系统总体结构设计见图4.9。

3. 功能分配

各项功能需求的实现与各块程序的分配关系如表4.3所示。

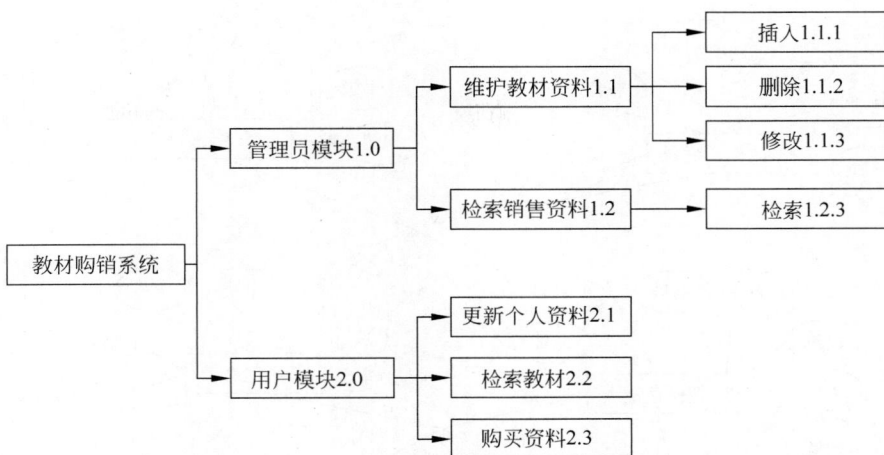

图 4.9 系统总体结构设计

表 4.3 各项功能需求的实现与各块程序的分配关系

	创　建	查　找	修　改	删　除
维护教材资料(管理员)	√	√	√	√
检索销售信息(管理员)		√		
更新个人资料(用户)			√	
购买教材(用户)			√	
检索教材(用户)		√		

4. 接口设计

学生教材购销系统接口设计的具体内容已经在总体设计说明书中说明,此处不再赘述。

5. 数据结构设计

1) 概念结构设计

从 DFD 出发,绘制 E-R 图,即实体-关系图,如图 4.10 所示。

2) 逻辑结构设计

从 E-R 图与对应的纲要表出发,确定各个实体及联系的表名属性。

表 4.4～表 4.10 给出了以学生教材购销系统为例的数据库逻辑结构设计。

表 4.4 学生信息表

字　段　名	类　型	含　义
StudentId	nvarchar(10)	学号(不允许为空)
StudentName	nvarchar(20)	姓名
StudentPassword	char(20)	密码
StudentSex	char(4)	性别
Academy	nvarchar(20)	学院
Major	nvarchar(20)	专业
Grade	int(4)	年级
ClassName	nvarchar(30)	班级

95

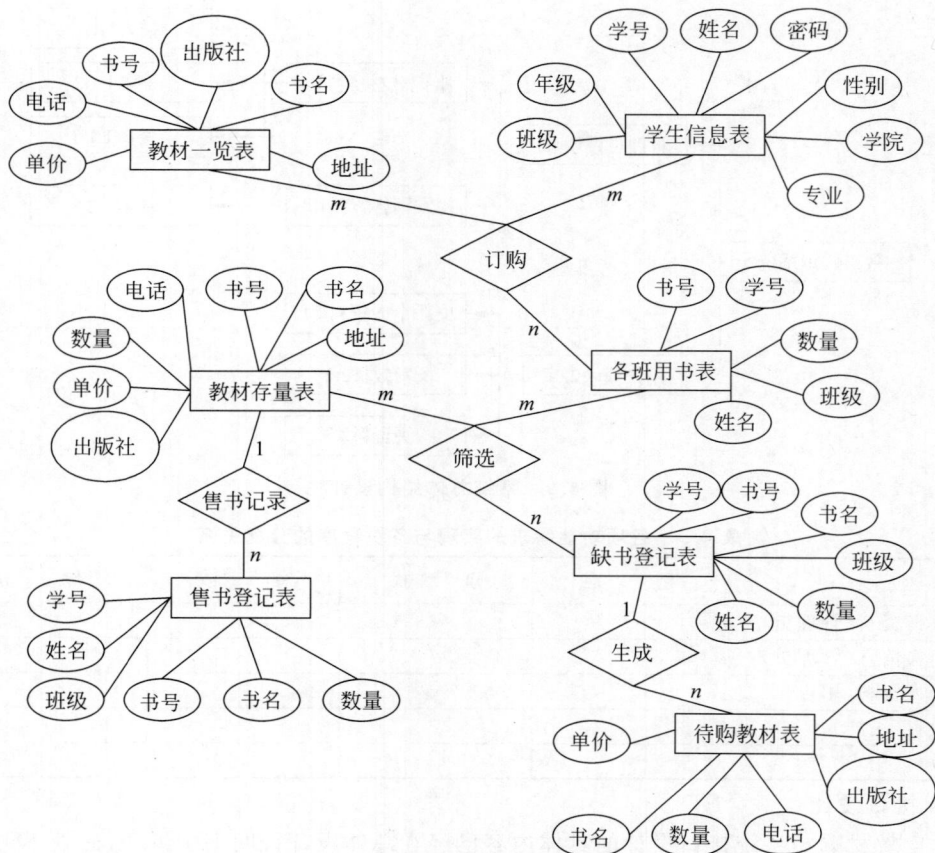

图 4.10 学生教材购销系统 E-R 图

表 4.5 教材一览表

字 段 名	类 型	含 义
ISBN	char(20)	书号(不允许为空)
BookName	nvarchar(30)	书名(不允许为空)
BookPrice	decimal(10,2)	单价
BookPublisher	nvarchar(50)	出版社
BookPhone	nvarchar(20)	电话
BookAddress	nvarchar(100)	地址

表 4.6 各班用书表

字 段 名	类 型	含 义
StudentId	nvarchar(10)	学号(不允许为空)
ISBN	char(20)	书号(不允许为空)
ClassName	nvarchar(30)	班级
StudentName	nvarchar(20)	姓名
BuyBookAmount	int(9)	数量(每本书每个班学生需购买的数量)

表 4.7　教材存量表

字　段　名	类　型	含　义
ISBN	char(20)	书号(不允许为空)
BookName	nvarchar(30)	书名(不允许为空)
ReserveBookAmount	int(9)	数量(书库原本数量)
BookPrice	decimal(10,2)	单价
BookPhone	nvarchar(20)	电话
BookPublisher	nvarchar(50)	出版社
BookAddress	nvarchar(100)	地址

表 4.8　缺书登记表

字　段　名	类　型	含　义
StudentId	nvarchar(10)	学号(不允许为空)
ISBN	char(20)	书号(不允许为空)
ClassName	nvarchar(30)	班级
BookName	nvarchar(30)	书名
StudentName	nvarchar(20)	姓名
PurchaseBookAmount	int(9)	数量(购进的书数量)

表 4.9　待购教材表

字　段　名	类　型	含　义
ISBN	char(20)	书号(不允许为空)
BookName	nvarchar(30)	书名
PurchaseBookAmount	int(9)	数量(购进的书数量)
BookPrice	decimal(10,2)	单价
BookPhone	nvarchar(20)	电话
BookPublisher	nvarchar(50)	出版社
BookAddress	nvarchar(100)	地址

表 4.10　售书登记表

字　段　名	类　型	含　义
StudentId	nvarchar(10)	学号(不允许为空)
ISBN	char(20)	书号(不允许为空)
ClassName	nvarchar(30)	班级
BookName	nvarchar(30)	书名
StudentName	nvarchar(20)	姓名
SellBookAmount	int(9)	数量(销售出的书数量)

6. 运行设计

1) 运行模块的组合

施加不同的外界运行控制时所引起的各种不同的运行模块组合如表 4.11 所示。

表 4.11　运行模块组合

	创 建 模 块	查 找 模 块	修 改 模 块	删 除 模 块
管理员添加教材信息	√			
管理员修改书名信息		√	√	
管理员删除书名信息		√		√
用户更新个人资料			√	

	创 建 模 块	查 找 模 块	修 改 模 块	删 除 模 块
用户检索教材		√		
用户购买教材		√	√	

2）运行控制

运行控制见表 4.12。

表 4.12　运行控制

运 行 控 制	控 制 方 法
管理员添加教材信息	管理员填写书目信息并提交，系统在书目信息表中创建一个新数据项
管理员修改书名信息	管理员通过检索找到要修改的书目信息并修改，系统在书目信息表中写入修改后信息
管理员删除书名信息	管理员通过检索找到要删除的书目信息并删除，系统在书目信息表中删除该信息
用户更新个人资料	用户重新填写可修改的用户资料部分并修改，系统在用户资料中写入修改后的新数据项
用户检索教材	用户重新填写要检索教材的关键字，系统检索教材信息表，输出匹配条目
用户购买教材	用户通过检索找到要购买的教材并购买，系统修改教材信息中该书目剩余数量一项，并在教材销售表中添加销售信息

3）运行时间

本系统至少运行 5 年。

7. 出错处理设计

1）出错输出信息

（1）输入用户名不存在：说明数据库无此用户名，需开户。

（2）密码错误：说明用户名和密码不匹配。弹出警告信息后需重新输入密码，一天内输入 10 次错误密码，将对此账户进行冻结，需持学生证解冻。

（3）由于管理员没有及时保存数据造成的数据丢失：可通过数据还原技术还原成最近的数据备份。

2）出错补救措施

故障出现后可能采取的补救措施如下。

（1）备份：使用附加存储设备备份数据。备份频率为每日一次，需手动备份。

（2）恢复及再启动：如果数据造成丢失，可使用备份数据还原。

3）系统恢复设计

当系统出现错误和异常时，可使用备份数据还原。

8. 安全保密设计

为了保证该软件系统的安全性和可靠性，本系统设计了数据备份功能。密码采用 MD5 加密算法加密。

四、实验总结

请读者依照上述软件总体设计围绕图书管理系统进行总体设计分析，并完成图书管理系统总体设计文档和总结。

第 5 章　　　　详 细 设 计

　　软件工程师经过概要设计的抽象后,已经确定系统中每个程序是由哪些模块组成的,以及这些模块相互间的关系。接下来需要进行下一步抽象——详细设计。详细设计阶段的主要任务是根据概要设计的说明文档,确定每一个模块程序的详细规格说明。如果将系统看作一座建筑物,详细设计的作用类似于建筑工程师确定建筑物的内部细节,如楼层、门窗朝向等,详细说明应该包含必要的细节,设计人员便可根据详细设计开始建造。在系统进行详细设计时可采用流程图、表格、设计语言等,得出对目标系统的精确描述,设计出系统的蓝图,从而在编码阶段可以把这个描述直接翻译成用某种程序设计语言书写的程序。

本章思维导图

```
                                                    ┌─ 详细设计的任务
                        ┌─ 详细设计概述 ─────────────┼─ 详细设计的原则
                        │                           └─ 详细设计的步骤
                        │
                        │                           ┌─ 程序流程图
                        │                           ├─ 盒图
                        │                           ├─ PAD图
                        ├─ 详细设计工具 ─────────────┼─ 判定表
                        │                           ├─ 判定树
                        │                           └─ 过程设计语言
                        │
          详细设计 ──────┤                           ┌─ 人机界面设计问题
                        ├─ 人机界面设计 ─────────────┼─ 人机界面设计过程
                        │                           └─ 人机界面设计指南
                        │
                        ├─ 数据代码设计
                        │
                        ├─ 面向数据结构的设计方法
                        │
                        │                           ┌─ 详细设计说明书
                        └─ 详细设计文档 ─────────────┴─ 操作手册编写
```

5.1　详细设计概述

软件设计工作分为总体设计以及详细设计两个阶段。总体设计也被称为概要设计,总体设计过程一般有确定设计方案以及结构设计两个阶段,与此同时要进行数据库的设计以及测试计划的制定。详细设计以总体设计的工作为基础,但又不同于总体设计,主要表现为在总体设计中已经确定系统中每个程序是由哪些模块组成的,以及这些模块相互间的关系,但具体每个模块的表示较为抽象,而详细设计阶段则应在此基础上给出足够详细的描述,如模块中所利用的数据结构与算法,并选用合适的描述工具,将其清晰准确地表达出来,详细设计的结果在很大程度上也决定着最终程序代码的质量。

详细设计是将软件模型转化为图表或者编码,并进行详细定义和说明,包括每一模块的详细功能、输入数据、使用文件、输出内容及格式、详细算法、程序构成。

5.1.1　详细设计的任务

详细设计的任务是确定每个模块的具体执行过程。

(1) 为每个模块确定采用的算法,选择某种适当的工具表达算法的过程,写出模块的详细过程性描述。

(2) 确定每一模块内部使用的数据结构,对数据库进行物理设计。

(3) 确定模块接口的细节,方便模块之间的调用,如输入/输出格式设计。

(4) 为每一个模块设计出一组测试用例,提前考虑软件测试的方案。

(5) 在详细设计结束时,编写详细设计说明书,并通过复审形成正式文档,作为下一阶段(编码阶段)的工作依据。

5.1.2　详细设计的原则

(1) 模块的逻辑描述正确可靠、清晰易读,才能够在编码阶段方便编程人员的工作。

(2) 选择适当的描述工具来对各模块的算法进行描述。如程序流程图、盒图等。

(3) 采用结构化程序设计方法,改善控制结构,降低程序复杂度,提高程序的可读性、可测试性和可维护性。通常结构化的程序设计方法也采用自顶向下,逐步求精的设计方式,这种方式符合抽象和分解原则,符合人们解决问题的思维方式。

5.1.3　详细设计的步骤

在总体设计的基础上,开发者需要进行软件系统的详细设计。在详细设计中,描述实现具体模块所涉及的主要算法、数据结构、类的层次结构及调用关系,需要说明软件系统各个层次中的每一个程序(每个模块或子程序)的设计考虑,以便进行编码和测试。应当保证软件的需求完全分配给整个软件。详细设计应当足够详细,能够根据详细设计报告进行编码。以下是典型的软件详细设计步骤。

1. 需求分析和规格说明书审查

详细设计团队应该仔细审查系统的需求分析文档和规格说明书,确保他们对系统的功能和非功能需求有清晰的理解。

2. 系统架构设计

在详细设计阶段,系统的整体架构应该更加具体化。设计团队需要确定系统的模块化结构、组件之间的接口和交互方式,以及数据流和控制流。

3. 模块设计

根据系统架构,设计团队将系统划分为各个模块或组件。每个模块都应该仔细设计,包括其功能、接口、数据结构和算法等。

4. 数据设计

在详细设计阶段,设计团队需要确定系统中所使用的所有数据结构,包括数据库表结构、文件格式、数据流等。此外,还需要考虑数据的存储、检索、更新和删除等操作。

5. 界面设计

如果系统包含用户界面,设计团队需要设计用户界面的外观和交互方式。包括确定界面元素的布局、颜色、字体等,并确保用户界面符合用户体验原则和设计标准。

6. 算法设计

在详细设计阶段,设计团队需要确定系统中所使用的所有算法,包括数据处理、搜索、排序、优化等方面的算法。算法设计应该考虑到系统的性能、可靠性和可维护性等方面的需求。

7. 安全性设计

设计团队需要考虑系统的安全性需求,并在详细设计阶段确定相应的安全措施。包括身份验证、访问控制、数据加密、防止恶意攻击等方面的设计。

8. 性能设计

在详细设计阶段,设计团队需要评估系统的性能需求,并确定相应的性能优化策略。这可能涉及优化算法、减少资源消耗、并发控制等方面的设计。

9. 测试策略设计

在详细设计阶段,设计团队需要制定系统的测试策略,包括单元测试、集成测试、系统测试等方面的测试计划和测试用例设计。

10. 文档编写

在详细设计阶段,设计团队需要编写详细设计文档,记录系统的详细设计信息,包括系统架构、模块设计、数据设计、界面设计、算法设计、安全性设计、性能设计等方面的内容。

11. 审查和验证

设计团队应该对详细设计文档进行审查和验证,确保设计的完整性、一致性和可行性。可能需要与利益相关者进行沟通,获取他们的反馈和意见,并对详细设计进行调整和改进。

5.2 详细设计工具

在过程设计阶段,要决定各个模块的实现算法,并精确地表达这些算法。描述程序处理过程中所需要的工具为详细设计工具。详细设计工具可以分为以下三类。

(1) 图形工具:流程图、盒图(N-S 图)、PAD 图(问题分析图);

(2) 语言工具:判定表、判定树;

(3) 表格工具:过程设计语言(PDL)。

不管是哪个类型的工具,对其基本要求都是能够提供对设计而言没有歧义的描述,也就是它们应该能表示控制流程、处理功能、数据组织以及其他方面的实现细节,从而在编码阶段能把对设计的描述直接翻译为程序代码。

5.2.1 程序流程图

程序流程图又称为程序框图,它是一种最古老、应用最广泛,且最有争议的描述详细设计的工具。它具有易学、表达算法直观的优势,但缺点是不够规范,特别是箭头的使用使质量受到很大影响,因此必须加以限制,使其成为规范的详细设计工具。

为了使它能够描述结构化的程序,只限于用以下 3 种基本结构。

1) 顺序结构

由几个连续的加工步骤依次排列构成。顺序结构模型如图 5.1 所示,执行完 A 步骤之后接着执行 B 步骤,依次顺序执行。

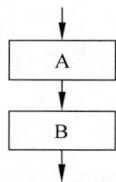

2) 选择结构

由某个逻辑判断式的取值决定选择加工中的一个。选择结构模型如图 5.2 所示,根据判断条件 C 的取值决定执行 A 步骤还是 B 步骤。

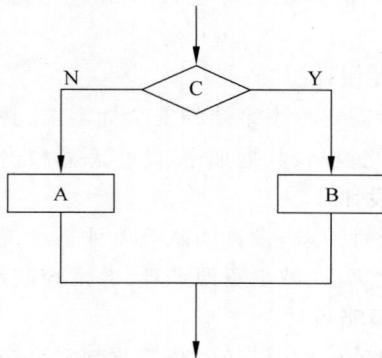

图 5.1   顺序结构模型

图 5.2   选择结构模型

3) 循环结构

(1)"当型"循环。

在循环控制条件成立时,重复执行特定的加工。"当型"循环模型如图 5.3 所示,根据判定语句 C 的取值,执行 A 语句,执行结束之后再次判断 C 语句的取值,决定执行 A 语句还是直接执行后面的程序。

(2)"直到型"循环。

重复执行某些特定的加工,直到控制条件成立。"直到型"循环模型如图 5.4 所示,不断执行 A 语句,直到 C 语句成立为止。

程序流程图的优点是对控制流程的描绘很直观,便于初学者掌握,是开发者普遍采用的工具,但是它又有严重的缺点。程序流程图的主要缺点如下。

(1)程序流程图本质上不是逐步求精的好工具,它使程序员过早考虑控制流程,而不去考虑程序的整体结构;

(2)程序流程图中用箭头代表控制流,因此程序员不受任何约束,可以完全不顾结构程序设计的精神,随意转移控制,容易造成非结构化的程序结构;

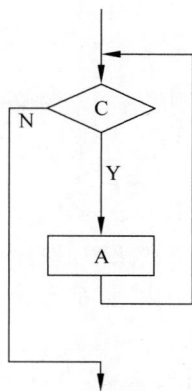

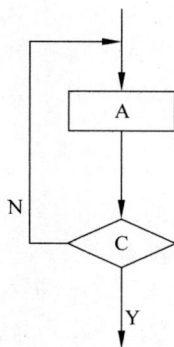

図 5.3 "当型"循环模型   図 5.4 "直到型"循环模型

（3）程序流程图不易表示数据结构和层次结构。

但由于程序流程图历史悠久，最广泛地为人所熟悉，尽管它有种种缺点，许多人建议停止使用它，但至今仍在广泛使用着，它尤其适合于具体的小模块程序。不过总的趋势是越来越多的人不再使用程序流程图。

【例 5.1】 根据输入的三角形三边长作出程序流程图，判断三边构成是等边、等腰还是一般三角形。

所作程序流程图见图 5.5。

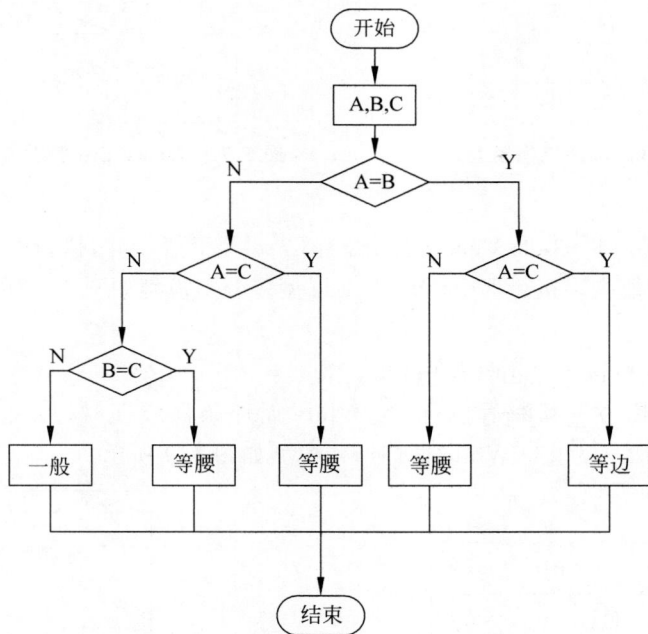

图 5.5 例 5.1 的程序流程图

解析：

输入三角形三个边的边长 A、B、C，判断三角形的不同形式。

等边三角形：若 A 等于 B，且 A 等于 C。

第 5 章

详细设计

等腰三角形：若 A 等于 B,但 A 不等于 C。

若 A 不等于 B,但 A 等于 C。

若 A 不等于 B,且 A 不等于 C,但 B 等于 C。

一般三角形：若 A 不等于 B,A 不等于 C,且 B 不等于 C。

5.2.2 盒图

Nassi 与 Shneider Man 提出了结构化编程中的一种可视化图形描述工具,称为盒图,又称为 N-S 图。盒图没有箭头,全部算法都写在一个大框图内,大框图由若干个小的基本框图构成,用来表示选择、顺序、循环这三种基本的控制结构。

盒图不允许随意的转移,坚持使用盒图作为详细设计的工具,可以使程序员逐步养成用结构化的方式思考问题和解决问题的习惯。

1. 盒图的符号

1) 顺序结构

所有语句顺序执行。顺序结构模型如图 5.6 所示,先执行任务一,后执行任务二,再执行任务三,以此类推,由上到下顺序执行。

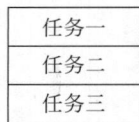

2) If-Then-Else 型分支

如果条件成立,则执行 Then,否则执行 Else。If-Then-Else 型分支模型如图 5.7 所示,倘若条件不成立,即 F,则执行 Else 语句,如若条件成立,即 T,则执行 Then 语句。

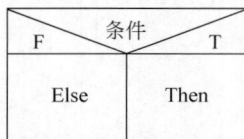

图 5.6　顺序结构模型　　　　图 5.7　If-Then-Else 型分支模型

3) Case 型多分支

当 Case 等于值 1 时,执行 Case 1 部分,当 Case 等于值 2 时,执行 Case 2 语句,以此类推,根据 Case 的取值决定执行那个语句。Case 型多分支模型如图 5.8 所示。

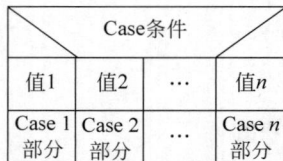

4) 循环结构

有 While 型与 Pepe at-Until 型两种。

While 循环结构为先判断后执行,当 While 循环条件成立时,反复执行循环体,直到 While 循环条件不成立为止。While 循环结构模型如图 5.9 所示。

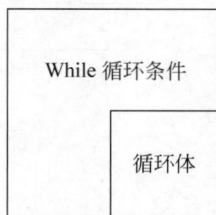

图 5.8　Case 型多分支模型　　　　图 5.9　While 循环结构模型

Pepe at-Until 循环结构为先执行后判断,当 Until 条件不成立的情况下,反复执行循环体,直到 Until 条件成立为止。Pepe at-Until 循环结构模型如图 5.10 所示。

5）调用子程序 A

根据前面的前提条件，进行子程序的调用。调用子程序 A 模型如图 5.11 所示。

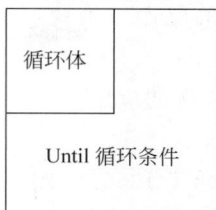

图 5.10　Pepe at-Until 循环结构模型

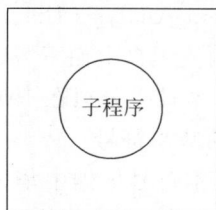

图 5.11　调用子程序 A 模型

2. 盒图的特点

（1）功能域明确，可以从盒图上一眼看出来。

（2）不允许任意转移控制，因而只可以表示结构化的设计结构。

（3）容易确定局部和全局数据的作用域。

（4）容易描述系统的层次结构与嵌套关系。

3. 盒图的优点

（1）只能描述结构化程序所允许的标准结构。

（2）程序结构用方框表示，清晰可见。

（3）有助于程序员养成结构化的设计思想。

4. 盒图的缺点

当程序内嵌套层数增多时，内层方块越画越小，增加了画图的困难性，并使图形的清晰性受到影响。

【例 5.2】　图 5.12 是某软件系统通过学号修改学生成绩的流程图，画出该程序流程图对应的盒图。

解析：首先输入学生的学号，查找学生的原成绩，若学号正确，则直接显示学生的原成绩，若学号不正确，则重新输入学生学号。显示学生原成绩之后输入新的成绩，若成绩格式正确，则将修改后的成绩输入计算平均分模块，流程结束。若成绩格式不正确，则重新输入新的成绩，直到正确为止。

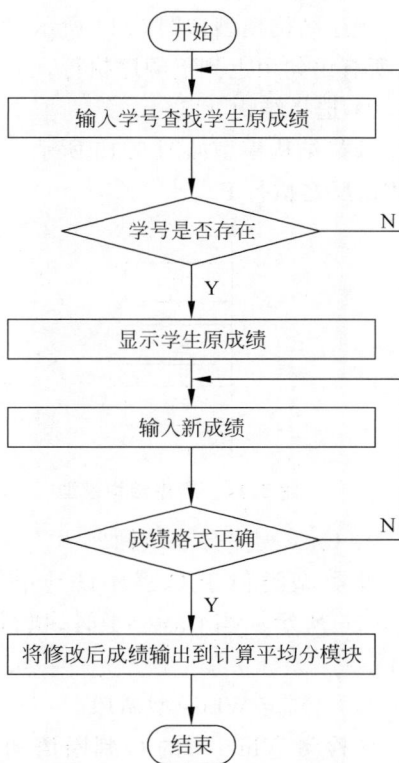

图 5.12　修改学生成绩的流程图

根据上述程序流程图所得修改学生成绩的盒图如图 5.13 所示。

图 5.13　修改学生成绩的盒图

第 5 章

详细设计

5.2.3 PAD 图

PAD(Problem Analysis Diagram)图,也称问题分析图,是用二维树形结构图表示程序的控制流程,控制流程自上而下、从左往右执行。

PAD 图是日本日立公司在 1973 年发明,已得到一定程度的应用。

1. PAD 图的基本符号

PAD 图的基本符号依据中华人民共和国国家标准 GB/T 13502—1992《信息处理——程序构造及表示的约定》。

1）顺序结构

顺序结构模型如图 5.14 所示,先执行任务 P1,后执行任务 P2,再执行任务 P3,以此类推,所有语句由上到下顺序执行。

2）选择结构

选择结构模型如图 5.15 所示。判定选择条件后,选择执行分支,当选择条件成立时,执行 P1,反之执行 P2。

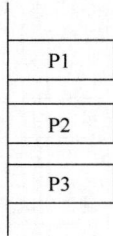

图 5.14 顺序结构模型

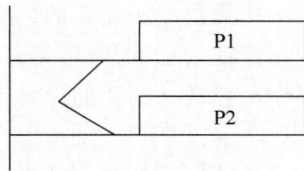

图 5.15 选择结构模型

3）Case 型多分支结构

此类型类似于 C 程序设计语言中的 switch 选择结构,Case 型多分支结构模型如图 5.16 所示。当 Case=1 时,执行 P1;Case=2 时,执行 P2;以此类推,Case=n 时,执行 Pn。

4）先判定 While 型循环

先检测 While 中的 C 判断语句,若满足条件则循环执行语句 S,直到 C 判断结果为 False,先判定 While 型循环模型如图 5.17 所示。

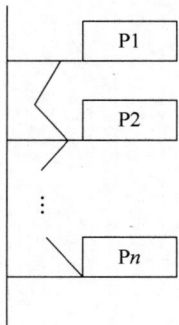

图 5.16 Case 型多分支结构模型

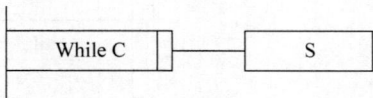

图 5.17 先判定 While 型循环模型

5）后判定 Until 型循环

执行语句 S，直到 Until 中的 C 语句判断结果为 True，跳出循环，后判定 Until 型循环模型如图 5.18 所示。

6）语句符号与定义

圆圈表示语句符号，双横线下写 def 表示语句的定义，语句符号与定义模型如图 5.19 所示。

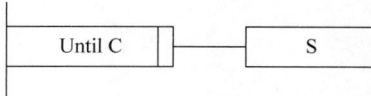

图 5.18　后判定 **Until** 型循环模型

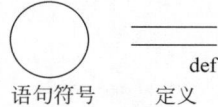

图 5.19　语句符号与定义模型

2．PAD 图的特点

（1）用 PAD 图表示的程序自最左边竖线的上端开始，自上而下、自左向右执行。

（2）用 PAD 符号设计的软件过程，必然是结构化的程序结构。

（3）结构清晰并且层次分明。

（4）不仅可以表示程序逻辑，还可以用于描绘数据结构。用 PAD 图表现程序逻辑，易读易写，使用方便。

（5）支持自顶向下、逐步求精的设计方法。开始时对某个处理可以用语句标号表示，其具体过程用 def 逐步增加，直到详细设计完成。

（6）PAD 图为常用的高级程序设计语言的各种控制语句都提供了对应的图形符号，所以把 PAD 图转换为对应的高级语言程序相对较为容易。

【例 5.3】　学生成绩管理系统的 PAD 图：学生成绩管理系统输入数据一部分的 PAD 图如图 5.20 所示。其中，S1 为班级学生人数，S2 为课程数，所有课程都要输入全班每位同学的成绩并且算出成绩总分。

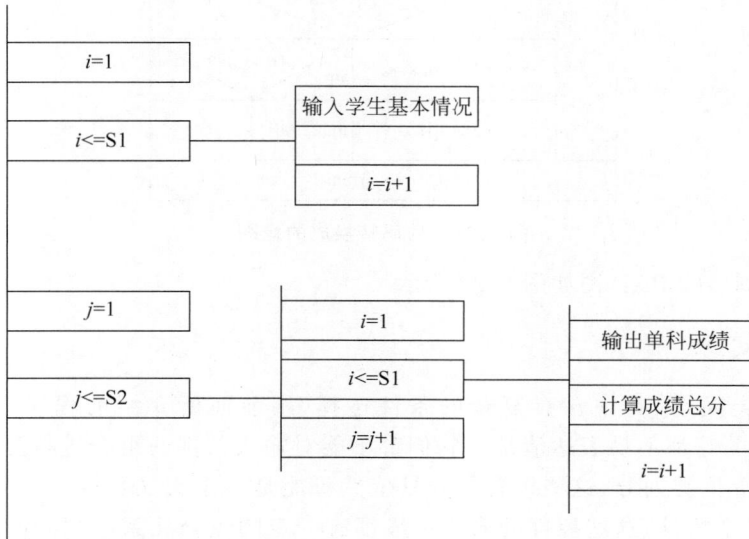

图 5.20　学生成绩管理的 **PAD** 图

第 5 章

详细设计

【例 5.4】 输入十个数,输出最大的两位数的伪码形式如下,根据代码画出盒图、PAD 图。

```
GET(a[1],a[2],…a[10])
    max = a[1];
    max2 = a[2];
    FOR if = 2 TO 10
      IF a[a]> max
        max2 = max;
        max = a[if];
      ELSE
        IF a[a]> max2
          max2 = a[if];
        ENDIF
      ENDIF
    ENDFOR
    PUT(max,max2)
END
```

解析:首先输入 a[1] 到 a[10] 十位数,令 max=a[1],max2=a[2],a=2,当 i<=10 时,进行如下判断:

当 a[i]>max 时,令 max2=max,max=a[i]。

当 a[i]<max 时,且 a[i]>max2,则令 max2=a[i]。

输出跳出循环后的 max,max2 即为所求。

根据伪码画出的盒图如图 5.21 所示。

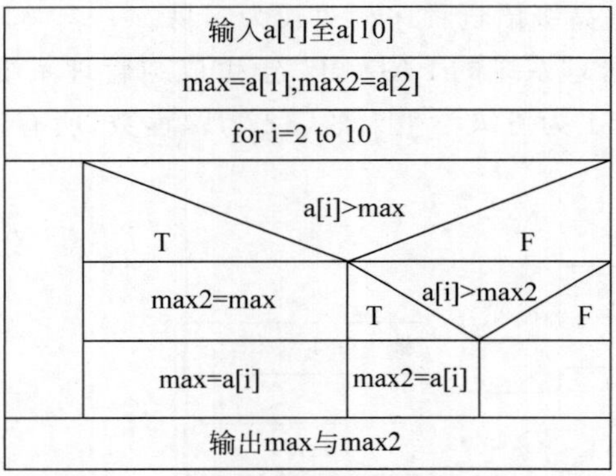

图 5.21 伪码转换成的盒图

根据伪码画出的 PAD 图如图 5.22 所示。

5.2.4 判定表

有这样一类问题,其中含有复杂的条件选择,用前面所介绍的程序流程图、盒图、PAD 图与结构图等都不易表达清楚。它们都不能对输入条件的组合进行分析,即使对输入条件进行了等价类划分,这些组合的数量依然可能是一个天文数字。在功能模块或一个界面中,有多个控件,这些控件的取值一般都有一定的组合关系,并且程序的运行依赖于输入条件,若只是单独的测试每个控件,往往会产生多个冗余用例,同时也会造成测试不全面,遗漏一些数据。这时,可用判定表清晰地表示复杂的条件组合和应做的工作之

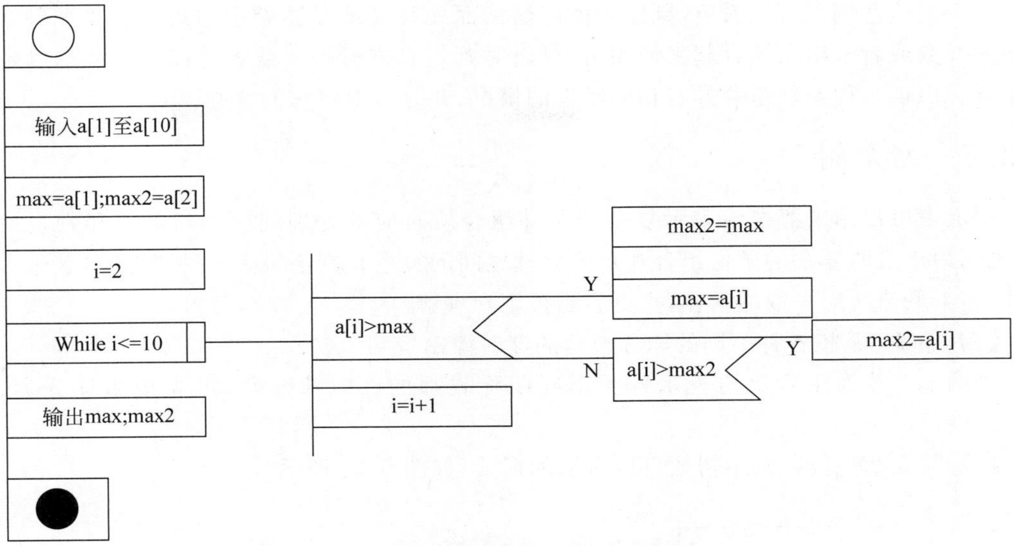

图 5.22 伪码转换成的 PAD 图

间的对应关系。

（1）判定表的组成。在左上部的条件桩列出所有条件所指的对象；在右上部的条件项列出各种条件的组合；在左下部的动作项列出所有可能要做的工作；在右下部的动作项列出每一种条件组合所对应的应做的工作。

（2）判定表中的符号。右上部用 T 表示成立，用 F 表示不成立，空白用来表示条件成立与否没有影响。在右下部"√"表示该列在上边规定的条件下应做该行左边列出的那一项工作，而空白表示不做该项工作。

判定表用来描述一些不易于用语言表达清楚或需要很大篇幅语言才能表达清楚的加工逻辑，它不适合用作通用的设计工具，它不能表示顺序结构与循环结构。

【例 5.5】 某学校各种不同职称的教师的课时津贴费判定表。

某学校对各种不同职称的教师，依据他们是本校的专职教师还是外聘的兼职教师来决定他们讲课的课时津贴费。本校的专职教师每课时的津贴费：教授为 80 元，副教授为 60元，讲师为 50 元，助教为 40 元。而外聘的兼职教师每课时的津贴费：教授为 90 元，副教授为 80 元，讲师为 50 元，助教为 50 元。用判定表表示的教师课时津贴费如表 5.1 所示。

表 5.1 教师课时津贴费判定表

条件	教授	T	F	F	F	T	F	F	F
	副教授	F	T	F	F	F	T	F	F
	讲师	F	F	T	F	F	F	T	F
	助教	F	F	F	T	F	F	F	T
	专职	T	T	T	T	F	F	F	F
动作	90					√			
	80	√					√		
	60		√					√	
	50			√					√
	40				√				

从上面这些例子可以看出,判定表能够简洁而无歧义地描述处理的规则。当把判定表与布尔代数或者卡诺图结合起来使用时,可以对判定表进行校验或者化简。在构造判定表时常常会出现多种条件组合具有相同动作的情况,此时可以将它们合并。

5.2.5 判定树

判定表可以用来清晰地表示复杂的条件组合所对应的处理问题。判定树和判定表一样,也能用于表明复杂的条件组合和对应处理之间的关系。判定树是一种树形图,表示多个条件、多个取值所应采取的动作,它更容易被用户理解。

【例 5.6】 某校各种不同的职称教师的课时津贴费判定树。

将例 5.5 改为用判定树表示各类不同职称教师的课时津贴费,可先按职称分类,如图 5.23 所示。

除了图 5.23 所示,判定树还可以有别的形式,如图 5.24 所示。

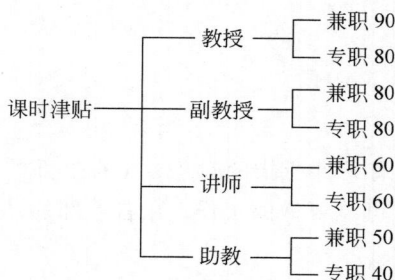

图 5.23 教师课时津贴费判定树 1

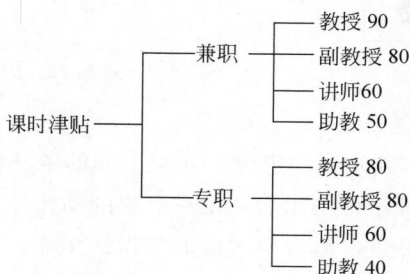

图 5.24 教师课时津贴费判定树 2

判定表虽然能够清晰地表示复杂的条件组合与应做的动作之间的对应关系,但其含义相对复杂,初次接触这种工具的人理解它需要有一个短期的学习过程。此外,在数据元素的值多于 2 个时,判定表的简洁程度也将随之下降。

判定树是判定表的变种,它也能够清晰地表示复杂的条件组合和应做的动作之间的对应关系。但判定树的优点在它的形式简单,一眼就可以看出其中的含义,因此更易于掌握以及使用。判定树是一种常用的系统分析设计的工具。虽然判定树相对于判定表更加直观,但简洁性却远远不如判定表,数据元素的同一个值往往需要重复写多遍,而且越接近树的叶端重复次数会越多。此外还能够看出,画判定树时分枝的次序可能对最终画出的判定树的简洁程度有着极大的影响,但是判定表并不存在这样的问题。

5.2.6 过程设计语言

过程设计语言(Procedure Design Language,PDL)是一种用正文形式来描述功能部件的算法设计和处理细节的语言,称为设计性语言。PDL 是一种伪码,这是一个较为笼统的名称,现在存在许多种不同的 PDL。

一般地,伪码的语法规则分为"外语法"和"内语法"。外语法应当符合一般程序设计语言常用语句的语法规则;内语法可以用英语中的一些简单的句子、短语和通用的数字符号,来描述程序执行的功能。

PDL 具有严格的关键字外语法,用于定义控制结构以及数据结构;另外,PDL 表示实际操作以及条件的内语法通常是灵活自由的,可以适应多种工程项目的需要。因此一般说来,PDL 是一种"混杂"的语言,它使用一种语言(一般是某种自然语言)的词汇,同时却又使用另一种语言(某种结构化程序设计语言)的语法。

1. PDL 的基本结构

1) 选择性结构

```
IF <条件>
    THEN <程序块/伪代码语句组>;
    ELSE <程序块/伪代码语句组>;
ENDIF
```

2) 重复性结构

先判定 While 型循环:

```
DO WHILE <条件描述>
    <程序块/伪代码语句组>;
ENDDO
```

后判定 Until 型循环:

```
REPEAT UNTIL <条件描述>
    <程序块/伪代码语句组>;
ENDREP
```

3) 步长重复型结构

```
DO FOR <下标 = 下标表,表达式>
    <程序块/伪代码语句组>;
ENDFOR
```

4) 多分支选择结构

```
CASE OF <case 变量名>;
    WHEN < case 条件 1 > SELECT <程序块/伪代码语句组>;
    WHEN < case 条件 2 > SELECT <程序块/伪代码语句组>;
    ……
    DEFAULT: 缺省或错误 case: <程序块/伪代码语句组>;
    ENDCASE
```

2. PDL 的特点

(1) 关键字的固定语法,提供了结构化控制结构、数据说明以及模块化的特点。能对 PDL 正文进行结构分割,使之变得易于理解。

(2) 为了使结构清晰可读性好,通常在全部可能嵌套使用的控制结构的头及尾都含有关键字,并规定关键字一律大写,其他单词一律小写,以此区别关键字。

(3) 内语法使用自然语言来描述处理特性。内语法比较灵活,只要写清楚就可以,以利于人们把主要精力放在描述算法的逻辑上。

(4) 数据说明的手段。应既包括简单的数据结构(例如,纯量与数组),又包括复杂的数据结构(例如,链表或层次的数据结构)。

(5) 模块定义以及调用的技术,应该提供各种接口的描述模式。

3. PDL 的优点

(1) 可以作为注释直接插在源程序中间。这样做能够促使维护人员在修改程序代码时也相应地修改 PDL 注释,有助于保持文档以及程序的一致性,提高了文档的质量。

(2) 可以使用普通的正文编辑程序或者文字处理系统,很方便地完成 PDL 的书写及编辑工作。

(3) 现已有自动处理 PDL 的程序存在,而且可以自动用 PDL 生成程序代码。

4. PDL 的缺点

PDL 没有图形工具形象直观,描述复杂的条件组合以及动作间的对应关系时,没有判定表清晰简单。

5.3 人机界面设计

人机界面设计是接口设计的一个重要的组成部分,是指通过一定的手段对用户界面进行一种有目标、有计划的创作活动。相对于交互式系统,人机界面设计和数据设计、体系结构设计以及过程设计一样重要。近年来,人机界面设计理论已经广泛地发展和应用到人-机-环境系统工程等领域,人机界面设计在设计中的比例越来越大,在个别的系统中人机界面设计工作量甚至占到总设计量的一半以上。人机界面设计的质量会直接影响用户对软件产品的评价,从而影响软件产品的竞争力与寿命。因此,必须对于人机界面设计给予足够的重视。

5.3.1 人机界面设计问题

在人机界面设计的过程中,总是会遇到下述 4 个问题:系统响应时间、用户帮助设施、出错信息处理以及命令交互。如果在设计后期才开始逐步考虑这些问题,往往会导致出现不必要的设计反复、项目延期以及用户产生挫折感等问题,所以最好在设计初期就把这些问题作为重要的设计问题来考虑,这时修改将会比较容易,代价也较低。

1. 系统响应时间

系统响应时间是指从用户完成某个控制动作(例如,按回车键或者单击鼠标)到软件给出预期的响应(输出信息或者做动作)之间的这段时间。

系统响应时间有两个重要的属性,分别是长度以及易变性。如果系统响应时间过长,用户会感到紧张与沮丧。稳定的响应时间比不稳定的响应时间要好。

易变性是指系统响应时间相对于平均响应时间的偏差。在许多情况下,这是系统响应时间更为重要的属性。如果系统响应时间较长,响应时间易变性低也有助于用户建立稳定的工作节奏。

2. 用户帮助设施

用户帮助设施是指使用交互系统的用户都希望得到联机帮助,当遇到复杂问题时甚至需要查看用户手册以寻找答案。大多数现代软件都会提供联机帮助设施,这使得用户不需要离开用户界面就能解决自己的问题。

常见的帮助设施可分为集成的和附加的两类。集成的帮助设施从一开始就会设计在软件中。通常是语境相关的,它对用户的工作内容是敏感的,因此用户可以从与刚完成的操作有关的主题中选择一个请求帮助。这可以缩短用户获得帮助的时间,增加界面的友好性。附加的帮助设施是系统建成后再添加到软件中的,在多数情况下它实际上是一种查询力很有限的联机用户手册。因此人们普遍认为集成的帮助设施优于附加的帮助设施。

在设计帮助设施时，必须具体解决下述的一系列问题。

（1）在用户和系统交互期间，是否在任何时候都可以获得关于系统任何功能的帮助信息？是提供部分功能的帮助信息，还是提供全部功能的帮助信息。

（2）用户怎样寻求帮助？是帮助菜单，特殊功能键，还是 HELP 命令？

（3）怎样显示帮助信息？是在独立的窗口中指出参考某个文档，还是在屏幕固定位置显示简短提示。

（4）用户应该怎样返回到正常的交互方式中？有两种选择：屏幕上的返回按钮以及功能键。

（5）怎样去组织帮助信息？有 3 种选择：平面结构（所有信息都通过关键字访问）、信息的层次结构（用户可在该结构中查到更详细的信息）以及超文本结构。

3. 出错信息处理

出错信息以及警告信息，是出现问题时交互式系统给出的报错信息。出错信息设计得不好，将向用户提供无用甚至误导的信息，反而会加重用户的挫折感。

一般说来，交互式系统给出的出错信息或者警告信息，应该具有下述属性。

（1）信息应该以用户能够理解的术语描述问题。

（2）信息应该能够提供有助于从错误中恢复的建设性意见。

（3）信息应该指出错误可能会导致哪些负面后果（例如，破坏数据文件），以便于用户检查是否出现了这些问题，并在出现问题时及时进行解决。

（4）信息应该伴随着听觉上或者视觉上的提示。例如，在显示信息的同时发出警告的铃声，或者用闪烁的方式来显示信息，或者用明显表示出错的颜色来显示信息。

（5）信息是非批评性的。当确实有问题出现的时候，有效的出错信息能够提高交互式系统的质量，从而减轻用户的挫折感。

4. 命令交互

命令行曾经是用户与系统软件交互的最常用的方式，并广泛应用于各种应用软件。现在，面向窗口的、单击与拾取方式的界面已经减少了用户对于命令行的依赖。但是，许多高级用户仍然偏爱面向命令行的交互方式。在大多数情况下，用户既可以从菜单中选择软件功能，也可以通过键盘命令序列调用软件功能。

在提供命令交互方式的时候，必须考虑下列所述的设计问题。

（1）是否每个菜单选项都有对应的命令？

（2）应采用何种命令形式？有 3 种选择：控制序列（例如，Ctrl＋P），功能键以及输入命令。

（3）学习与记忆命令的难度有多大？忘记了命令应该怎么办？

（4）用户是否可以定制或者缩写命令？

在越来越多的应用软件中，人机界面设计者全都提供了"命令宏机制"，利用这种机制用户可以用自己所定义的名字来代表一个常用的命令序列。当需要使用这个命令序列时，用户便无须依次输入每个命令，只需要输入命令宏的名字便可以顺序执行它所代表的所有命令。

在理想的情况下，所有应用软件都应该拥有一致的命令使用方法，以减轻用户的记忆负担。如果在一个应用软件中命令"Ctrl+D"用来表示复制一个图形对象,而在另一个应用软件中 命令"Ctrl+D"的含义是删除一个图形对象,很显然这会使用户感到困惑,并且往往会导致用户用错命令。

5.3.2 人机界面设计过程

人机界面的设计是一个不断迭代的过程,也就是说通常会先创建设计模型、再用原型实现这个设计模型,并由用户试用与评估,然后根据用户意见进行修改,类似于螺旋模型。把支持上述迭代过程的各种用于界面设计及原型开发的软件工具称为用户界面工具箱或者用户界面开发系统,它们为简化窗口、菜单、设备交互、出错信息、命令以及交互环境的许多其他元素的创建,提供了各种例程或者对象。这些工具所提供的功能,不仅可以用基于语言的方式,也可以用基于图形的方式来实现。

只要建立了人机界面的原型,就必须对它进行评估,以确定它是否可以满足用户的需求,评估可以是非正式的,例如用户即兴发表的一些反馈意见;同时,评估也可以是正式的,例如,用统计学的方法评价全体终端用户所填写的调查表。

人机界面的评估周期如下所述:完成初步设计之后就可以创建第一级原型;用户试用并且评估该原型,直接向设计者表述对该界面的评价;设计者根据用户意见修改设计并且实现下一级原型,上述评估过程不断持续进行,一直到用户感到满意,不需要再进行修改人机界面设计时为止。

当然,也可以在创建原型之前对人机界面的设计质量进行初步的评估。及早发现并改正潜在的问题,有效减少评估周期的执行次数,从而缩短软件的开发时间,在创建了人机界面的设计模型后,便可以运用下述评估标准来对设计进行早期的复审。

(1)系统及其界面的规格说明书的长度以及复杂程度,预示了用户学习使用该系统所需要执行的工作量。

(2)命令或者动作的数量、命令的平均参数个数或者动作中单个操作的个数,预示了系统的交互时间以及总体的效率。

(3)设计模型中所包含的动作、命令以及系统状态的数量,预示了用户学习使用该系统时需记忆内容的多少。

(4)界面风格、帮助设施以及出错处理协议,预示了界面的复杂程度以及用户接受该界面的程度。

5.3.3 人机界面设计指南

人机界面的设计主要依靠设计者的经验。总结众多设计者的经验从而得出的设计指南,有助于设计者设计出友好并且高效的人机界面。下面分别介绍三类人机界面设计指南。

1. 一般交互指南

一般交互指南涉及信息显示、数据输入以及系统整体控制。因此,这类指南是全局性的,忽略它们将会承担较大的风险。一般交互指南的特点如下。

(1)保持一致性。应该为人机界面上的菜单选择、命令输入、数据显示和众多的其他功能使用一致的格式。

(2)提供有积极意义的反馈。应向用户提供视觉的及听觉的反馈,以此来保证在用户与系统之间建立双向通信。

（3）在执行有较大破坏性的动作之前应该要求用户确认。如果用户要删除一个文件，或者覆盖一些重要的信息，或者终止一个程序的运行，应该给出用户"您是否确实要……"的信息，以请求用户来确认他的命令。

（4）允许取消绝大多数的操作。每个交互式的系统都应该能方便地取消已经完成的操作。

（5）减少操作之间必须记忆的信息量。不应要求用户记住下一步需要使用的一长串数字或标识符。应尽量减少内存量。

（6）提高对话、移动和思考的效率。应尽量减少用户击键次数，屏幕布局设计应尽量减少鼠标移动，避免用户问"这是什么意思？"

（7）允许犯错误，但系统应该预防严重错误。

（8）按照功能对动作分类，并依据此设计屏幕布局。设计者应尽力提高命令和动作组织的"内聚性"。

（9）提供对用户工作内容敏感的帮助设施。

（10）使用简单的动词或动词短语作为命令名称。冗长的命令名会占用过多的菜单空间，因为它们难以识别和记忆。

2．信息显示指南

如果人机界面显示的信息是不完整的、含糊的或者难于理解的，则该应用系统显然不能满足用户的需求。可以运用多种不同的方式"显示"信息。

（1）用文字、图形以及声音；

（2）按位置、移动以及大小；

（3）使用颜色、分辨率以及省略。

下面是关于信息显示的设计指南。

（1）只显示和当前工作内容有关的信息。用户在获得有关系统特定功能的信息时，不用看到与之无关的数据、菜单以及图形。

（2）用便于用户汲取信息的方式来表示数据，防止过多的数据使得用户不知所以，例如用图表代替庞大的表格。

（3）使用一致的标记、标准的缩写以及可预知的颜色，显示的含义应该非常明确，用户无须参照其他信息源就能够理解。

（4）允许用户保持可视化的上下文，如果显示的图形按比例缩放，则应始终显示原始图像（以缩小的形式显示在显示屏的一角），以便用户知道当前看到的图像相对于原始图像的位置。

（5）产生有意义的错误信息，以方便用户修改出错内容，继续正常使用软件。

（6）使用大小写、缩进以及文本分组以便于帮助理解。人机界面显示的信息大部分以文字的形式呈现，这对用户从中提取信息的难易程度有着很大的影响，如果使用缩进方式则更方便对文本进行分组。

（7）使用窗口分隔不同类型的信息。便于用户"保存"多种信息。

（8）使用"模拟"显示方式来表示信息，以使信息更便于被用户提取。例如，显示炼油厂储油罐的压力时，如果简单地用数字表示压力，则不易于引起用户的注意。但是，如果用类似温度计的形式来表示压力,用垂直移动以及颜色的变化来指示危险的压力状况,就容易引起用户的警觉,因为这样为用户提供了绝对以及相对两方面的信息。

(9) 高效率地使用显示屏。当使用多个窗口时,应该有足够的空间以使得每个窗口至少都能够显示一部分。此外,屏幕的大小应该与应用系统的类型相配套。

3. 数据输入指南

用户的大部分时间都用在了选择命令、输入数据以及向系统提供输入。在许多应用系统中,键盘仍然是主要的输入介质,但是鼠标、数字化仪以及语音识别系统正在迅速地成为重要的输入手段。下述是关于数据输入的设计指南。

(1) 尽量减少用户的输入动作。最重要的是减少击键次数,这可以用下列方法实现:用鼠标从预定义的一组输入中选择一个;用"滑动标尺"在给定的值域中指定其输入值;利用宏把一次击键转换为更复杂的输入数据的集合。

(2) 保持信息显示以及数据输入之间的一致性。显示的视觉特征(例如,文字大小、颜色与位置)应该与输入域一致。

(3) 允许用户自定义的输入。专家级的用户可能希望定义自己专用的命令或者略去某些类型的警告信息以及动作确认,人机界面应该为用户提供这样的机制。

(4) 交互应该是灵活的,并且可以根据用户的首选输入方法进行调整。用户的类型与他们喜欢的输入方法有关,例如,秘书可能更喜欢键盘输入,而经理可能更喜欢使用鼠标等单击设备。

(5) 使不适用于当前操作的命令无效。这可使得用户不去做那些可能导致错误的操作。

(6) 用户能够控制交互流。用户应该能够跳过不必要的操作并更改他们需要采取的操作顺序(只要应用程序环境允许),以及在不退出程序的情况下从错误状态中恢复。

(7) 对所有的输入动作都提供帮助。

(8) 消除冗余的输入。除非可能存在误解,否则不要要求用户指定输入数据的单位,并尽可能提供默认值;不能要求用户提供程序可以自动获取或计算的信息。

5.4 数据代码设计

在计算机软件系统内如果软件开发过程中需要存放的数据量非常大,则应对这些数据进行代码设计。在实际应用中经常会发生因软件开发人员缺乏代码设计知识而导致代码设计不合理的情况,本节将介绍数据代码设计的目的、代码的功能和性质、代码的种类及代码设计的方法等。

代码设计的目的是将自然语言转换成便于计算机处理且无二义性的形态,以此来提高计算机的处理效率与操作性能。

代码是为了对数据进行识别、分类、排序等操作所使用的数字、文字或符号,具有识别、分类以及排序三个基本功能。特别是在信息处理系统中,代码的涉及面广、涉及量大,必须从系统的整体出发,综合考虑各方面的因素,精心设计信息代码。

在一个软件系统中,如果使用的代码复杂且量大,使用人员无法准确地记忆所有代码,便可以采用代码词典来记录代码和数据之间的对应关系,必要时可以设计代码联机查询功能,以便用户使用与查找。有时代码需要随时进行增加、删除、修改或查询等操作,需设计相应的代码去实现对应的管理功能。

代码的性质是简洁性、保密性、可扩充性以及持久性。

(1) 简洁性:代码可以减少存储的空间,要求消除二义性;

(2) 保密性:不了解编码规则的人无法得知代码的含义;

(3) 可扩充性:设计代码时要留有余地,以便在软件生命周期内可实现代码的增添;

(4) 持久性:代码应该在软件生命周期内可长久地使用,要考虑到代码的变换是否会影响数据库和程序。

代码设计的原则是标准化、唯一性、可扩充性、简单性、规范化以及适应性。

(1) 标准化:顾名思义,尽可能地采用国际标准、国家标准、部颁标准、行业标准或遵循以往惯例进行编码,以便信息的交换和维护。例如会计科目编码、身份证号码、图书资料分类编码等,都要根据国家标准来编码。

(2) 唯一性:一个代码只能代表一个信息,每个信息只能有一个代码。

(3) 可扩充性:设计代码时要留有余地,以便代码的更新、扩充。

(4) 简单性:代码结构应简单、尽量短,以便于记忆与使用。

(5) 规范化:代码的结构、类型和缩写格式需要统一。

(6) 适应性:代码要尽可能地反映信息的特点,唯一地标识某些特征,例如物体的形状、大小、颜色,或材料的型号、规格以及透明度等。

另外有以下一些实用的规则可供参考。

(1) 只有两个特征值时,可用逻辑代码,例如电路的闭合、断开。

(2) 特征值的个数不超过 10 个的时候,可以用数字代码。

(3) 数字与字母混用时,要注意区分相似的符号。

5.5 面向数据结构的设计方法

面向数据结构的设计方法是指按输入、输出和计算机内部存储信息的数据结构来进行软件的结构设计,把对数据结构的讲述变换成对软件结构的讲述。

在很多应用领域中,信息的结构层次清楚,输入数据、输出数据和内部存储的信息有一定的结构上的关系。数据结构不仅影响软件的结构设计,还影响软件的处理过程。例如,重复出现的数据常常由循环结构来控制;如果一个数据结构是分层次的,软件结构也必然是分层次的。因此,数据结构充分地展现了软件结构。使用面向数据结构的设计方法,首先要分析确定其数据结构,并且用适当的工具清晰地描述数据结构,最后得出对程序处理过程的描述。

面向数据结构的设计方法有两种:Jackson 方法与 Warnier 方法。这两种方法只是使用的图形工具不同。本节只对 Jackson 方法进行介绍,Warnier 方法可以自行寻找 Wanier 图进行分析设计。

Jackson 方法由英国的 M. Jackson 提出,在欧洲较为流行,他特别擅长设计企事业管理一类的数据处理系统。Jackson 方法的主要图形工具是 Jackson 图,Jackson 图不仅可以表示数据结构,也可以表示程序结构。

1. 结构图的元素类型

Jackson 方法把数据结构(或程序结构)分为以下三种基本模型。

1) 顺序结构

顺序结构的数据由一个或者多个元素组成,每个元素都依次出现一次。图 5.25 表示元素 A 是由元素 B、元素 C、元素 D 三个元素顺序组成的序列。

2) 选择结构

选择结构的数据包含两个或者两个以上元素,每次使用选择结构的数据时,根据指定条件从这些子元素中选择一个。供选择的子元素用右上角标以小圆的矩形表示,如图 5.26 所示,表示数据 A 是根据条件从 B 或者 C 中选择了一个,B 和 C 的右上方加上符号"。"表示从其中选一个。注意,父元素必须包含选择的逻辑条件 S。

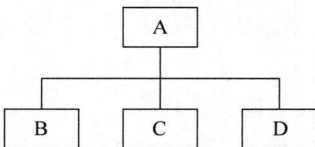

图 5.25　顺序结构

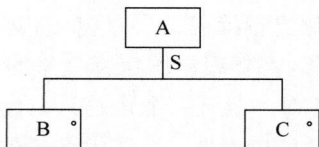

图 5.26　选择结构 1

选择是 if then else 或 case 的结构,而且必须有两个或多个元素。如果需要一个 if S then X else do nothing,那么就需要加入一个空元素,空元素用一个标有连字符的矩形表示,如图 5.27 所示。

3) 重复结构

重复结构的数据仅由一个子元素构成,按照条件由数据元素出现零次或者多次组成。图 5.28 表示数据 A 由数据 B 出现零次或多次组成,其中 1 是重复条件。数据 B 的右上方需加符号"＊"表示重复。

图 5.27　选择结构 2

图 5.28　重复结构模型

2. Jackson 图的特点

(1) 可以对结构进行自上而下的分解并且可以清晰地表示层次结构。

(2) 结构易读、形象、直观。

(3) 不仅可以表示数据结构,还可以表示程序结构。

3. Jackson 设计方法采用的步骤

以下结合例 5.7 讲述 JSP 方法的分析和设计步骤。

【例 5.7】　一个正文文件由若干条记录组成,每条记录是一个字符串,要求统计每条记录中空格的个数,以及文件中空格的总数。要求输出的格式是:每复制一行输入字符串后,另起一行输出该字符串中的空格数,最后输出文件空格的总数。

JSP 方法共包含以下 5 个顺序执行的步骤。

1) 分析确定输入和输出数据结构的逻辑结构,并用 Jackson 图画出

由题意可知,输入数据结构如图 5.29(a)所示。

输出格式为如下的形式。

$$
串信息1\begin{cases}字符串1\\字符数1\end{cases}
$$

$$
串信息2\begin{cases}字符串2\\字符数2\end{cases}
$$

$$
串信息3\begin{cases}字符串3\\字符数3\end{cases}
$$

$$
\vdots\qquad\vdots
$$

$$
串信息n\begin{cases}字符串n\\字符数n\end{cases}
$$

$$
空格总数
$$

对应的输出数据结构如图 5.29(b)所示。

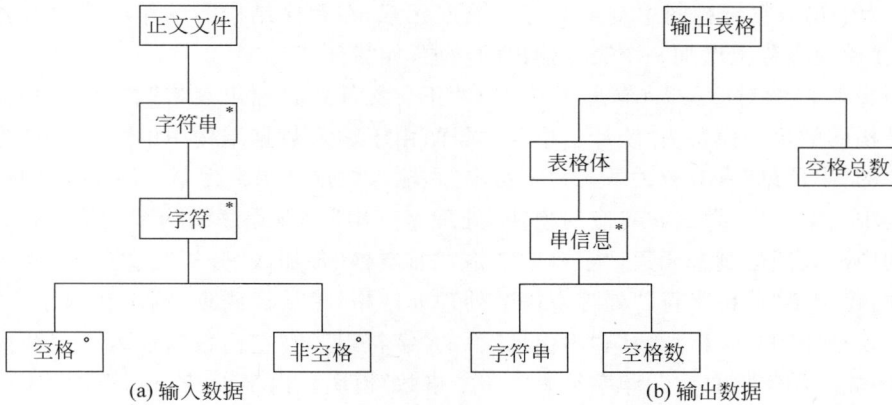

图 5.29 数据结构图

2) 找出输入数据结构与输出数据结构中有对应关系的数据元素

所谓有对应关系是指有直接的因果关系,即在程序中可以同时处理的数据元素,对于表示"重复"的数据元素,只有其重复次数和次序都相同时才有对应关系。由于输出数据总是通过对输入数据的处理得到的。因此,输入输出数据结构最高层次的两个数据元素总是有对应关系的。

显然,在图 5.29 中层次最高的数据元素"正文文件"和"输出表格"存在对应关系,输入数据结构中的"字符串"与输出数据结构中的"串信息"在重复次数和次序上都相同,所以它们之间也存在对应关系。除此之外,其余的数据元素不存在对应关系。这些对应关系如图 5.30 中的虚线箭头所示。

3) 从描述数据结构的 Jackson 图导出描述程序结构的 Jackson 图导出规则

(1) 对于有对应关系的数据元素,按照它们在数据结构图中的层次,在程序结构图的相应层次上画一个处理框。如果这对数据元素在输入数据结构图和输出数据结构图中所处的层次不同,那么程序结构图中与之对应的处理框的层次与在数据结构图中层次较低的那个对应。

(2) 为输入数据结构图中剩余的每个数据元素,在程序结构图的相应层次上画一个处

图 5.30　数据元素对应关系

理框,在模块名称上增加"分析"或"处理"或另取一个有具有实际含义的名称。

(3) 为输出数据结构图中剩余的每个数据元素,在程序结构图的相应层次上画上一个处理框,在模块名称上增加一个表示输出的动词(如"打印")。

按照步骤 2)的对应关系(参见图 5.31),"正文文件"与"输出表格"有对应关系,可以设定程序结构图的顶层模块为"统计空格"。同样,由于输入数据结构中的"字符串"与输出数据结构中的"串信息"有对应关系,而"字符串"在输入数据结构中为第二层,"串信息"在输出数据结构中为第三层,那么它对应的模块"处理字符串"应在程序结构图的第三层;对输入数据结构中未处理的剩余元素,"字符""空格""非空格"各加入"分析"或"处理"并填入程序结构图中,得到了"分析字符""处理空格""处理非空格"模块。同理,输出数据结构"输出表格"下的"表格体"和"空格总数","串信息"下的"字符串"和"空格数",加入程序结构图中就成为"程序体""印空格总数""印字符串""印空格数"模块。由于 Jackson 图中顺序元素中不包含重复元素,所以在"处理字符串"和"分析字符"之间增加了一个"分析字符串"模块,此时程序结构图如图 5.31 所示。

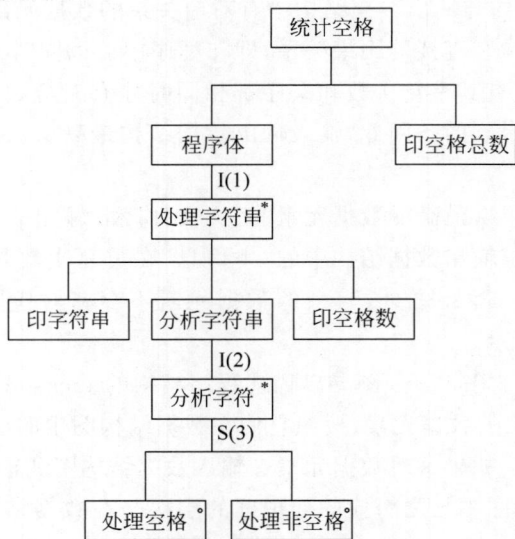

图 5.31　改变后的程序结构图

4）列出所有操作和条件，并将它们分配到程序结构图的适当位置

可先列出产生输出的基本操作。首先从输出操作开始，再回到输入操作，然后加入必需的与条件有关的操作。最后，把每个操作都分配到程序结构中。

设变量 sum 用于存放一行字符串中的空格数，totalsum 用于存放空格总数，pointer 用来指示当前分析的字符在字符串中的位置，可以列出所有操作，并对操作进行如下编号。

(1) 停止；

(2) 打开文件；

(3) 关闭文件；

(4) 打印字符串；

(5) 打印空格数；

(6) 打印空格总数；

(7) sum：=sum+1；

(8) totalsum：=totalsum+1；

(9) 读入字符串；

(10) sum：=0；

(11) totalsum：=0；

(12) pointer：=1；

(13) pointer：=pointer+1。

下面为条件列表。

I(1)：文件结束条件；

I(2)：字符串结束条件；

S(3)：字符是空格。

将操作(1)～(13)按次序与相应的模块进行关联，按从左至右决定先后顺序，得出关联后的程序结构图如图 5.32 所示。

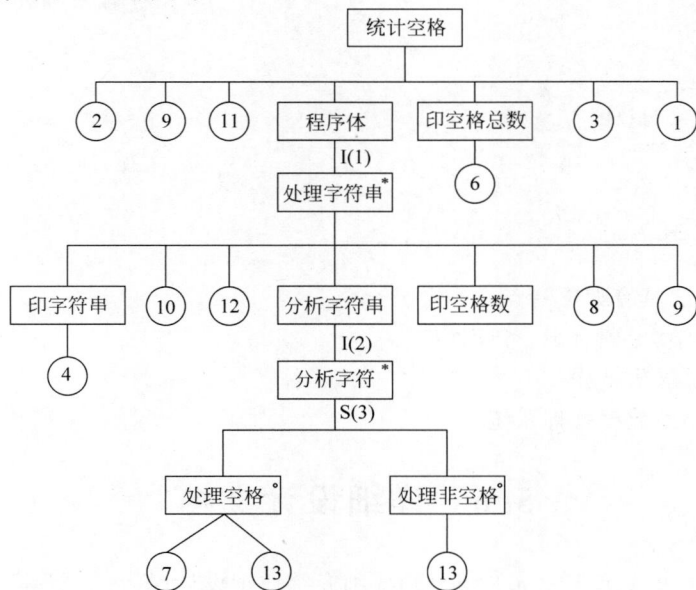

图 5.32　关联后的程序结构图

5) 用伪码表示

把带有操作的程序结构图转换成结构正文,同时加入选择及重复条件。

针对图 5.32 采用等价的伪码表示,如下所示。

```
统计空格 seq
打开文件
读入字符串
   totalsum: = 0
程序体 iter until 文件结束
处理字符串 seq
印字符串 seq
            打印字符串
印字符串 end
sum: = 0
pointer: = 1
            分析字符串 iter until 字符串结束
             分析字符 select 字符是空格
                  处理空格 seq
                       sum: = sum + 1
                       pointer = pointer + 1
               处理空格 end
               分析字符 or 字符不是空格
                 处理非空格 seq
                   pointert = pointer + 1
                 处理非空格 end
            分析字符 end
分析字符串 end
            印空格数 seq
                  打印空格数
            印空格数 end
                totalsum = totalsum + 1
               读入字符串
     处理字符串 end
程序体 end
     印空格总数 seq
            打印空格总数
     印空格总数 end
关闭文件
停止
        统计空格 end
```

综上,JSP 方法具有如下特点。

(1) 简单、易学、形象直观、可读性好。

(2) 便于表示层次结构。

(3) 适用于小型数据处理系统。

5.6　详细设计文档

本节将会在 5.6.1 节与 5.6.2 节分别详细介绍详细设计说明书以及操作手册编写的相关内容。

5.6.1 详细设计说明书

1. 详细设计说明书内容

1）引言

（1）编写目的。

详细设计说明书是软件开发过程中的重要文档,旨在明确软件系统的详细设计方案,为后续的编码和测试工作提供指导。本引言部分将简要介绍详细设计说明书的目的和作用,帮助读者快速了解本文档的核心内容。

（2）背景说明。

在介绍详细设计说明书之前,我们需要对项目背景进行简要说明。这部分将包括项目的起源、目的、目标受众以及项目的整体架构和功能需求等。通过这部分内容,读者可以了解项目的整体情况,为后续的设计工作提供参考。

（3）术语和缩写。

在详细设计说明书中,可能会涉及一些专业术语和缩写。为了确保读者能够准确理解文档内容,编写组将在引言部分对这些术语和缩写进行解释和说明。这部分内容将有助于提高文档的可读性和可理解性。

（4）参考资料。

在编写详细设计说明书的过程中,编写组参考了许多相关的技术文档、标准、规范等。这部分将列出这些参考资料,以便读者在需要时查阅。同时,列出参考资料也有助于提高详细设计说明书的说服力和可信度。

（5）设计概述。

在引言部分的最后,将简要概述详细设计说明书的主要内容。这部分将包括软件系统的整体架构、关键模块的设计思路、技术实现方案等。通过这部分内容,读者可以对详细设计说明书有一个整体的了解,为后续的阅读和理解打下基础。

2）程序系统的结构

用图表的形式列出该软件系统中的所有程序(包含每个模板及子程序)的名称、标识符号及它们之间的层次结构关系。每个程序将根据其实际情况说明以下内容中部分所需要的内容。

（1）系统整体架构。

系统架构图:提供系统架构的图形化表示,展示系统的各个模块以及它们之间的连接关系。

架构描述:详细描述系统的整体架构,包括前端、后端、数据库等各部分的功能和作用。

（2）模块功能划分。

模块列表:列出系统中的所有模块,并对每个模块进行简要描述。

模块功能描述:针对每个模块,详细描述其功能、输入、输出以及与其他模块的交互。

（3）模块间关系。

模块关系图:通过图形化的方式展示各个模块之间的调用关系、数据传递等。

关系描述:对模块之间的关系进行详细描述,包括模块之间的依赖关系、数据共享等。

（4）数据结构与算法设计。

数据结构设计:描述系统中使用的关键数据结构,包括数据结构的名称、定义、用途等。

算法设计:对系统中使用的关键算法进行详细描述,包括算法的名称、输入、输出、实现步骤等。

3)系统性能设计

性能指标:定义系统的性能指标,如响应时间、吞吐量、并发用户数等。

性能优化措施:描述为提高系统性能所采取的优化措施,如缓存策略、负载均衡等。

4)系统安全性设计

安全策略:描述系统的整体安全策略,如身份认证、权限控制等。

安全措施:详细描述为确保系统安全所采取的具体措施,如数据加密、访问控制等。

5)系统可维护性设计

可维护性策略:描述系统的可维护性设计策略,如模块化设计、日志记录等。

维护措施:详细描述为便于系统维护所采取的具体措施,如错误处理、日志分析等。

2. 详细设计的复审

软件的详细设计完成后,必须从软件的正确性及其可维护性两方面对该软件的逻辑、数据结构及界面等内容进行审查。

详细设计的复审可采用以下任一形式完成。

(1)设计者及设计组的其他成员共同进行静态检查。

(2)检查组进行相对正式的软件结构设计检查。

(3)检查组进行正式的设计检查,并对软件质量给出评价。

大量的实践证明,正式的详细设计审查工作在检测设计错误和软件测试方面同样有效,而且更容易检测出设计错误。

5.6.2 操作手册编写

在详细设计阶段讲述了系统功能如何实现的具体算法,因而能够写出初步的用户操作手册,在程序编码的阶段再对操作手册进行补充和修改。操作手册的编写内容如下。

1. 引言

1)编写的目的

操作手册的编写目的可以从两个角度出发:一是为了提高用户对平台的操作性,让用户成为产品的主导者,只有通过服务于用户才能产生价值。二是为了减少运营人员解答不必要的问题的时间。例如,所有人都问相同的问题,那么该问题就应出现在操作手册上,或者帮助模块上。

2)背景说明

(1)这份操作手册所描述的软件系统的名称。

(2)该软件项目的任务提出者、开发者、用户(或者首批用户)及安装该软件的计算中心。

(3)定义。列出本文件中用到的专门术语的定义和外文首字母组词的原词组。

(4)参考资料。列出有用的参考资料,如:①本项目的经核准的计划任务书、合同或上级机关的批文;②属于本项目的其他已发表的文件;③本文件中各处引用的文件、资料,包括所列出的这些文件资料的标题、文件编号、发表日期和出版单位,说明能够得到这些文件资料的来源。

2．软件的概述

1）软件结构

结合软件系统所具有的功能,包括输入、处理和输出,提供该软件总体的结构图表。

2）程序表

列出本系统中每个程序的标识符、编号和简称。

3）文卷表

列出将由本系统所引用、建立或更新的每个永久性文卷,并说明它们各自的标识符、编号、简称、存储媒体和存储要求。

3．安装和初始化

应提供使用本软件所需的安装和初始化过程的具体说明,包括程序的存储格式、安装和初始化期间的所有操作命令、系统对这些命令的响应、指示安装工作完成的测试示例等,它还应指示安装过程中所需的专用软件。

4．运行说明

所谓的运行是指从提供启动控制信息到计算机系统,然后等待下一个启动控制信息,计算机系统执行的整个过程。

1）运行表

列出所有可能的运行,说明每个运行的目的,指出所有运行各自所执行的程序。

2）运行步骤

逐个说明每个运行及完成整个系统运行的步骤。

3）运行控制

以最方便且最实用的形式向操作人员说明与运行相关的信息,包括运行控制、操作信息、运行目的、操作要求、启动方法、预定时间启动等。此外,还应包括预计的运行时间与解题时间,操作命令和运行有联系的其他事项。

4）输入输出文卷

占用硬件设备的优先级和保密控制等。

5）输出

提供本软件输出的有关信息、输出媒体、文字容量、分发的对象及保密要求。

6）输出的复制

提供有关的信息、复制的技术手段或者其他媒体的规格、装订的要求、分发的对象、复制份数。

5．非常规过程

提供有关的应急操作或者非常规操作的必要信息,例如出错处理操作、向后备系统的切换操作,以及其他必须向程序维护人员交代的事项与步骤。

6．远程操作

如果本软件能够通过远程的终端控制运行,则要说明操作过程。

本 章 总 结

详细设计阶段的关键任务是确定怎样具体地实现用户需要的软件系统,具体来说,为每个模块确定采用的算法,确定模块接口的细节,设计出一组测试用例,编写详细设计说明书。

结构化程序设计便是实现上述目标的基本保证,是进行详细设计的逻辑基础。

详细设计将在编程阶段起到重要的作用,因此详细设计要决定各个模块的实现算法,并精确地表达这些算法,可使用图形、语言或表格等详细设计工具描述详细设计,方便直接翻译为程序代码。

图形工具中经常使用的有流程图、盒图、PAD图等,虽有不同的设计规则,但本质上都可以正确精准地表示详细设计过程中的程序设计思想。语言工具中经常使用的有判定表和判定树,对于含有复杂条件选择的这类问题,可用判定表和判定树清晰地表示复杂的条件组合和应做的工作之间的对应关系。PDL是表格工具中常见的,一种用正文形式来描述功能部件的算法设计和处理细节的语言,称为设计性语言(伪码)。

目前,复杂大型的交互式系统占据市场主流,对于复杂大型的交互式系统来说,人机界面设计与数据代码设计等与软件真实功能设计一样重要。

人机界面设计为接口设计的一个重要的组成部分,是指通过一定的手段对人机界面进行一种有目标、有计划的创作活动。人机界面的设计质量会直接影响用户对软件产品的评价,从而影响软件产品的竞争力与寿命。因此,必须对人机界面设计给予足够的重视。在设计人机界面的过程中,必须充分重视并认真处理好系统响应时间、用户帮助设施、出错信息处理和命令交互这4个设计问题。人机界面设计是多次迭代的过程,并非一次性完成,在设计过程中,要求先创建设计模型后实现,并由用户使用和评估,根据修改意见多次进行修改直至用户满意。

数据代码设计是将自然语言转换成便于计算机处理的且无二义性的形态,以此来提高计算机的处理效率与操作性能。在一个软件系统中,如果使用的代码复杂且量大,使用人员无法准确地记忆所有代码,便可以采用代码词典来记录代码和数据之间的对应关系,必要时可以设计代码联机查询功能,从而方便用户使用与查找。有时代码需要随时进行增加、删除、修改或查询等操作,需设计相应的代码去实现对应的管理功能。

面向数据结构的设计方法是按输入、输出和计算机内部存储信息的数据结构来进行软件的结构设计,把对数据结构的讲述变换成对软件结构的讲述。在很多应用领域中,信息的结构层次清楚,输入数据、输出数据和内部存储的信息之间存在一定的结构关系。数据结构充分揭示了软件结构。本章以Jackson结构程序设计技术为例,对面向数据结构的设计方法做了初步介绍。

在详细设计结束时,编写详细设计说明书,并通过复审形成正式文档,作为下一阶段(编码阶段)的工作依据。在详细设计阶段讲述了系统功能如何实现的具体算法,因而能够写出初步的用户操作手册,并可在程序编码的阶段再对操作手册进行补充和修改。

习　　题

一、单选题

1. 下列各项叙述正确的是(　　　)。

① 详细设计也被称为概要设计,详细设计以总体设计的工作为基础。

② 详细设计需要确定每一模块内部使用的数据结构,并对数据库进行物理设计。

③ 详细设计要为每个模块确定采用的算法，并且进行编程。

④ 详细设计要为每一个模块设计出一组测试用例，并提前考虑软件测试的方案。

⑤ 在详细设计结束时，需要编写详细设计说明书，并通过复审形成正式文档。

    A. ①②⑤   B. ②③④   C. ②④⑤   D. ①③④

2. 软件设计包括总体设计和详细设计，用于详细设计的工具有（　　）。

    A. 程序流程图、方框图、PAD 图和过程设计语言

    B. 功能模块图、数据流程图、结构图和伪码

    C. 系统结构图、PAD 图、层次方框图、数据流程图

    D. 系统结构图、PAD 图、层次方框图、盒图

3. 结构化程序设计采用的思想是（　　）。

    A. 筛选法   B. 逐步求精法   C. 迭代法   D. 递归法

4. 结构化设计方法的基本要求是：在详细设计阶段为了确保逻辑清晰，所有的模块应该只使用顺序、循环和（　　）等 3 种基本控制结构。

    A. 分支   B. 循环 GOTO   C. 单入口   D. 单出口

5. 下列关于程序流程图的叙述正确的是（　　）。

    A. 可以容易地表示数据结构

    B. 流程图不仅可以明显地反映逐步求精的过程，也可以反映最后的结果

    C. 可随心所欲地控制流程线的流向，容易造成非结构化的程序结构

    D. 为克服流程图的缺陷，要求流程图由三种控制结构顺序组合、完全嵌套和交叉使用而成

6. 下列关于盒图的叙述不正确的是（　　）。

    A. 盒图也叫 N-S 图，是一种可视化图形描述工具，用盒图可以表示选择、顺序、循环这三种基本的控制结构

    B. 盒图是一种结构化的解决问题方式

    C. 盒图容易描述系统的层次结构与嵌套关系

    D. 当程序内嵌套层数增多时，不影响盒图的使用

7. 在人机界面的设计过程中，不需要考虑的问题是（　　）。

    A. 系统响应时间   B. 出错信息处理

    C. 输入输出数据   D. 用户帮助

8. 在一个软件系统中，如果使用的代码复杂且量大，使用人员无法准确地记忆所有代码，便可以采用（　　）来记录代码和数据之间的对应关系。

    A. 数据字典   B. E-R 图   C. 代码词典   D. 代码库

9. Jackson 图中一般可能包括（　　）。

① 表头   ② 表体   ③ 表名   ④ 字段名

    A. ①②③   B. ①②④   C. ②③④   D. ①②③④

10. Jackson 方法是根据（　　）来导出程序结构。

    A. 数据流图   B. IPO 图

    C. 数据间的控制结构   D. 数据结构

二、填空题

1. 在详细设计阶段,除了对模块内的算法进行设计,还应对模块内的(　　　)进行设计。

2. 在详细设计阶段,一种历史最悠久、使用最广泛的描述程序逻辑结构的工具是(　　　)。

3. 在流程图中只能使用5种基本控制结构,它们分别是(　　)、(　　)、(　　)、(　　)、(　　)。

4. 结构化程序设计方法的要点是使用(　　　)结构,自顶向下、逐步求精地构造算法或程序。

5. 目前常用的人机交互方式有(　　)、菜单技术、(　　)、(　　)、(　　)。

6. 软件的详细设计完成后,必须从软件的(　　)和(　　)两方面对该软件的逻辑、数据结构及界面等内容进行审查。

7. Jackson方法可用(　　)、(　　)、(　　)三种基本结构来表示。Jackson方法中的伪码也称(　　),与Jackson所示的(　　)图完全对应。

8. 操作手册的编写目的可以从两个角度出发:其一是为了(　　),其二是为了(　　)。

9. 系统流程图是(　　)的传统工具,用图形符号表达了系统中各种元素之间的(　　)情况。

10. 过程设计中最典型的方法是(　　　)。

三、简答题

1. 详细设计的基本任务是什么?有哪几种描述方法?

2. 结构化程序设计的基本要点是什么?

3. 根据伪码画出盒图。

```
    BEGIN
A;
B;
IF X THEN
{
  D;
  IF Y THEN E;
  F;
}ELSE
{
  H;
  DO
  I;
  Until G;
}
  END
```

4. 某工厂对部分职工重新分配工作的政策是:

年龄在20岁以下者,初中文化程度脱产学习;高中文化程度当电工。年龄在20岁到40岁之间者,中学文化程度男性当钳工,女性当车工,大学文化程度都当技术员。年龄在40岁以上者,中学文化程度当材料员,大学文化程度当技术员。请用判定表和判定树以及结构化语言描述上述问题的加工逻辑。

5. 对于图5.33所示的流程图,试分别用盒图和PAD表示。

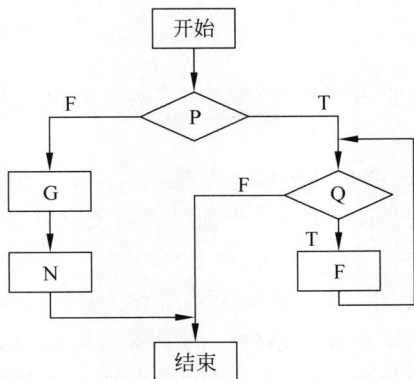

图 5.33　流程图

实 践 活 动

软件详细设计

——以实验教学管理系统设计为例

一、背景知识

实验教学管理系统是一种针对高校实验教学工作开发的管理软件系统。该系统可以实现实验教学全过程管理,包括实验预约、实验仪器管理、实验室记录管理、基础数据管理、实验项目管理、留言管理、实验报告管理等功能。系统操作简便,便于管理人员快速掌握和使用。实验教学管理系统可以帮助高校实验教学管理部门更好地管理实验室资源,提高资源使用效率,优化实验教学过程,提高管理效率,降低管理成本。系统采用完善的权限控制机制,保证实验教学数据的安全。此外,该系统还提供了一系列数据分析和统计功能,为管理者提供数据支持。通过对实验数据的分析和统计,可以发现实验教学中存在的问题和瓶颈,为实验教学管理的改进提供参考。综上,实验教学管理系统是一款基于高校实验教学管理需求而开发的软件,其功能强大,操作简便,为实验教学管理工作提供了较好的支持。根据该系统进行实践便于读者掌握软件开发的详细设计。

二、实验目的

(1)掌握需求说明书、概要设计、详细说明书的主要内容。

(2)确定怎样具体地实现所要求的系统,得出对目标的精确描述。

(3)了解详细设计的概念以及在软件开发中的位置,了解详细设计的目标、步骤及基本任务。

(4)了解 Visio 的作用,安装 Visio,按照实验指导使用 Visio 完成系统流程图、DFD 图、业务流程图的绘制,掌握 Visio 的使用方法。

(5)学会设计模块的数据结构,设计数据表和表间的关系,根据界面设计原则进行界面设计。

三、工具/准备工作

在正式进入详细设计之前,设计一个软件系统需要先进行总体设计。

1. 选择体系结构

绝大多数实际运行的系统都是几种体系结构的复合;在系统的某些部分采用一种体系结构,而在其他部分采用另外的体系结构,我们可以将复合几种基本体系结构的系统称作复合体系结构。

在实际的系统分析和设计中,首先将整个系统作为一个功能体进行分析和权衡,得到适宜的、最上层的体系结构。如果该体系结构中的元素较为复杂,可以继续进行分解,得到某一部分的、局部的体系。分析的层次应该在可以清晰地使用简单的功能和界面描述表达时结束。这样,在分析和设计的这一阶段可将焦点集中在系统的总体结构上,而不需要过多地关注具体实现所需的技术细节,如所使用的编程语言等。

系统分析方法是功能和复杂性的分解,从横向分解(分模块、子系统),纵向分解中得到系统的基本组件(分类、分层次的功能和对象)。然后根据问题领域的特性选择系统的行为模式(具体的体系结构)。

由于用户界面的主要事务逻辑完全在服务器端通过浏览器实现,客户端一般的硬件配置均能满足要求,网络也不必是专门的网络硬件环境。但应用服务器运行数据负荷较重,需要更加优化的系统结构和相应的硬件配置,因此系统采用 B/S 体系结构进行开发。系统开发的投入部署代价比较小,适合开发客户较多、使用频繁的信息系统。B/S 体系结构只需维护服务器,所有的客户端只是浏览器,不需要任何维护和管理,而且只需将服务器连接专网,即可实现远程维护、升级和共享。

为使用户能够在简单、易用、单一、统一的可视化界面下,轻松、方便地访问到各种类型的数据,本系统采用 B/S 体系结构。

2. 设计模块及软件结构

1) 从 DFD 图导出初始的模块结构图

(1) 确定 0 层数据流图具有交换特性还是事务特性(一般地说,一个系统中的所有信息流都可以认为是交换流),再确定变换中心,完成第一次分解。实验教学管理系统第一次分解的软件结构如图 5.34 所示。

图 5.34　实验教学管理系统第 0 层

(2) 第二级分解就是把数据流图中的每个处理映射成软件结构中一个适当的模块。分解后有实验仪器记录管理结构图(见图 5.35)、实验室记录管理结构图(见图 5.36)、实验项目管理结构图(见图 5.37)、实验报告管理结构图(见图 5.38)。

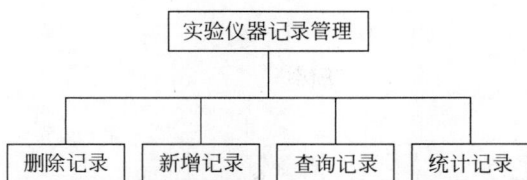

图 5.35　实验仪器记录管理结构图

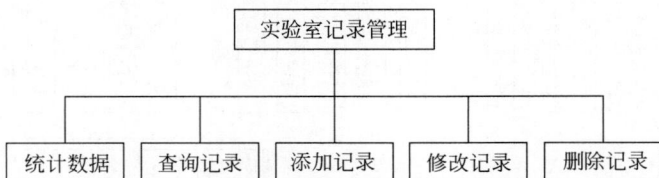

图 5.36　实验室记录管理结构图

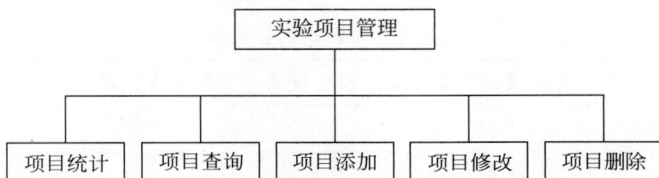

图 5.37　实验项目管理结构图

图 5.38　实验报告管理结构图

2）改进初始的模块结构图

获得初始结构图后,需要检查结构图的深度、宽度、扇入、扇出是否合适,模块是否需要合并等。

经过检查发现,人时数统计、实验室使用统计、实验开出率计算都可以依据实验仪器使用记录,实验室统计数据模块进行删除;学生的实验成绩,可以在批改后添加一个显示字段,可以将查看成绩和查看报告合并为查看成绩。改进后的软件结构图如图 5.39 所示。

3）走查结构图

按照功能需求检查所有的功能是否都有模块去实现,可以用一个功能模块对照表辅助分析,表中第 1 列是分析阶段确定的软件功能或编号,通常一个功能可能需要多个模块实现。如果模块超过 5 个,往往说明该功能太大,应该将其细分。每个功能都应该有一条自上而下的模块调用通路。如果发现某条通路走下来不能实现需要的功能,就要重新检查数据流图到软件结构图的转换是否正确。以实验报告管理为例,实验报告走查表如表 5.2 所示。

实验教学管理系统

- 实验仪器记录管理
  - 查询记录
  - 删除记录
  - 新增记录
  - 统计记录
- 实验室记录管理
  - 添加记录
  - 删除记录
  - 查询记录
  - 修改记录
- 基础数据管理
- 实验项目管理
  - 项目统计
  - 项目查询
  - 项目添加
  - 项目修改
  - 项目删除
- 留言管理
- 实验报告管理
  - 修改报告
    - 提交报告
    - 检查状态
    - 修改内容
  - 查看报告
  - 成绩统计
  - 批改报告
    - 检查内容
  - 添加报告
    - 检查内容
  - 导出报告
    - 提交报告

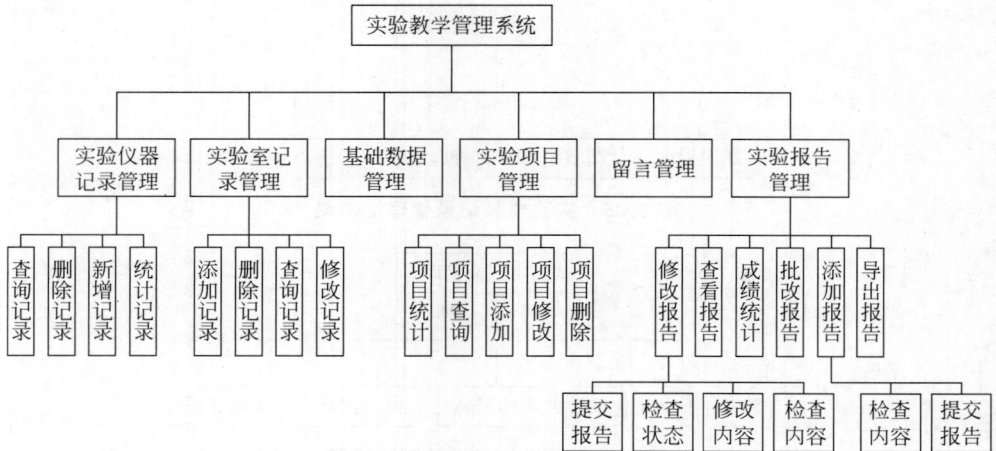

图 5.39　改进后的软件结构图

表 5.2　实验报告走查表

功能	实验报告添加	实验报告修改	实验报告查询	实验报告批改	实验报告导出	成绩统计
添加报告	√					
检查报告		√				
修改内容		√				
检查内容	√	√				
提交报告	√	√				
查看报告			√			
批改报告				√		
成绩统计						√
导出报告					√	

4) 编写模块说明

为每个模块写一份数据说明,包括模块名称、编号、主要功能、上级调用模块、下级调用模块、局部数据结构、约束等。

四、实验内容与步骤

1. 详细设计及描述

详细设计的主要任务是为每个模块确定算法,并用工具描述。

1) 实验报告管理模块

实验报告管理模块主要包括报告添加、成绩统计、报告修改、报告查询、报告批改、报告导出 6 个子模块。

(1) 实验报告添加的步骤为学生选择学期、课程名称、项目名称、实验室、填写实验报告时间、实验内容、实验结果等实验报告基本信息,然后进行必填项验证,验证通过则保存到实验报告表中,否则继续填写必填项。提交成功会看到实验报告成功提交的信息。流程如

图 5.40 所示。

（2）实验报告修改的步骤为学生选择修改,系统先检查实验报告状态。如果状态为 1,表明教师已批改完毕,不允许修改。若状态为 0,系统会读取原来实验报告的内容并显示在页面上。学生根据需要进行修改,然后进行必填项验证,验证通过则保存到实验报告表中,否则继续填写必填项。提交成功会看到实验报告成功提交的信息。实验报告修改流程如图 5.41 所示。

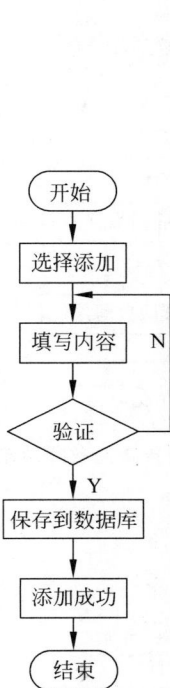

图 5.40　实验报告添加流程图　　　　图 5.41　实验报告修改流程图

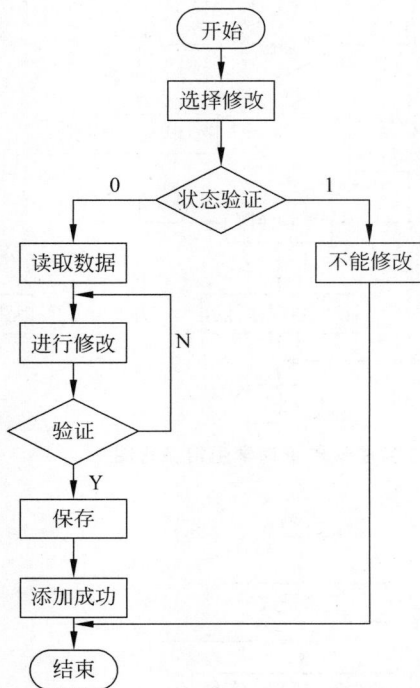

（3）实验报告查询的步骤为如果学生选择查看实验报告,系统先判断学生是否提交报告,若有,则可以按课程显示所有已经提交的实验报告列表。如果教师已经批改过,则可以看到成绩。若是教师选择查看实验报告,系统先判断学生是否提交报告,若有,则可以按课程、班级、项目查看实验报告列表。选择查看详情,系统从实验报告表中读取实验报告详细信息并显示出来。实验报告查询学生端流程如图 5.42 和教师端流程如图 5.43 所示。

（4）实验报告批改的步骤为当教师选择批改实验报告,若有学生提交实验报告,则以课程、班级、项目为查询条件,从数据库中读取实验报告列表。教师选择批改,显示实验报告详细信息,教师可以添加评语和成绩。实验报告批改流程如图 5.44 所示。

（5）实验报告导出的步骤为教师选择生成电子版,可以按课程、班级、实验项目进行导出,系统读取满足条件实验报告,生成电子版保存到指定目录。实验报告导出流程如图 5.45 所示。

（6）实验成绩统计的步骤为教师批改完成后可以按课程、班级、实验项目统计成绩,可用饼图显示及格、良好、优秀的学生人数及比例。实验成绩统计流程如图 5.46 所示。

134

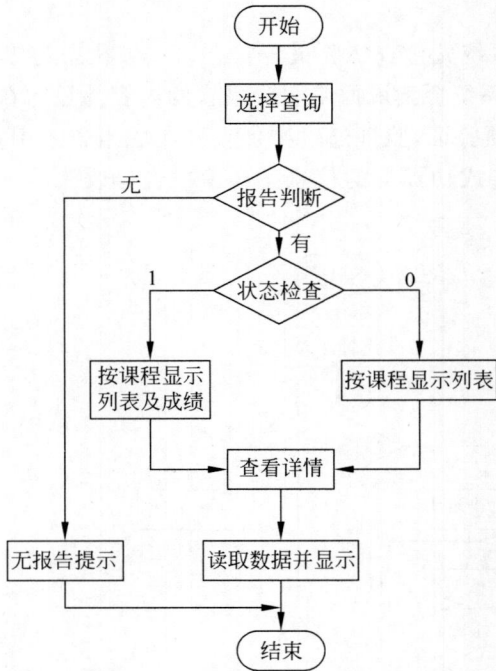

图 5.42　实验报告查询学生端流程图

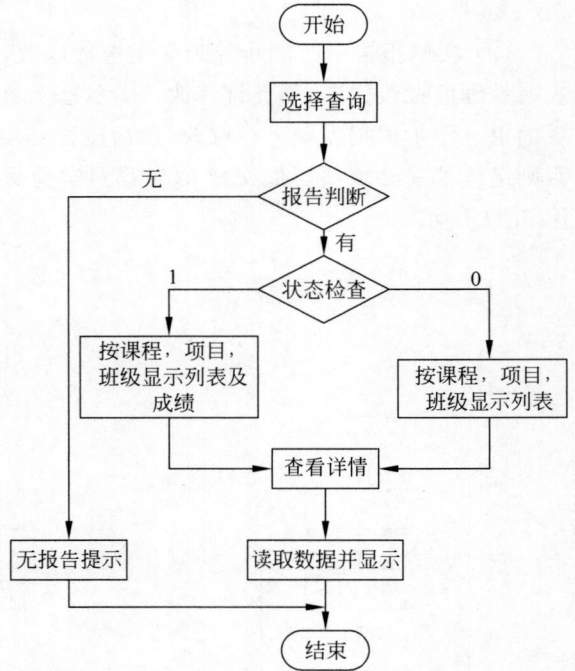

图 5.43　实验报告查询教师端流程图

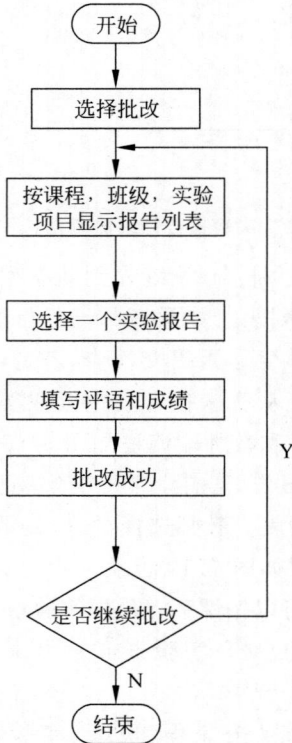

图 5.44　实验报告批改的流程图

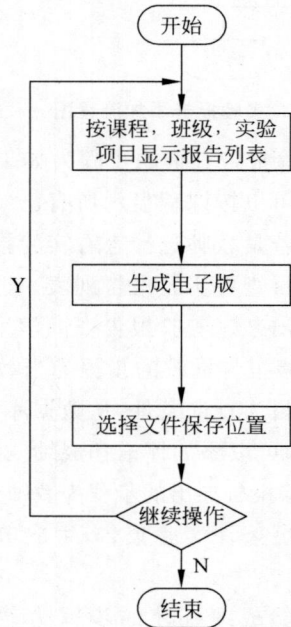

图 5.45　实验报告导出流程图

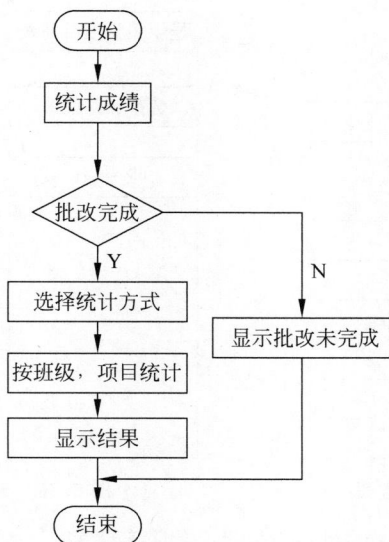

图 5.46　实验成绩统计流程图

2）实验项目管理模块

（1）添加实验项目：教师填写实验项目名称、类型、学时、目标、内容等信息，进行必填项验证。验证通过则保存到实验项目表中，否则继续填写必填项，验证合格后保存到实验项目表中，成功后会看到实验项目成功提交的信息。添加实验项目盒图如图 5.47 所示。

（2）查看实验项目：教师选择查看实验项目，如果有实验项目，则可以查看自己课程的实验项目列表，选择一个可以查看实验项目详细信息，查看实验项目流程如图 5.48 所示。

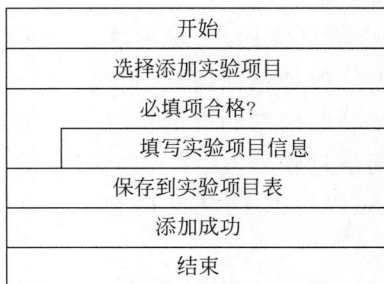

图 5.47　添加实验项目盒图

图 5.48　查看实验项目流程

（3）修改实验项目：教师查看项目列表，选择需要修改的项目，读取原来的内容，进行修改，验证合格后将项目保存到实验项目表中，修改实验项目盒图如图 5.49 所示。

（4）删除实验项目：教师选中实验项目，可以删除一个或多个项目，删除实验项目 PAD 图如图 5.50 所示。

开始
选择实验项目
选择修改
显示实验项目原始信息
必填项合格?
填写实验项目信息
保存到实验项目表
修改成功
结束

图 5.49　修改实验项目盒图

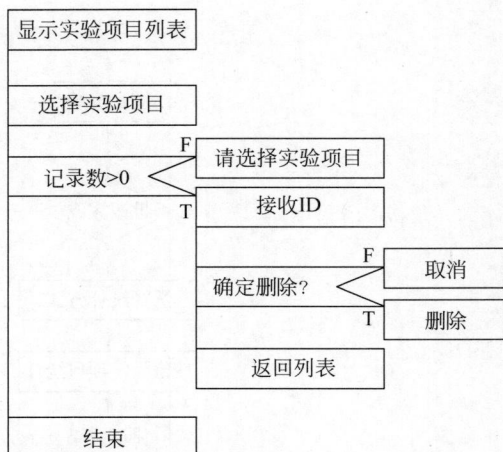

图 5.50　删除实验项目 PAD 图

（5）统计实验项目：管理员可以按学期、专业统计实验类型、实验数量、类型比率等统计一门课程的项目数，统计实验项目 PAD 图如图 5.51 所示。

2. 界面设计

由于本书目前不涉及对界面的详细设计步骤，但是软件的详细开发过程中有这一环，该实践对此不做详细的步骤描述。

具体的界面设计包括登录界面需设计教师、学生界面；管理员登录界面以及登录进去后的界面设计。

登录后，学生界面依据功能应该有菜单导航，导航内涉及签到、个人信息管理、仪器使用记录、师生交流、实验报告管理、注册管理等标签；右边是主窗口，包括信息提醒和图片展示。主窗口是填写实验报告信息的窗口。教师界面与学生界面的区别是菜单导航信息和

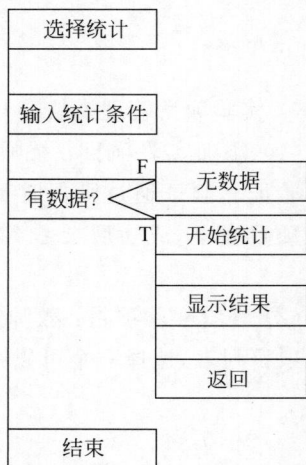

图 5.51　统计实验项目 PAD 图

提醒信息，导航标签包括签到、个人信息管理、实验项目管理、课程表管理、师生交流、出勤信息、实验报告管理、成绩统计、注销等信息导航。教师选择课程、班级、项目等条件进行查询。管理员界面布局和学生一样，区别是菜单导航信息和提醒信息。菜单导航包括院系系统管理、专业信息管理、班级信息管理、学期信息管理、教师信息管理、学生信息管理、管理员管理、实验室管理、注销等标签，管理员可以根据上/下学期和实验室等条件统计实验室使用情况。

3. 数据库设计

根据分析建立的数据库表如下。

1）管理员表

管理员表包括字段、长度、是否为空、字段名称、主键及外键。字段是管理员 ID、管理员账号、管理员密码、管理员姓名、管理员联系电话，如表 5.3 所示。

表 5.3　管理员表

名　　　称	字　　段	长　　度	null/not	PK	FK
管理员 ID	adminId	11	Y	PK	
管理员账号	adminNum	20	Y		
管理员密码	adminPass	20	Y		
管理员姓名	adminName	20	Y		
管理员联系电话	adminTel	20	Y		

2）院系表

院系表的字段是院系 ID、院系编号、院系名称、院系联系电话、院系地址等,如表 5.4 所示。

表 5.4　院系表

名　　　称	字　　段	长　　度	null/not	PK	FK
院系 ID	departmentId	11	Y	PK	
院系编号	departmentNum	4	Y		
院系名称	departmentName	20	Y		
院系联系电话	departmentTel	20	Y		
院系地址	departmentSite	20	Y		

3）专业表

专业表的字段是专业 ID、专业编号、专业名称、所属院系,如表 5.5 所示。

表 5.5　专业表

名　　　称	字　　段	长　　度	null/not	PK	FK
专业 ID	majorId	11	Y	PK	
专业编号	majorNum	4	Y		
专业名称	majorName	20	Y		
所属院系	departmentId	11	Y		FK

4）班级表

班级表的字段是班级 ID、班级编号、班级名称、班级人数、所属专业,如表 5.6 所示。

表 5.6　班级表

名　　　称	字　　段	长　　度	null/not	PK	FK
班级 ID	classlistId	11	Y	PK	
班级编号	classlistNum	8	Y		
班级名称	classlistName	20	Y		
班级人数	studentCount	11	Y		
所属专业	majorId	11	Y		FK

5）学生表

学生表的字段是学生 ID、学生学号、学生姓名、学生性别、学生密码、所属班级,如表 5.7 所示。

表 5.7　学生表

名　　称	字　　段	长　　度	null/not	PK	FK
学生 ID	studentId	11	Y	PK	
学生学号	studentNum	10	Y		
学生姓名	studentName	20	Y		
学生性别	studentSex	4	Y		
学生密码	studentPsaaword	20	Y		
所属班级	classlistId	11	Y		FK

6) 教师表

教师表的字段是教师 ID、教师工号、教师姓名、教师性别、教师密码、教师职称、教师电话、所属院系,如表 5.8 所示。

表 5.8　教师表

名　　称	字　　段	长　　度	null/not	PK	FK
教师 ID	teacherId	11	Y	PK	
教师工号	teacherNum	8	Y		
教师姓名	teacherName	20	Y		
教师性别	teacherSex	4	Y		
教师密码	teacherPassword	50	Y		
教师职称	teacherRank	20	Y		
教师电话	teacherTel	20	Y		
所属院系	departmentId	11	Y		FK

7) 实验室表

实验室表的字段是实验室 ID、实验室编号、实验室名称、实验室位置、实验室机器数量、实验室联系方式、开放状态,如表 5.9 所示。

表 5.9　实验室表

名　　称	字　　段	长　　度	null/not	PK	FK
实验室 ID	laboratoryId	11	Y	PK	
实验室编号	laboratoryNum	10	Y		
实验室名称	laboratoryName	20	Y		
实验室位置	laboratorySite	20	Y		
实验室机器数量	machineCount	11	Y		
实验室联系方式	laboratoryPhone	20	Y		
开放状态	isOpen	4	Y		

8) 课程表

课程表的字段是课程 ID、课程编号、课程名称、课程类型、课程学分、开设专业、开设学期,如表 5.10 所示。

表 5.10　课程表

名　　称	字　　段	长　　度	null/not	PK	FK
课程 ID	courseId	11	Y	PK	
课程编号	courseNum	10	Y		

名　　称	字　　段	长　　度	null/not	PK	FK
课程名称	courseName	20	Y		
课程类型	courseType	20	Y		
课程学分	courseCredit	11	Y		
开设专业	majorId	11	Y		FK
开设学期	termId	11	Y		FK

9）项目表

项目表的字段是项目 ID、项目名称、项目类型、项目目的、项目环境、项目状态、开设课程、教师 ID、开设学期，如表 5.11 所示。

表 5.11　项目表

名　　称	字　　段	长　　度	null/not	PK	FK
项目 ID	projectId	11	Y	PK	
项目名称	projectName	20	Y		
项目类型	projectType	20	Y		
项目目的	projectTarget	255	Y		
项目环境	projectEnvironment	255	Y		
项目状态	projectStatue	11	Y		
开设课程	courseId	11	Y		FK
教师 ID	teacherId	int			
开设学期	termId	11	Y		FK

10）学期表

学期表的字段是学期 ID、学期名称、学期状态，如表 5.12 所示。

表 5.12　学期表

名　　称	字　　段	长　　度	null/not	PK	FK
学期 ID	termId	11	Y	PK	
学期名称	termName	50	Y		
学期状态	termStatus	11	Y		

11）仪器使用记录表

仪器使用记录表的字段是仪器使用记录 ID、仪器使用记录日期、工作内容、运行启动时间、运行终止时间、使用附件、设备编号、机器 IP、实际使用时数、使用人、教师签名、备注、实验室、学期，如表 5.13 所示。

表 5.13　仪器使用记录表

名　　称	字　　段	长　　度	null/not	PK	FK
仪器使用记录 ID	irId	11	Y	PK	
仪器使用记录日期	irDate	20	Y		
工作内容	projectId	11	Y		FK
运行启动时间	isStart	15	Y		
运行终止时间	irEnd	15	Y		
使用附件	irAccessory	20	Y		

续表

名　　称	字　　段	长　　度	null/not	PK	FK
设备编号	irNum	10	Y		
机器 IP	ipAddress	20	Y		
实际使用时数	irHour	float	Y		
使用人	studentId	11	Y		FK
教师签名	teacherId	11	Y		FK
备注	classlistId	11	Y		FK
实验室	laboratoryId	11	Y		FK
学期	termId	11	Y		FK

12) 实验室使用记录表

实验室使用记录表的字段是实验室使用记录 ID、实验室使用记录日期、工作内容、实验时间、实验人数、仪器使用情况、设备编号、机器 IP、教师签名、实验班级、实验室、学期,如表 5.14 所示。

表 5.14　实验室使用记录表

名　　称	字　　段	长　　度	null/not	PK	FK
实验室使用记录 ID	IrId	11	Y	PK	
实验室使用记录日期	IrDate	20	Y		
工作内容	projectId	11	Y		FK
实验时间	IrTime	20	Y		
实验人数	IrNum	11	Y		
仪器使用情况	IrCondition	15	Y		
设备编号	IrmNum	11	Y		
机器 IP	ipAddress	20	Y		
教师签名	teacherId	11	Y		FK
实验班级	classlistId	11	Y		FK
实验室	laboratoryId	11	Y		FK
学期	termId	11	Y		FK

13) 实验报告表

实验报告表的字段是实验报告 ID、学期、课程、项目、班级、学生、实验室、填写实验报告时间、实验内容、实验结果、教师评论、实验报告成绩、教师 ID、批阅时间、实验报告状态,如表 5.15 所示。

表 5.15　实验报告表

名　　称	字　　段	长　　度	null/not	PK	FK
实验报告 ID	experimentId	11	Y	PK	
学期	termId	11	Y		FK
课程	courseId	11	Y		FK
项目	projectId	11	Y		FK
班级	classlistId	11	Y		FK
学生	studentId	11	Y		FK
实验室	laboratoryId	11	Y		FK

名　　称	字　　段	长　　度	null/not	PK	FK
填写实验报告时间	experimentTime	30	Y		
实验内容	experimentContent	text	null/not		
实验结果	experimentResult	text	null/not		
教师评论	experimentComment	text	null/not		
实验报告成绩	experimentGrade	float	Y		
教师 ID	teacherId	int			
批阅时间	readTime	20	null/not		
实验报告状态	experimentStatue	11	Y		

14）课表

课表的字段是课表 ID、学期、班级、实验室、课程、教师、周、上课时间、单双周，如表 5.16 所示。

表 5.16　课表

名　　称	字　　段	长　　度	null/not	PK	FK
课表 ID	syllabusId	11	Y	PK	
学期	termId	11	Y		FK
班级	classlistId	11	Y		FK
实验室	laboratoryId	11	Y		FK
课程	courseId	11	Y		FK
教师	teacherId	11	Y		FK
周	week	15	Y		
上课时间	time	15	Y		
单双周	singleOrDouble	15	Y		

15）留言表

留言表的字段是师生交流 ID、交流标题、交流内容、交流状态、教师回复、学生、教师，如表 5.17 所示。

表 5.17　留言表

名　　称	字　　段	长　　度	null/not	PK	FK
师生交流 ID	noteId	11	Y	PK	
交流标题	noteTitle	20	Y		
交流内容	noteContent	200	Y		
交流状态	noteStatue	11	Y		
教师回复	notePeply	200	Y		
学生	studentId	11	Y		FK
教师	teacherId	11	Y		FK

五、实验思考与总结

请大家根据上述实验步骤，独立完成下列题目，并完成实验报告。

校园网系统通常被设计为满足学校或大学校园网络需求的综合性解决方案。它提供了一系列功能来支持网络连接、安全性、资源共享和管理等方面的需求。

1. 网络连接与接入：校园网系统应该提供可靠的网络连接和接入服务，支持有线和无线网络，包括 Wi-Fi、以太网等。它应该能够管理网络设备，确保网络的稳定性和可用性。

2. 用户认证与访问控制：校园网系统应该提供用户认证、授权和访问控制功能，以确保只有合法的用户才可以接入网络资源。这可以通过对用户名和密码、学生卡、IP 地址的控制等方式来实现。

3. 安全性保障：校园网系统应该提供安全性保障机制，包括防火墙、入侵检测系统、虚拟专用网络等。这有助于防止未经授权的访问和网络攻击，保护学校的网络安全。

4. 网络资源共享：校园网系统应该提供资源共享的功能，允许学生和教职员工共享文件（如各个院系的相关学习资料和校园实时咨询等）、打印机和其他网络设备。这可以通过文件共享服务器、打印服务器等来实现。

请根据功能要求对校园网系统进行详细设计，严格按照上述实例的步骤进行。

管理维护篇

第6章

软件编码与测试

软件编码是对软件设计的进一步具体化,其任务是将设计表示变换成用程序设计语言编写的程序。因此,程序语言的选择、编程风格及程序的效率和性能等问题显得尤为重要。软件测试是软件质量保证的重要手段,要成功开发出高质量的软件产品,必须认真计划并彻底地进行软件测试。在软件生命周期中,测试一般分为单元测试和综合测试两个阶段。一般来说,单元测试是对每个模块的测试,单元测试和编码属于同一个阶段;综合测试是在单元测试结束后进行的模块集成测试和最终的确认测试。本章主要介绍编程语言的选择及不同的测试方法。

本章思维导图

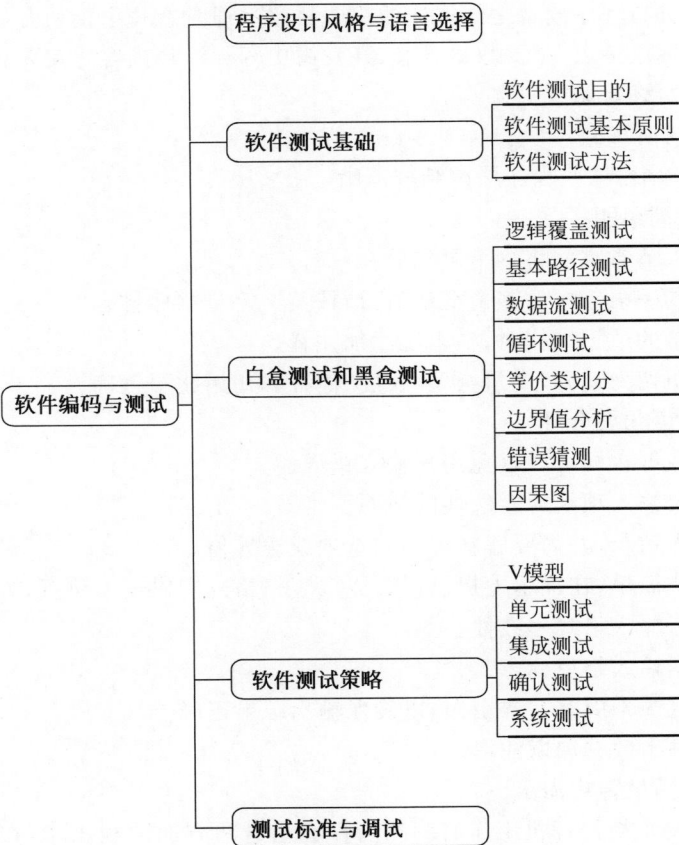

```
                        ┌ 程序设计风格与语言选择
                        │
                        │                      ┌ 软件测试目的
                        ├ 软件测试基础 ───────┤ 软件测试基本原则
                        │                      └ 软件测试方法
                        │
                        │                      ┌ 逻辑覆盖测试
                        │                      │ 基本路径测试
                        │                      │ 数据流测试
                        │                      │ 循环测试
  软件编码与测试 ───────┼ 白盒测试和黑盒测试 ─┤ 等价类划分
                        │                      │ 边界值分析
                        │                      │ 错误猜测
                        │                      └ 因果图
                        │
                        │                      ┌ V模型
                        │                      │ 单元测试
                        ├ 软件测试策略 ───────┤ 集成测试
                        │                      │ 确认测试
                        │                      └ 系统测试
                        │
                        └ 测试标准与调试
```

6.1 程序设计风格与语言选择

程序设计风格就是编码风格(Coding Style),如同作家、小说家于创作中喜欢和习惯使用的作品表达方式。

20世纪70年代以来,程序设计目标从强调运算速度、节省运行内存等转变为强调程序可读性和可维护性。同时,程序设计风格也从追求技巧变为提倡简明。良好的编码风格可以帮助程序员写出高质量程序。在多个程序员合作参与某个项目时,一致的设计风格有利于相互通信,避免因不协调而带来问题。

下面来介绍本书编码风格。

1. 结构化程序设计

结构化程序设计(SP)强调模块使用自上而下、逐步求精的方法,只使用顺序、选择和循环这几种基本控制结构构造程序。结构化程序设计用顺序、选择、循环三种结构有限次组合或嵌套,设计出具有单个入口、单个出口的结构化程序。结构化程序设计禁止使用GOTO语言。

2. 程序内部文档书写规则

(1) 选用含义鲜明的标识符。

(2) 适当注释。

注释是程序员与程序读者之间沟通的重要桥梁。通常在每个模块开始处采用注释简述模块功能、算法、接口特点、重要数据含义、开发简史等。注释内容一定要正确,程序变动时,注释内容与程序始终要保持一致。

(3) 程序布局阶梯式。

适当利用阶梯形式,使程序层次结构清晰。

3. 语言构造简单明了

(1) 不要为了节省空间将多个语句放在一行。

(2) 在解释同一语句中的多个变量时,请按英文字母顺序排列。

(3) 使用复杂的数据结构时,在末尾添加注释。

(4) 变量说明切勿遗漏,变量类型、长度、储存和初始化要正确。

4. 输入输出语句要合理

(1) 对输入数据校验可以避免用户输入错误。

(2) 检查重要输入项组合合法性的声明。

(3) 提示输入请求,并简要解释可用的选项或边界值。

(4) 输入格式简单,在提示中提供说明或以表格格式提供输入位置,方便用户使用。

(5) 尽量保持输入格式一致性。

(6) 使用数据输入结束标志。

(7) 输出信息中不应有文本错误,以确保输出结果正确。

(8) 给所有输出数据加以注释。

5. 程序效率满足客户需求

程序效率主要是指处理机工作时间和内存容量这两方面的利用率,在符合前面规则的前提下,提高效率是必要的。

考虑到当前计算机硬件设备的计算速度和内存容量的显著提高,提高效率并不是主要关注的问题。程序设计的正确性、可理解性、可测试性和可维护性是主要考虑因素。

6.2 软件测试基础

表面上,软件测试目的与软件工程其他阶段的目的相反。软件工程其他阶段都是"建设性",即软件工程师力图从抽象概念出发,逐步设计出特定且具体的软件系统,直到使用适当的编程语言编写出可执行程序代码。但在软件测试阶段,测试人员需设计出一系列测试方案,去"破坏"其他阶段已经建造好的软件系统,竭力证明程序中存在错误,使系统无法按照预定要求正确工作。实际并非如此,暴露问题并不是软件测试的最终目的,发现问题是为了解决问题,测试阶段的根本目标是尽可能多地发现并排除软件中的潜藏错误,最终把一个高质量的软件系统提交给用户使用。

6.2.1 软件测试目的

什么是测试?它的目标是什么?G. Myers 给出了关于测试的一些规则,这些规则也可以看作是测试的目标或定义。

(1) 测试是为了发现程序中错误执行的过程。

(2) 好的测试方案是尽可能发现迄今为止还未被发现的错误的测试方案。

(3) 成功的测试是发现了至今为止尚未发现错误的测试。

从上述规则可以看出,测试的正确定义是"为了发现程序中错误执行的过程"。这和一些人通常想象的"测试是为了表明程序是正确的","成功的测试是没有发现错误的测试"等是完全相反的。正确认识测试目标是十分重要的,测试目标决定了测试方案的设计。如果为了表明程序是正确的而进行测试,就会设计出一些不易暴露错误的测试方案。相反,如果测试是为了发现程序中的错误,就会力求设计出最能暴露错误的测试方案。基于这个目标,从心理学角度来说,不适合由程序编写者自己进行软件测试。因此,在综合测试阶段通常由其他人员组成测试小组来完成测试工作。除此以外,还应该认识到测试并不能证明程序是正确的。即使经过了最严格的测试后,仍然可能存在尚未发现的错误潜藏在程序中。测试只能查找出程序中的错误,不能证明程序中没有错误。

6.2.2 软件测试基本原则

怎样才能达到软件的测试目标呢?为了设计一个有效的测试方案,软件工程师必须深入理解并正确应用指导软件测试的基本原则。以下是主要的测试原则。

(1) 所有测试都应可追溯到用户需求。如前所述,软件测试的目标是发现错误,从用户的角度来看,最严重的错误是那些导致程序无法满足用户需求的错误。

(2) 应该在测试开始之前就制定测试计划。实际上,一旦需求模型完成,就可以着手制定测试计划,在建立了设计模型之后就可以立即开始设计详细测试方案。因此,所有的测试工作都可以在编码之前进行规划和设计。

(3) 把 Pareto 原理应用到软件测试中。Pareto 原理说明,测试发现的错误中的 80% 很可能是由程序中 20%的模块造成的。当然,问题是怎样找出这些可疑模块并对其进行彻底测试。

(4) 应该从"小规模"的测试开始,逐步进行"大规模"测试。通常,首先重点测试单个程序模块,然后把测试重点转向在集成模块簇中寻找错误,最后在整个系统中寻找错误。

(5) 穷举测试是不可能的。所谓穷举测试就是把程序中所有可能执行的路径都检查一遍。即使是中等规模程序,其执行路径排列数也十分庞大,由于受时间、人力以及其他资源的限制,在测试过程中不可能执行每个可能的路径。因此,在测试过程中只能证明程序中存在错误,不能证明程序中没有错误。但是,精心地设计测试方案,就有可能充分覆盖程序的逻辑并使程序达到所要求的可靠性。

(6) 为了达到最佳测试效果,应该由独立的第三方从事测试工作。所谓"最佳效果"是指有最大可能性发现错误的测试。由于前面已经讲过的原因,开发软件的软件工程师并不是完成全部测试工作的最佳人选(通常他们主要承担模块测试工作)。

6.2.3 软件测试方法

1. 静态分析

静态分析不执行被测试软件,而只是检查和审阅,通过对需求分析说明书、软件设计说明书做结构检查、流程图分析、编码分析等来找出软件错误,这是十分有效的控制软件质量的方法。主要采取的方案是代码走查,技术评审,代码审查。

2. 动态测试

动态测试是通常意义上的测试,也就是运行和使用软件,通过分析程序并执行程序来查错。动态测试主要通过构造测试实例、执行程序、分析程序的输出结果这三种方法来对软件进行测试。

为了进行软件测试,需要预先准备好两种数据:输入数据和预期输出结果。以发现错误为目标的用于软件测试的输入数据及与之对应的预期输出结果称为测试用例。如何设计测试用例是动态测试的关键,一个设计良好的测试用例应具有较高发现错误的概率。如果想要以某种方法查出程序中所有错误,就要把所有可能输入情况都作为测试情况来进行,这就是所谓穷尽测试(Exhaustive Testing)。然而,由于测试次数过多,穷尽测试往往无法完成。例如,要测试"输入三个数据能否组成三角形?",用户在键盘上可以输入三个各种各样的数据,每一个组任意组合三个数据都是可能的输入,如 1、2、3,3、4、5,1、1、1,12、13、14 等,要用穷尽测试进行检查是绝对做不到的。由于不可能做到穷尽测试,因此必须设法用有限次测试获得最大收益,用尽可能少的测试次数尽量多地找出程序中潜在的各个错误。

3. 测试用例

1) 静态测试

(1) 代码检查:代码会审、代码走查、桌面检查;

(2) 静态结构分析;

(3) 代码质量度量。

2) 动态测试

(1) 黑盒测试:又称功能测试,这种方法把被测软件看成黑盒,在不考虑软件内部结构和特性的情况下测试软件的外部特性;

（2）白盒测试：又称结构测试，这种方法把被测软件看成白盒，根据程序的内部结构和逻辑设计来设计测试用例，对程序的路径和过程进行测试。

6.3　白盒测试和黑盒测试

设计测试用例时，尽量以最少的测试用例来找出更多的潜在错误。设计测试用例方法可分为黑盒法与白盒法。

1）黑盒法

又称为功能测试，其测试用例完全根据程序功能来设计。在这种测试方法中，测试者完全不考虑程序内部结构和内部特性，把软件看成一个黑盒，测试时仅仅关心如何找到程序不按要求运行的情况，因而测试是在程序接口上进行的。

2）白盒法

又称结构测试，其测试用例根据程序内部逻辑结构和执行路径来设计。用这种方法测试时，从检查程序逻辑入手。

6.3.1　逻辑覆盖测试

白盒法根据程序逻辑结构进行测试，逻辑覆盖法（Logic Coverage Testing）是一系列测试过程的总称，这些测试是逐渐、越来越完整地进行通路测试。想要穷尽路径测试往往是做不到的。从覆盖程序详细程度考虑，逻辑覆盖有以下几种。

（1）语句覆盖：选择足够多的测试数据，使被测程序的每条语句至少执行一次。

（2）判定覆盖（又叫分支覆盖）：不仅每条语句都必须至少执行一次，而且每个判定的所有可能结果都至少执行一次，即判定的每个分支都至少执行一次。

（3）条件覆盖：不但每条语句都至少执行一次，且使每个判定表达式中的每个条件都取各种可能的结果，即条件覆盖可测试比较复杂的路径。

（4）判定/条件覆盖：要求选取足够多的测试数据，使每个判定表达式取各种可能的结果，并使每个判定表达中的每个条件取各种可能值。

（5）条件组合覆盖：要求选择更多的测试数据，以便判断表达式中每个可能的条件组合至少出现一次，以实现更强的逻辑覆盖标准。

（6）点覆盖：通过将程序流程图中的每个符号视为一个点，并将连接不同处理符号的箭头更改为连接不同点的有向弧，将得到的有向图称为程序图。点覆盖测试需要选择足够多的数据，以便在程序执行期间至少通过程序图中的每个点一次。

（7）边缘覆盖：边缘覆盖需要选择足够多的测试数据，以确保程序执行路径至少通过程序图的每个边缘一次。

（8）基本路径覆盖：基本路径覆盖要求选择足够多的测试数据，以确保程序的每个可能路径至少执行一次。

6.3.2　基本路径测试

基本路径测试是 TOM McCabe 提出的一种白盒测试技术。当使用这种技术来设计测试用例时，第一步是计算程序的循环复杂度，并将这种复杂度作为定义基本执行路径集的指南。从这个基本集合导出测试用例可以确保程序中的每个语句至少执行一次,并且每个条件在执行时将取两个不同的值,即 true(真值)和 false(假值)。

【例 6.1】 图 6.1 所示是某程序流程图,以此流程图完成基本路径测试。

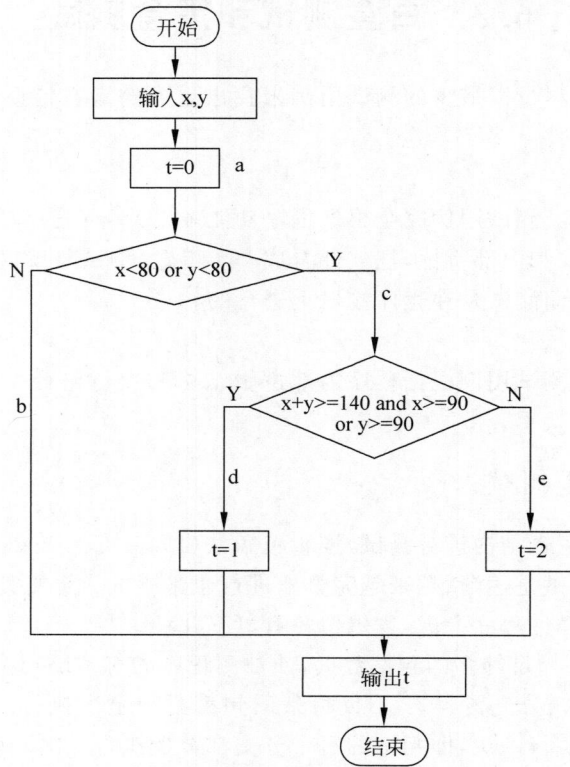

图 6.1　程序流程图

解析:(1)根据程序流程图转换为控制流图。首先在流程图中标记结点,然后根据结点将其转换为控制流图,如图 6.2 和图 6.3 所示。

(2)计算程序模块的环路复杂度。

可以用下述三种方法中的任意一种计算环路复杂度。

① 流图中的区域数等于环路复杂度。

② 流图 G 的环路复杂度 $V(G)=E-N+2$,其中,E 是流图中边的条数,N 是结点数。

③ 流图 G 的环路复杂度 $V(G)=P+1$,其中,P 是流图中判定结点的数目。

由上述方法可计算出此程序模块的环路复杂度等于 6。

(3)确定线性无关的基本路径集。

根据其循环复杂性,可以确定该程序模块的基本路径集中有 6 条独立的路径,这是确保每个执行语句至少执行一次所需的测试用例的数量。独立路径是指包含一组先前未处理的语句或条件的路径,其中每个独立路径与其他独立路径线性独立。如图 6.3 所示独立路径有如下 6 条。

路径 1:1-2-3-9

路径 2:1-2-4-8-9

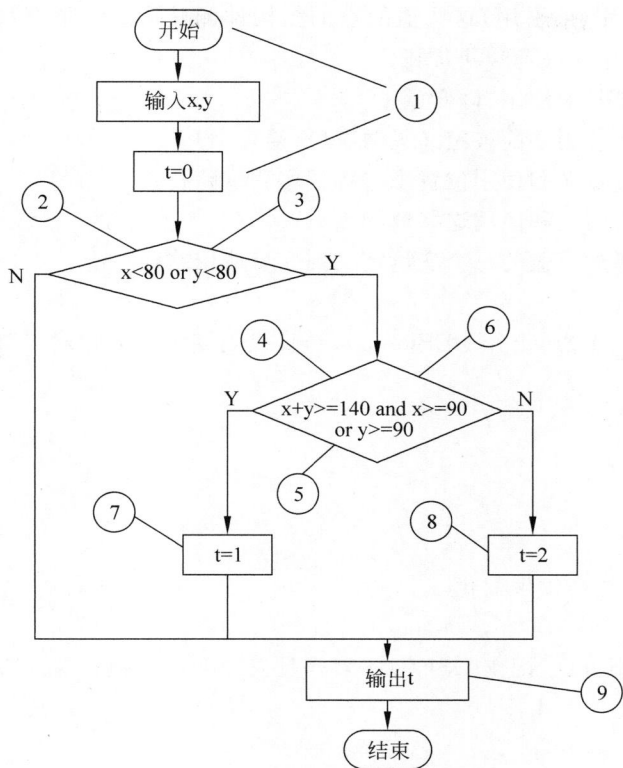

图 6.2　流程图中结点标识

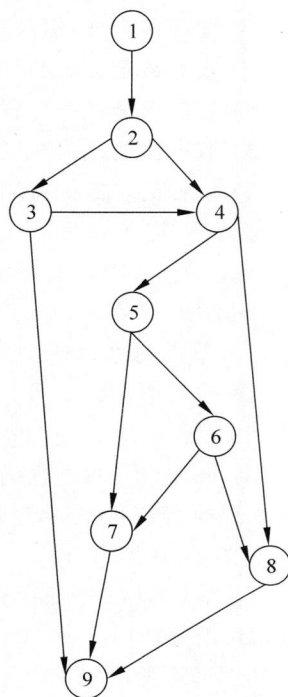

图 6.3　控制流图

路径 3：1-2-3-4-8-9

路径 4：1-2-4-5-7-9

路径 5：1-2-4-5-6-7-9

路径 6：1-2-4-5-6-8-9

从控制流图中可以看出，一条独立路径至少包含一条在其他独立路径中从未包含过的边。

（4）生成测试用例以确保基本路径集中每个路径的执行。如表 6.1 的测试用例所示，其中路径 4 无法到达。

表 6.1　测试用例

输　　入	输　　出	覆　盖　路　径
90,90	0	路径 1
50,80	2	路径 2
80,50	2	路径 3
40,90	1	路径 5
50,50	2	路径 6

需要注意的是，每个独立路径的测试用例都不是唯一的，对于更复杂的程序，每个独立通路的选择也不是唯一的。

6.3.3　数据流测试

从数据流视角来看，程序是一个程序元素对数据访问的过程，数据流测试主要用于优化代码,是指关注变量接收值的点和使用(或引用)这些值的点的结构性测试形式。早期数据流分析常常集中于定义/引用异常缺陷。它有以下原则。

(1) 变量被定义,但从来没有使用(未使用)该变量。

(2) 没有被定义(未定义)变量在使用之前被定义了两次(重复定义)。

(3) 数据流测试按照程序中变量定义和使用位置来选择程序测试路径。

(4) 数据流测试关注变量接收值的点和使用这些值的点。

(5) 一种简单数据流测试策略要求覆盖的每个变量定义到变量使用路径一次。

定义 1:定义节点。

节点 $n \in G(P)$ 是变量 $v \in V$ 定义节点,记作 $DEF(v,n)$,当且仅当变量 v 值在对应节点 n 语句片断处定义。

定义节点的语句有:

(1) 输入语句;

(2) 赋值语句;

(3) 循环语句和过程调用。

如果执行这些语句,变量的值往往会发生变化。

定义 2:使用节点。

节点 $n \in G(P)$ 是变量 $v \in V$ 使用节点,记作 $USE(v,n)$,当且仅当变量 v 值在对应节点 n 语句片断处使用。

使用节点的语句有:

(1) 输出语句;

(2) 赋值语句;

(3) 条件语句;

(4) 循环控制语句;

(5) 过程调用。

定义 3:谓词使用、计算使用。

使用节点 $USE(v,n)$ 是一个谓词使用(记作 P-use),当且仅当语句 n 是谓词语句;否则,$USE(v,n)$ 是计算使用(记作 C-use)。

值得注意的是:

(1) 对应于谓词使用节点,其外度≥2。

(2) 对应于计算使用节点,其外度≤1。

定义 4:定义-引用对。

如果某个变量 $v \in V$ 在语句 n 中被定义 $DEF(v,n)$,在语句 m 中被引用 $USE(v,m)$,那么就称语句 n 和 m 为变量 v 的一个定义-引用对,简称 du。

定义 5:定义-使用路径。

定义-使用路径(记作 du-path)是 Path(P) 中路径,使得对某个 $v \in V$,存在定义节点 $DEF(v,m)$ 和使用节点 $USE(v,n)$,使得 m 和 n 是该路径最初和最终节点。

定义 6:定义-清除路径。

定义-清除路径(记作 dc-path)是具有最初节点 $DEF(v,m)$ 和最终节点 $USE(v,n)$ Path(P) 中的路径,使得该路径中没有其他节点是 v 定义节点。

定义 7：如果定义-引用路径中存在一条定义-清除路径，那么定义-引用路径是可测试的，否则就不可测试。

在实践中产生测试用例，除了前面的各种方法外，通常还可以采用以下三种方法来补充设计测试用例。

（1）通过非路径分析得到测试用例，这种方法得到测试用例是在应用系统本身实践中提供，基本上是测试人员凭工作经验得到的，甚至是猜测得到的。

（2）寻找尚未测试过的路径并生成相应测试用例，这种方法需要穷举被测程序中所有路径，并与前面已测试路径进行对比。

（3）通过指定特定路径并生成相应测试用例。

6.3.4 循环测试

循环测试是绝大多数软件的算法基础，不过，在测试软件时往往不测试循环结构。

循环测试属白盒测试的一种，它专注于测试循环的有效性。在结构化程序中通常只有三种循环：简单循环、串接循环和嵌套循环。下面围绕这三种循环进行说明。

（1）简单循环。可使用以下测试来测试简单循环，其中 n 是允许通过循环的最大次数。

① 跳过循环。

② 只通过循环一次。

③ 通过循环两次。

④ 通过循环 m 次，其中 $m < n-1$。

⑤ 通过循环 $n-1, n, n+1$ 次。

（2）嵌套循环。如果把简单循环测试方法直接应用到嵌套循环中，可能测试数目会随嵌套层数的增加呈几何数增长，这会导致出现不切实际的测试数目。B. Beizer 提出了一种能减少测试数目的方法。

① 从最内层循环开始，把其他循环都设置为最小值。

② 对内层循环使用最简单的循环测试方法，而使外层循环迭代参数取最小值，并为越界值或非法值增加一些额外的测试。

③ 由内向外，对下一个循环进行测试，但保持其他外层循环为最小值，其他嵌套循环为典型值。

④ 继续进行下去，直到测试完所有循环。

（3）串接循环。如果串接循环的各个循环都彼此独立，则可以使用上述测试简单循环的方法来测试串接循环。如果两个循环串接，而且第一个循环的循环计数器值是第二个循环的初始值，则两个循环不独立。当循环不独立时，建议使用测试嵌套循环的方法来测试串接循环。

6.3.5 等价类划分

等价类划分是一种黑盒测试技术，这个技术能把程序输入域划分成若干个数据类，然后从每个数据类中选取出少数代表性数据作为测试用例。一个理想的测试用例能独自发现一类错误。

已知穷尽黑盒测试（用所有有效和无效输入数据来测试程序）通常是不现实的。因此，只能选取少量最有代表性的输入数据作为测试数据,以较小的代价暴露出更多的程序错误。

如果所有可能的输入数据都被划分为几个等效的类,那么可以合理地假设每个类中的一个典型值在测试中扮演的角色与该类中的所有其他数据相同。因此,可以从每个等效类中只选择一组数据作为测试数据,从而选择最具代表性的测试数据,并且更有可能检测到程序错误。

要使用等价类划分方法设计测试计划,首先需要将输入数据划分为等价类。因此,有必要研究程序的功能规范,以确定输入数据的有效和无效等价类。在确定输入数据等价类时,还需要分析数据等价类。

划分等价类有如下几条经验。

(1)如果规定了输入值范围,则可以划分出一个有效等价类,两个无效等价类。

(2)如果规定了输入数据的个数,则类似地也可以划分出一个有效等价类和两个无效等价类。

(3)如果规定了输入数据一组值,而且程序对不同输入值做不同的处理,则每个允许的输入值都是一个有效等价类,另外还有一个无效等价类。

(4)如果规定了输入数据必须遵循的原则,则可以划分出一个有效等价类(符合此规则)和若干个无效等价类(从各个不同的角度违反此规定)。

(5)如果规定了输入数据类型为整型,则可以划分出正整数、负整数和零三个有效等价类,以及一个无效等价类(非整数)。

以上列出的启发式规则只是测试时可能遇到的情况中很小的一部分,实际情况千变万化,根本无法全部列出。为了正确划分等价类,一是要积累经验,二是要正确分析测试程序的功能。此外,在划分无效等价类时,还必须考虑编译器的错误检测功能。

划分出等价类后,根据等价类设计测试方案时主要使用下面两个步骤。

(1)设计一个新的测试用例以尽可能多地覆盖尚未被覆盖的有效等价类,重复这一步骤直到所有等价类都被覆盖为止。

(2)设计一个新测试用例,使其覆盖一个且只覆盖一个尚未被覆盖的无效等价类,重复这一步骤直到所有无效等价类都被覆盖为止。

注意,通常有程序发现了这一类错误后就不会再去检查其他错误,因此,要求每个测试方案只覆盖一个无效等价类。

【例 6.2】 对用户输入的分数进行评级,其中 90～100 为 A,80～89 为 B,70～79 为 C,60～69 为 D,60 以下为 E,输入分数要求必须是正整数或 0。请采用等价类划分的方法设计测试用例。

设计的测试用例见表 6.2。

表 6.2 测试用例

输 入 条 件	有效等价类	无效等价类
分数	(1) 正整数或 0	(7) 大于 100
	(2) 90～100	(8) 空
	(3) 80～89	(9) 复数
	(4) 70～79	(10) 小数
	(5) 60～69	(11) 含字母的字符串
	(6) 0～59	

6.3.6 边界值分析

根据大量的测试统计数据,编程的很多错误都是发生在输入定义域或输出值域的边界上,而很少发生在输入与输出的中间范围,因此针对输入和输出等价类的边界情况设计测试用例,可以查出更多的错误,具有更高的测试回报率。

将这种对输入或输出的边界值进行测试的一种黑盒测试方法称为边界值分析法(Boundary Value Analysis)。所谓边界值,是指相对于输入等价类和输出等价类而言,稍高于边界或稍低于边界的一些特定情况。

边界值分析法通常作为等价类划分法的补充,其测试用例来自等价类的边界,且弥补了等价类划分法不同的问题。测试时确实是一种冗余(重复),但是为了更好的测试质量,边界值必须要单独测试,适当的冗余是可以接受的。

通常在设计测试方案时总是联合使用等价类划分和边界值分析这两项技术。

(1) 输入值有规定范围,那么应针对范围的边界设计测试用例,针对刚刚越界的情况设计无效输入测试用例。

例如,输入值范围为[1,2]时,应测试 0.99,1,1.01,2,2.01 这几种情况。

(2) 如果输入数据有规定个数,那么应针对最小数量输入值、最大数量输入值,以及比最小数量少一个、比最大数量多一个的情况设计测试用例。

例如,某个旅馆管理系统中对每个房客住宿情况进行管理。某房间有三个床位,那么这个房间可以住 1~3 人。对在这个房间没有住人,有一人住,有三人住时,有人想住在这个房间,系统是否能正确处理,都要进行测试。

(3) 如果程序的输入或输出是一个有序序列(例如顺序的文件、线性列表或表格),则应特别注意该序列的第一个和最后一个元素。

(4) 在输入值有一定规则的集合中,要找出各种边界条件,对其进行测试,尽量不要遗漏对可能产生错误的情况进行测试。

(5) 如果程序中使用了一个内部数据结构,则应当选择这个内部数据结构的边界上的值作为测试用例。

(6) 数据等价类边界情况,要分析出与其对应的输入数据,对它们进行测试。

事实上,在实践中遇到的很多问题很难提供一份如何进行边界值分析的固定套路,边界值的寻找需要一定程度的创造性以及对问题采取一定程度的特殊处理方法。

【例 6.3】 某商店为购买不同数量商品的顾客报出不同的价格,其报价规则如表 6.3 所示。

表 6.3 报价规则表

购 买 数 量	单价/元	购 买 数 量	单价/元
头 10 件(第 1 件~第 10 件)	30	第 3 个 10 件(第 21 件~第 30 件)	25
第 2 个 10 件(第 11 件~第 20 件)	27	超过 30 件	22

如买 11 件需要支付 $10 \times 30 + 1 \times 27 = 327$ 元。

如买 35 件需要支付 $10 \times 30 + 10 \times 27 + 10 \times 25 + 5 \times 22 = 930$ 元。

现为该商家开发一个软件,输入为商品数 $C(1 \leqslant C \leqslant 100)$,输出为应付的价钱 P。

请采用边界值分析法为该软件设计测试用例(不考虑健壮性测试,即不考虑 C 不在 1~

100 或者是非整数的情况)。

答：边界值分析法作为等价类划分法的一种补充，是把等价类上的边界值作为测试用例的一种测试方法。题目中要求不考虑健壮性测试，也就是说不用考虑无效等价类的边界值，剩下 4 个等价类中有 1、10、11、20、21、30、31、100 这 8 个边界值，然后每个等价类中再取 1 个任意值，一共得到 12 个边界值的测试用例。测试用例见表 6.4。

表 6.4　测试用例

序　号	输　入　C	输　出　P
1	1	30
2	5	150
3	10	300
4	11	327
5	15	435
6	20	570
7	21	595
8	25	695
9	30	820
10	31	842
11	35	930
12	100	2360

6.3.7　错误猜测

错误猜测法是指通过列出某些容易发生错误的特殊情况来选择测试方案的方法。错误猜测法一般要靠直觉和经验进行。等价类划分法和边界值分析法都只是孤立地考虑单个数据输入后的测试结果，而没有过多地考虑多个数据输入时所产生的不同结果，有可能遗漏容易出错的输入数据组合情况。避免这种情况的有效办法是通过判定表或判定树把输入数据的各种组合与对应的处理结果罗列出来一一进行测试。

6.3.8　因果图

1. 定义

定义是一种利用图解法分析输入的各种组合情况，从而设计测试用例的方法。它适合于检查程序输入条件的各种组合情况。

2. 因果图法产生的背景

等价类划分法和边界值分析法都着重考虑输入条件，但没有考虑输入条件的各种组合、输入条件之间的相互制约关系。虽然各种输入条件可能出错的情况已经测试，但多个输入条件组合起来可能出错的情况却被忽视了。

如果在测试时必须考虑输入条件的各种组合，则可能的组合数目将是天文数字，因此必须考虑采用一种适合于描述多种条件的组合、相应产生多个动作的形式来进行测试用例的设计，这就需要利用因果图(逻辑模型)。

3. 因果图介绍

(1) 因果图中使用了简单的逻辑符号，以直线联接左右结点。左结点表示输入状态(或称原因),右结点表示输出状态(或称结果)。

(2) c_i 表示原因,通常置于图的左部;e_i 表示结果,通常在图的右部。c_i 和 e_i 均可取值 0 或 1,0 表示某状态不出现,1 表示某状态出现。

(3) 4 种符号分别表示了规格说明中的 4 种因果关系。

① 恒等关系。

恒等关系中,若 c_i 是 1,则 e_i 也是 1;否则 e_i 为 0,如图 6.4 所示。

② 非关系。

非关系中,若 c_i 是 1,则 e_i 是 0;否则 e_i 是 1,如图 6.5 所示。

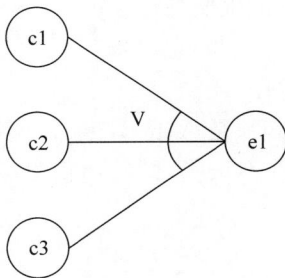

图 6.4　恒等关系　　　　　　　　　图 6.5　非关系

③ 或关系。

或关系中,若 c1 或 c2 或 c3 是 1,则 e_i 是 1;否则 e_i 为 0。"或"可有任意个输入,如图 6.6 所示。

④ 与关系。

与关系中,若 c1 和 c2 都是 1,则 e_i 为 1;否则 e_i 为 0。"与"也可有任意个输入,如图 6.7 所示。

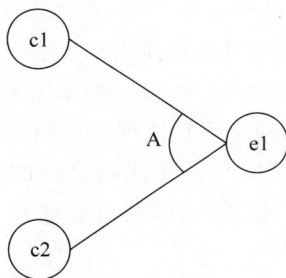

图 6.6　或关系　　　　　　　　　　图 6.7　与关系

(4) 约束。

输入状态相互之间还可能存在某些依赖关系,称为约束。例如,某些输入条件本身不可能同时出现。输出状态之间也往往存在约束。在因果图中,用特定的符号表示这些约束。

异约束(E):a 和 b 只有一个可能为 1,不能同时为 1,如图 6.8 所示。

或约束(D):a、b、c 中至少有一个必须为 1,a、b、c 不能同时为 0,如图 6.9 所示。

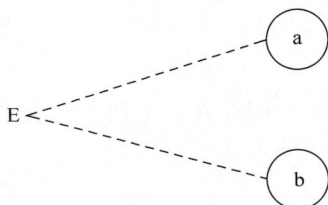

图 6.8　异约束

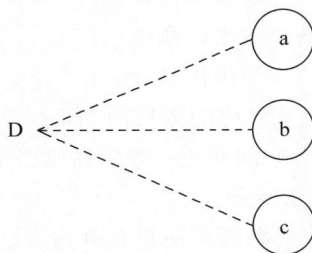

图 6.9　或约束

软件编码与测试

唯一约束(O)：a、b中必须有一个为1,且只有一个为1,如图6.10所示。

要求约束(R)：a是1时,b必须是1,不可能为0,如图6.11所示。

输出条件的约束是强制约束(M)：若结果a是1,则结果b强制为0,如图6.12所示。

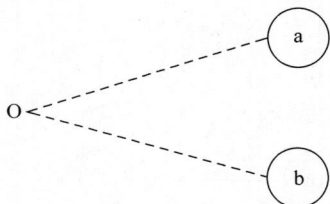

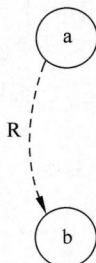

图 6.10　唯一约束　　　　图 6.11　要求约束　　　　图 6.12　强制约束

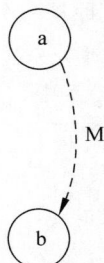

4. 采用因果图法设计测试用例的步骤

(1) 分析软件规格说明描述中,哪些是原因(即输入条件或输入条件的等价类),哪些是结果(即输出条件),并给每个原因和结果赋予一个标识符。

(2) 分析软件规格说明描述中的语义,找出原因与结果之间,原因与原因之间对应的关系,根据这些关系,画出因果图。

(3) 由于语法或环境限制,有些原因与原因之间,原因与结果之间的组合情况不可能出现,为表明这些特殊情况,在因果图上用一些记号表明约束或限制条件。

(4) 把因果图转换为判定表。

(5) 把判定表的每一列拿出来作为依据,设计测试用例。

【例6.4】　某软件规格说明书包含要求：第一列字符必须是A或B,第二列字符必须是一个数字,在此情况下进行文件的修改,但如果第一列字符不正确,则给出信息L；如果第二列字符不是数字,则给出信息M。

解析：

(1) 根据题意,原因和结果如下。

原因：

1——第一列字符是A；

2——第一列字符是B；

3——第二列字符是一数字。

结果：

21——修改文件；

22——给出信息L；

23——给出信息M。

(2) 其对应的因果图如下。

11为中间节点；考虑到原因1和原因2不可能同时为1,因此在因果图上施加E约束,如图6.13所示。

(3) 根据因果图建立判定表。

判定表见表6.5。

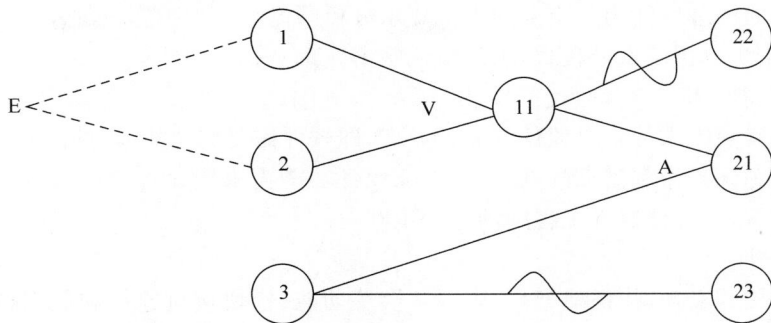

图 6.13　因果图

表 6.5　判定表

		1	2	3	4	5	6	7	8
条件（原因）	1	1	1	1	1	0	0	0	0
	2	1	1	0	0	1	1	0	0
	3	1	0	1	0	1	0	1	0
	11			1	1	1	1	0	0
动作（结果）	22			0	0	0	0	1	1
	21			1	0	1	0	0	0
	23			0	1	0	1	0	1
测试用例				A3	AM	B5	BN	C2	DY
				A8	A?	B4	B!	X6	P;

　　表中 8 种情况的左侧两列中，原因 1 和原因 2 同时为 1，这是不可能出现的，故应排除这两种情况。最底栏给出了 6 种情况的测试用例，这是我们所需要的数据。情况 3 意味着满足原因 1 和 3，即 A＋任意数字（A3，A8，A0，…）；情况 4 意味着满足原因 1 不满足 3，即 A＋非数字（AM，AN，AQ，A?，A!，…）；情况 5 意味着满足原因 2 和 3，即 B＋任意数字（B1，B2，B5，B4，…）；情况 6 意味着满足原因 2，不满足 3，即 B＋非数字（BN、BM，BO，B!，B@，…）；情况 7 意味着满足原因 3，不满足 1 和 2 任何一个，即非 A 或 B＋任意数字（C2，X6，E7，M9，…）；情况 8 意味着不满足任何原因，即非 A 或 B＋非数字（DM，MQ，P；，L'…）。

6.4　软件测试策略

　　一个大型的软件系统通常由若干子系统构成，每个子系统又由若干个模块构成，从一开始就对整个系统进行测试是行不通的，通常，软件测试有这么几种策略：模块测试、集成测试、单元测试、确认测试和系统测试。

6.4.1　V 模型

　　V 模型大体可以划分为以下几个不同阶段的步骤：客户需求分析、软件需求分析、概要设计、软件编码、单元测试、集成测试、系统测试、验收测试、对应关系。

　　1）客户需求分析

　　即首先明确客户对于产品的需求，以及软件所具备的功能。这一点比较关键的是分析师和客户沟通时的理解能力与交互能力。要求分析师能准确地把客户的需求通过合理的方式表述出来,给出分析结果,写出需求规格说明书。

2) 软件需求分析

主要根据客户需求分析出软件方面的需求,即软件需要的功能,软件需要适应的硬件功能。该部分的关键是做到需求的剥离,以保证软件功能需求覆盖客户需求且不涵盖硬件或其他方面的需求,以方便软件工程师的进一步开发。

3) 概要设计

主要是架构的实现,指搭建架构、表述各模块功能、模块接口连接和数据传递的实现等各项事务。折叠的详细设计包括深入分析各个模块所表达的概要要求,以及对各模块组合进行分析等,这一阶段要求达到伪码级别,并且把程序具体实现的功能、现象等描述出来。其中需要包含数据库设计说明。

4) 软件编码

按照详细设计好的模块功能表,编程人员编写出实际的代码。

5) 单元测试

按照设定好的最小测试单元逐个单元进行测试,主要是测试程序代码,目的是确保各单元模块都被正确编译,单元的具体划分因不同的单位和不同的软件而异,比如有具体到模块的测试,也有具体到类、函数的测试等。

6) 集成测试

经过单元测试后,将各单元组合成完整的体系,主要测试各模块间组合后的功能实现情况,以及模块接口连接的成功与数据传递的正确性等。主要目的是检查软件单元之间的接口是否正确。根据集成测试计划,在将模块或其他软件单元组合成系统时,运行该系统,以分析所组成的系统是否正确,以及各组成部分是否同步。

7) 系统测试

经过了单元测试和集成测试以后,我们需要构建软件系统,并按照软件规格说明书的要求,测试软件的性能和功能等是否满足用户需求,在系统中运行是否存在漏洞等。

8) 验收测试

主要是当用户收到软件时,他们会根据前面提到的要求和规范在现场进行相应的测试,以确保软件达到预期的结果。

9) 对应关系

一般来讲,单元测试对应详细设计。也就是说,单元测试的测试用例和详细设计是一起出现的,在研发人员做详细设计的时候,相应的测试人员也就把测试用例写了出来。集成测试对应概要设计。在做模块功能分析及模块接口、数据传输方法时,就把集成测试用例根据概要设计中模块功能及接口等实现方法编写出来,以备集成测试时可以直接引用。系统测试与系统设计相对应。当系统分析师进行系统分析并编写需求规范时,测试人员会根据客户的需求规范编写各种测试用例,为最终的系统测试做准备。验收测试符合用户要求,是一个非设计过程。

6.4.2 单元测试

单元测试又称模块测试,其目的是集中检验软件设计的最小单元模块能否独立正确的运行。软件系统中,每个模块都有单独的子功能,各个模块之间相互依赖的关系较少,检查模块正确的测试方案也比较容易。在这个阶段所发现的错误常常是在编码和详细设计时产生的。通常,在编码阶段就进行单元测试。在进行单元测试的正式测试前必须通过编译程序检查并改正所有的语法错误。单元测试一般采用白盒测试法,并且可以对多个模块并行测试。

由于模块并不是独立程序,因此在模块测试时应增加少量的程序段,使模块能够接收数据或输出一些数据来代替模块之间的接口。在模块连接后再将这些临时增加的程序段删掉,这些临时程序可称为测试模块,这需要增加软件成本,但也是必不可少的成本。测试模块主要有测试驱动程序和存根程序,驱动程序相当于主程序,用来接收测试数据,调用被测试模块,输出测试结果,存根程序也被称为"虚拟子程序",当使用被它代替的模块作接口时,即可做最少量的数据操作,输出对入口的检验或操作结果,并把控制还给调用模块,即被测试模块的调用模块。

6.4.3 集成测试

集成测试(Integration Testing),也叫组装测试或联合测试。在单元测试的基础上,将所有模块按照设计要求(如根据结构图)组装成为子系统或系统,进行集成测试。

子系统组装称为集成化。集成测试是测试和组装软件系统化技术,是把模块照着设计要求组装起来并进行测试,主要目标是发现与接口相关的问题。

子系统测试是把经过模块测试运行正确的模块放在一起形成子系统后再进行测试。这个步骤重点测试模块接口,测试模块之间能否相互协调及通信时有时无的问题。

系统测试就是把经过测试运行正确后的子系统组装成完整系统后再测试。系统测试是测试整个软件系统与硬件系统,验证系统是否满足规定的需求。并且现阶段发现的问题往往是需求说明阶段和软件系统设计阶段产生的错误。

所有的软件项目都不能摆脱系统集成这个阶段。不管采用什么开发模式,具体的开发工作总得从一个一个的软件单元做起,软件单元只有经过集成才能形成一个有机的整体。具体的集成过程可能是显性的也可能是隐性的。只要有集成,总是会出现一些常见问题,工程实践中,几乎不存在软件单元组装过程中不出任何问题的情况。集成测试需要花费的时间远远超过单元测试,直接从单元测试过渡到系统测试是极不妥当的做法。

一些模块虽然能够单独工作,但并不能保证连接起来也能正常工作,程序在某些局部反映不出来的问题,在全局上很可能暴露出来,影响功能的实现,因此集成测试应当考虑两大问题。

1) 模块间的接口(接口的覆盖率)

(1) 在把各个模块连接起来的时候,穿越模块接口的数据是否会丢失。

(2) 全局数据结构是否有问题,会不会被异常修改。

2) 集成后的功能(参数的传递)

(1) 各个子功能组合起来,能否达到预期要求的父功能。

(2) 一个模块的功能是否会对另一个模块的功能产生不利的影响。

(3) 单个模块的误差积累起来,是否会放大,从而达到不可接受的程度。

由模块组装成程序有两种方法。第一种是先分别测试每个模块,再把所有模块按设计要求放在一起结合成所要程序,这种方法称非渐层式测试方法;第二种方法是把下一个要测试模块和已经测试好的那些模块结合起来测试,测试完再把下一个应该测试的模块与之结合进行测试,这种每一次增加一个模块的测试称为渐层式测试,这种方法实际上同时完成了单元测试和集成测试。

渐层式测试所需要开发测试软件要多一些,但可及时发现接口错误,已测试软件再增加新模块时也要接受测试,测试较为彻底。进行非渐层测试时用于开发测试软件的开销要少一些,但发现问题后要找到产生问题的原因也比较困难。

有两种不同的渐层式集成策略:自顶向下集成和自底向上集成。

1)自顶向下集成

从主控模块开始,把附属模块组装到软件中,可使用深度优先策略,或使用宽度优先策略。在组装模块的过程中同时进行测试,能在早期实现并验证系统主要功能,在早期发现上层模块的接口错误,底层模块的错误发现较晚,需要使用存根程序,不需要驱动程序。

在众多模块中分析出一种称为关键模块程序段的模块,关键模块的设计质量对系统影响较大。例如,模块与多项软件需求有关,或含高层控制,或本身复杂容易发生错误。

2)自底向上集成

从软件结构最底层模块开始组装和测试。不需要存根程序,需要驱动程序。其优点与自顶向下集成刚好相反。

6.4.4 确认测试

确认测试的目的是验证是否所有软件需求都已正确实施。在软件开发过程结束时对软件进行评估,以确认结果是否与软件需求分析阶段确定的指标一致。软件确认测试,也称为验收测试,旨在验证软件的有效性。

1. 确认测试必须有用户积极参与或以用户为主进行

程序员经过反复测试检查不出问题后,在交付用户使用之前,应该在用户参与下进行测试。为了用户能积极主动地参与确认测试,特别是为了让用户有效地使用系统,开发部门通常在软件验收之前对用户进行培训。

在验收测试期间,实际数据主要用于系统运行,以验证系统用户的要求。在这里的需求规范中经常会发现一些错误。验收测试尝试使用黑盒测试。如果验收测试不能满足用户的需求,必须在用户之间充分协商后确定问题的解决方案。修改软件后仍需进一步测试。

2. 软件配置复审

确认测试后一个重要内容是复审软件配置。复审的目的是保证软件配置所有成分都齐全,各方面质量都符合要求,文档与程序一致,要编排好目录,有利于维护。

确认测试过程要严格遵循用户指南及其他操作程序,以便仔细检查用户手册的完整性和正确性。一旦发现遗漏或错误必须记录下来,并且必须补充和改正。

3. Alpha 测试和 Beta 测试

如果软件是为客户开发的,则由用户进行一系列验收测试,以便用户确认所有需求是否得到满足。

如果一个软件是为许多客户开发,则让每一个用户进行正式测试是不切实际的。大多数软件厂商使用 Alpha 和 Beta 测试,往往只有最终用户才能发现错误。

Alpha测试由用户开发者提供场地，在开发者指导下进行，开发者负责记录错误和运行中遇到的问题。

Beta测试由客户端领域的软件用户进行，记录测试过程中遇到的所有问题，并定期向开发人员报告。开发人员对软件进行修改并发布最终产品。

6.4.5　系统测试

系统测试（System Testing）是对整个系统的测试，将硬件、软件、操作人员看作一个整体，检验它是否有不符合系统说明书的地方。这种测试可以发现系统分析和设计中的错误。如安全测试是测试安全措施是否完善，能不能保证系统不受非法侵入。再例如，压力测试是测试系统在正常数据量以及超负荷数据量（如多个用户同时存取）等情况下是否还能正常工作。

6.5　测试标准与调试

6.5 测试标准与调试

进行软件测试时，人们的心理因素非常重要，有些测试标准很容易被忽视。

（1）最好不要由设计或编写某个软件的部门来测试该软件系统，但在发现错误后，要找到错误根源并纠正它时，应由程序编写者进行修正。

（2）测试用例既要有输入数据，又要有对应的预期结果，如果得到的输出结果与预期正确结果不一致，就可断定程序错误。

（3）不仅要选用合理的输入数据，还应选用不合理的输入数据作为测试用例。

（4）除了检查程序是否完成应做的工作以外，还应检查程序是否做了它不应该做的工作，程序做了不应做的工作仍然是一个大错。

（5）穷尽测试是不可能完成的，要尽心设计测试方案，尽量把软件中的错误进行纠正。测试只能证明程序有误，不能证明程序是完全正确的。

（6）Pareto原理：测试发现的错误中的80%很可能是由程序中20%的模块造成的。

（7）在软件需求分析阶段就应制订测试计划。

软件调试往往是在软件测试过程中进行，是查找、分析和纠正程序错误的过程。

软件调试可将软件测试和纠错结合起来。纠错主要是分析与错误有关的信息。可对已查出错误先列出所有可能错误的原因，利用测试数据排除一些原因，然后证明、确定错误原因。也可把错误情况收集起来，分析它们之间的所有关系，找出规律，以便找出原因。如果没找到错误原因，调试人员可以假设一个原因，然后验证假设，反复进行此过程直到找到原因。纠错时也可采用一些自动纠错工具作为辅助手段。

常用软件调试辅助方法如下。

（1）模仿和跟踪计算机工作过程，记录中间结果，识别错误并进行纠正。

（2）在程序中设置打印语句，可打印某些标记和变量值，从而确定错误位置。

（3）逐层分块调试。软件调试可先调试底层模块再调试整个程序。

（4）对分查找调试。如果程序的几个关键部分中某些变量的正确值是已知的，则可以在程序的中点附近使用赋值语句或输入语句，为这些变量提供正确的值，然后可以检查程序的输出结果。如果输出结果正确，说明错误出现在程序的前半部分；否则，可以认为程序的后半部分错误。对错误部分重复使用此方法。

（5）回溯法。回溯法是一种常用的调试方式，调试小程序时这种方法很有效，具体做法是从发现问题的地方开始，然后以回溯路径数目的增加，使回溯变得不可能。

调试不仅修改了软件产品，还改进了软件过程，不仅排除了现有程序错误，还避免了今后程序中可能出现的错误。

本 章 总 结

软件实现包括软件编码和软件测试两个阶段。

软件编码是对软件设计的进一步具体化，其任务是将设计文档或成果转换成用程序设计语言编写的程序。

按照传统的软件工程方法学，编码是在对软件进行了总体设计和详细设计之后进行的，它只不过是把软件设计的结果翻译成用某种程序设计语言书写的程序。因此，程序的质量基本上取决于设计的质量。并且编码使用的语言，特别是书写程序的风格，也对程序的质量有较大的影响。至于具体选用哪种高级程序设计语言，则不仅要考虑语言本身的特点，还应该考虑使用环境等一系列的实际因素。程序内部的良好文档资料，有规律的数据说明格式，简单清晰的语句构造和输入输出格式等，都对提高程序的可读性有很大作用，也在相当大的程度上改进了程序的可维护性。

软件测试是软件质量保证的重要手段，根本任务是发现并改正软件中的错误。要成功开发出高质量的软件产品，必须认真计划并彻底地进行软件测试。

在软件生命周期中，测试一般分为单元测试和综合测试两个阶段。单元测试是对每个模块的测试，一般来说，单元测试和编码属于同一个阶段；综合测试是在单元测试结束后进行的模块集成测试和最终的确认测试。

大型软件的测试应该分阶段地进行，通常至少分为单元测试、集成测试和验收测试 3 个基本阶段。设计合理可行有效的测试方案是测试阶段关键性的技术问题，基本目标是选用最少量的高效测试数据，做到尽可能完善的测试，从而尽可能多地发现软件中的问题。

软件测试不单是使用计算机进行测试，还包括人工测试，例如代码的审查和复审。在软件测试过程中的主要方法是黑盒测试和白盒测试，这两类方法各有所长，相互补充。在测试过程的早期阶段通常使用白盒方法，而在测试过程的后期阶段主要使用黑盒方法。

黑盒测试又称为功能测试，其测试用例完全根据程序功能来设计。在这种测试方法中，测试者完全不考虑程序内部结构和内部特性，把软件看成一个黑盒，测试时仅仅关心如何找到程序不按要求运行的情况，因而测试是在程序接口上进行的。

白盒测试又称结构测试，其测试用例根据程序内部逻辑结构和执行路径来设计。用这种方法测试时，应从检查程序逻辑入手。

为了设计出有效的测试方案，软件工程师应该深入理解并坚持运用关于软件测试的基本准则。设计白盒测试方案的技术主要有逻辑覆盖和控制结构测试；设计黑盒测试的主要方案有等价类划分、边界值分析和错误猜测等。在测试过程中发现的软件错误必须及时改正，为了改正错误，首先必须确定错误的准确位置，这是调试过程中最困难的工作，需要审慎的思考和推理。为了改正错误往往需要修正原来的设计，必须统筹兼顾，而不能"头疼医头、脚疼医脚",应该尽量避免在调试过程中引进新错误。

测试和调试是软件测试阶段中的两个关系非常密切的过程,往往交替进行。程序中潜藏错误的数目,也直接决定了软件的可靠性。

习　　题

一、单选题

1. 下列各项叙述正确的是(　　)。

① 程序效率主要是指处理机工作时间和内存容量这两方面的利用率,提高效率是最需要重点关注的问题。

② 软件测试过程中一个好的测试方案是极可能发现迄今为止还未被发现的错误的测试方案。

③ 静态分析不执行被测试软件,只是检查和审阅,主要采取的方案是代码走查,技术评审与代码审查。

④ 为了进行软件测试,需要预先准备好输入数据和预期输出结果。

⑤ 白盒测试的测试用例完全根据程序功能来设计。

A. ①②⑤　　　　　B. ②③④　　　　　C. ②④⑤　　　　　D. ①③④

2. 在测试中,下列说法错误的是(　　)。

A. 测试是为了发现程序中的错误而执行程序的过程

B. 测试是为了表明程序的正确性

C. 好的测试方案是尽可能发现迄今为止尚未发现的错误

D. 成功的测试是发现了至今为止尚未发现的错误

3. (　　)能够有效地检测输入条件的各种组合可能引起的错误。

A. 等价类划分　　　　　　　　　　B. 边界值分析

C. 因果图　　　　　　　　　　　　D. 错误猜测

4. 关于白盒测试,下列说法正确的是(　　)。

A. 白盒测试可以发现软件的系统结构是否存在错误

B. 白盒测试需要测试数据驱动测试

C. 白盒测试都是动态测试

D. 白盒测试可以发现程序的逻辑结构是否存在错误

5. 针对如下程序片段进行逻辑覆盖测试,有下列 6 种说法,正确的是(　　)。

```
if ( ( x > 2 ) && ( z < 10 ) )
{
    m = x * y * z;
}
else
{
    m = x + y + z;
}
```

① 满足判断覆盖的测试用例集,一定满足语句覆盖。

② 满足语句覆盖的测试用例集,一定满足判断覆盖。

③ 满足判断覆盖的测试用例集,不满足语句覆盖。

④ 满足语句覆盖的测试用例集,不满足判断覆盖。

⑤ 满足判断覆盖的测试用例集,可能满足语句覆盖,也可能不满足语句覆盖。

⑥ 满足语句覆盖的测试用例集,可能满足判断覆盖,也可能不满足判断覆盖。

    A. ①②   B. ①④   C. ③④   D. ⑤⑥

6. 关于黑盒测试,下列说法正确的是( )。

    A. 黑盒测试不适用于单元测试

    B. 黑盒测试不适用于集成测试

    C. 黑盒测试又称"功能测试",只适用于系统测试或验收测试

    D. 上述说法均不正确

7. 某软件提供了对整数序列进行排序的功能,如果使用等价类测试技术设计测试用例,下列四组用于构造测试用例的输入序列中,最合理的是( )。

    A. (11,6,5,8),(17,15,13,14),(17,13,15,16)

    B. (11,6,5,8),(7,2,11,13),(17,3,6,16)

    C. (11,6,5,8),(7,2,11,13),(3,6,11,16)

    D. (11,6,5,8),(2,7,11,13),(3,6,11,16)

8. 使用因果图测试法,首先需要根据需求规格说明,分析并确定( )。

    A. 原因   B. 结果   C. 中间节点   D. 原因和结果

9. ( )方法需要考察模块间的接口和各个模块之间的关系。

    A. 单元测试   B. 集成测试   C. 确认测试   D. 系统测试

10. 小明使用场景法对某业务流程进行测试用例设计,经分析发现共有 N 个备选流,则小明对该业务功能设计的测试用例数为( )。

    A. 至少 N 个   B. 至少 $N+1$ 个

    C. 最多 N 个   D. 最多 $N+1$ 个

二、填空题

1. 程序设计语言的特性和编码途径可对程序的( )、( )、( )和( )产生深远的影响。

2. 从是否需要执行被测试软件的角度,软件测试方法一般可分为两大类,即( )方法和( )方法。

3. 在白盒测试方法中,对程序的语句逻辑有 6 种覆盖技术,其中发现错误能力最强的技术是( )。

4. 使用等价类划分法的目的是既希望进行( ),又希望( )。

5. 边界值分析是将测试边界情况作为重点目标,选取正好等于、刚刚大于或刚刚小于边界值的测试数据。如果输入/输出域是一个有序集合,则集合的第一个元素和( )元素应该作为数据用例的数据元素。

6. 小明对某软件功能进行基于决策表的黑盒测试,分析发现该软件需求中有三个条件,三个条件分别有 2、3、4 种取值,则小明设计的测试用例数 N 满足( )。

7. 软件测试过程中的集成测试主要是为了发现( )阶段的错误编码。

8. 黑盒测试主要针对功能进行测试,等价类划分、（　　　）、错误猜测和因果图法等都是采用黑盒技术测试用例的方法。

9. 逻辑覆盖包括（　　）、（　　）、（　　）、（　　）、条件组合覆盖和路径覆盖等。

10. 软件测试要经过的步骤是：单元测试,（　　）,（　　）,系统测试。

三、简答题

1. 什么是软件测试？软件测试的目的是什么？

2. 单元测试和集成测试各自的主要目标是什么？互相有什么关系？

3. 假设有如下 C 语言程序段,请用基本路径分析的方法进行测试,要求画出控制流程图、求出程序环形复杂度、列出独立路径,并设计测试用例,填入表 6.6 中。

```
1   main( )
2   {
3     int num1 = 0 , num2 = 0, score = 100;
4     int i;
5     char str;
6     scanf( "% d, % c\n",&i,&str );
7     while(i < 5)
8     {
9         if(str = 'T')
10            num1++;
11        else if(str = 'F')
12        {
13            score = score - 10;
14            num2++;
15        }
16        i++;
17     }
18     printf("num1 = % d,num2 = &d,score = % d\n",num1,num2,score);
19   }
```

表 6.6 习题 3 用表

测试用例	输 入		期 望 输 出			执 行 路 径
	i	str	num1	num2	score	
测试用例 1						
...						

4. 假设 NextData 函数包含三个变量 month、day 和 year,函数的输出为输入日期后一天的日期。例如,输入为 2013 年 11 月 15 日,则函数的输出为 2013 年 11 月 16 日。要求输入变量 month、day 和 year 均为整数值,并且满足下列条件：

条件 1：1≤month≤12;

条件 2：1≤day≤31;

条件 3：1912≤year≤2050。

请使用等价类划分方法设计测试用例,填入表 6.7 中。

表 6.7　习题 4 用表

测 试 用 例	输 入 数 据			期 望 输 出
	month	day	year	
测试用例 1				
…				

5. 某城市电话号码由三部分组成,它们的名称和内容分别如下。

地区码:空白或三位数字;

前缀:非"0"或"1"的三位数字;

后缀:4 位数字。

假定被测程序能接受一切符合上述规定的电话号码,拒绝所有不符合规定的电话号码,根据该程序的规格说明,作等价类划分,并设计测试方案。

实 践 活 动

软件编码与测试(一)

——以仓库管理子系统为例

一、背景知识

仓库管理子系统是一种软件解决方案,为企业提供库存可见性,并管理从配送中心到商店货架的整个供应链履行运营。在电子商务、物流和供应链快速发展的背景下,仓库管理系统逐渐成为企业管理中不可或缺的一部分。仓库在企业生产和销售活动中具有重要地位,而高效的仓库管理可以提高企业的生产效率和客户满意度,降低企业操作成本,增强企业市场竞争力。仓库管理子系统的实现有助于企业全面监控与规划物流运营成本、货物流转效率以及库房管理效能,从而提高资源利用率,避免运营瓶颈和库房积压等问题,更好地满足各类商业需求。项目开发过程中必须对软件进行较为系统、详细的测试来保证软件的质量。在软件开发过程中,不同的开发阶段对应不同类型的测试。它们的测试目的、测试内容、测试方法、测试工具和测试人员等不尽相同。本实践活动主要采用白盒测试的方法进行测试,测试流程遵循单元测试。

二、实验目的

1. 掌握结构化分析与设计方法;
2. 掌握白盒测试中路径覆盖的测试用例设计。

三、工具/准备工作

1. 测试目标

本次单元测试的目标为仓库管理子系统中的各个类,主要检查类的实现是否完全满足类的说明所描述的要求。

2. 测试方法

单独地看待类的成员函数,与面向过程程序中的函数或过程没有任何本质的区别,几乎所有传统的单元测试中所使用的方法,都可在面向对象的单元测试中使用。对于存在继承关系的类,要先测试父类,再测试子类,且测试子类时只需测试与父类不同的地方及所调用的方法发生变动的成员函数。

本次单元测试中,对类函数的测试大多采用白盒测试方法中的基本路径测试法。此方法是在程序控制流图的基础上,通过分析程序的环路复杂度,导出基本可执行路径集合,从而涉及测试用例的方法。设计出的测试用例能够保证在测试中程序的每个可执行语句至少执行一次。

3. 进入准则

(1) 编码阶段已经审核完成;

(2) 项目经理已经批准了单元测试计划;

(3) 测试组已经设计好测试用例,经过测试组组长的检查,并通过项目经理批准,本项目的单元测试人员为开发人员;

(4) 测试资源已经到位(软件、硬件、人力)。

4. 结束准则

(1) 测试遇到的所有问题已经记录;

(2) 所有测试用例都已运行;

(3) 95%的测试用例已经成功通过;

(4) 测试结果已经记录,测试分析报告已经提交项目经理检查。

5. 考虑事项

(1) 按类进行划分,每个类的每个重要函数作为一个单元,每个单元采用基本路径覆盖法来设计测试用例;

(2) 接口是否正确;

(3) 局部数据结构是否正确;

(4) 边界处理是否正确;

(5) 错误处理是否正确。

四、实验内容与步骤

1. 设计单元测试用例

仓库管理子系统功能繁多,所牵涉的代码规模较大,由于篇幅有限,在此仅以退货产品信息的处理模块为例,给出其单元测试的测试用例设计过程。

退货产品信息处理模块思路:首先创建存放退货产品的 list 对象,并从数据库中读取退货产品信息。如果有退货产品就获取产品退货原因。若退货原因为空或者 null,则设置退货原因,然后设置开单金额和退货产品的详细信息;若已指定退货原因,则直接设置开单金额和退货产品详细信息。伪码如下。

```
begin
    //创建 List 的对象 list,并从数据库中读取退货产品信息
if ( list != null && list.size( ) > 0 ){//有退货产品
```

```
for ( int i = list.size( ) - 1; i > = 0 ; i-- )
{
String aa = "" + list.get (i).getValue("tuihuocause");    //获取产品退货原因
if ( aa.equals("") || aa.equals("null") )
        set(退货原因);                                      //设置产品的退货原因
set(开单金额);                                             //设置开单金额
update(退货产品);                                          //更新退货产品详细信息
}
}
end
```

以上代码的流程如图 6.14 所示。

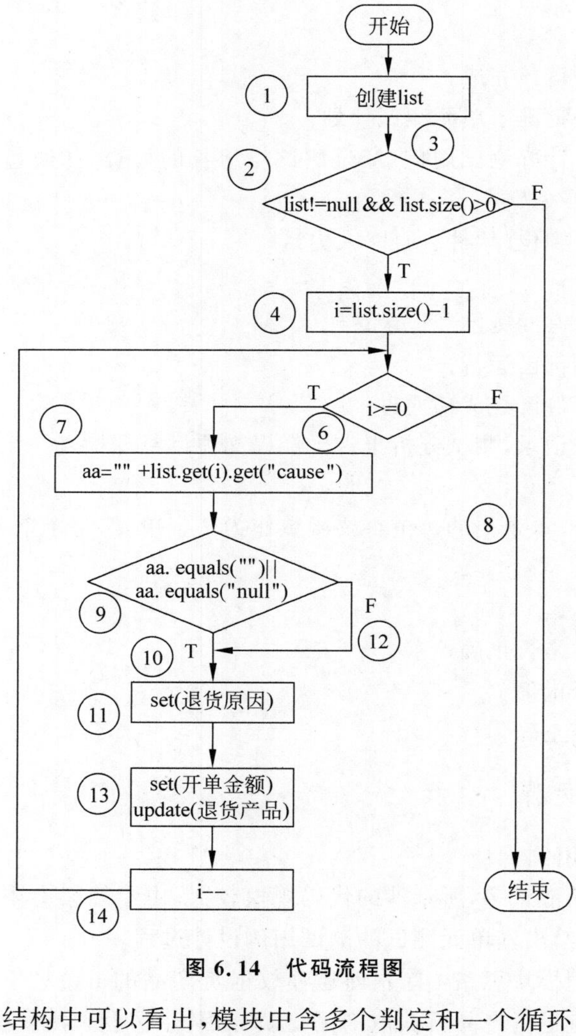

图 6.14　代码流程图

从上述模块代码结构中可以看出,模块中含多个判定和一个循环,程序执行路径数随着循环次数的增多而急剧增长。比较理想的测试方法是基本路径测试法。这种方法将测试路径压缩到一定限度内,简化了循环路径,程序中的循环体最多只执行一次,同时能保证程序的每个可执行语句至少执行一次。基本路径测试法在程序控制流图的基础上,通过分析程序的环路复杂度,导出独立路径集合,从而设计测试用例。

（1）绘制控制流图。

根据代码块逻辑，绘制其控制流图，如图 6.15 所示。

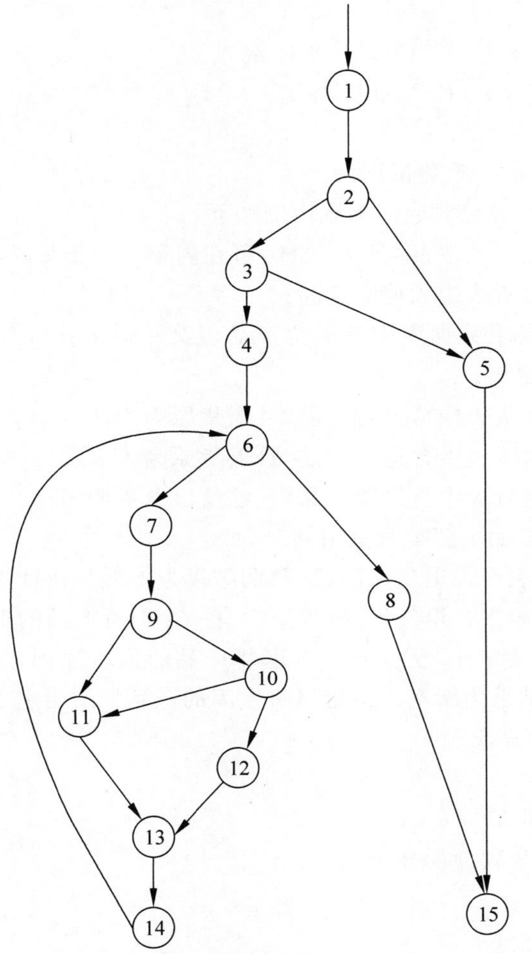

图 6.15　控制流图

（2）计算环路复杂度。

环路复杂度是一种为程序逻辑复杂性提供定量测度的软件度量，给出了程序基本路径集中的独立路径条数，这是确保程序中每个可执行语句至少执行一次所必需的测试用例数目的上界。独立路径必须包含一条在定义之前未使用的边。

环路复杂度计算方法在前文已有介绍。在此，直接计算本代码块的环路复杂度。

$V(G)$＝判定结点数＋1＝5＋1＝6。

（3）确定独立路径。

一条独立路径是指和其他的独立路径相比，至少引入一个新处理语句或一个新判断的程序通路。

环路复杂度正好等于该程序的独立路径的条数。

根据第（2）步所得的环路复杂度，即可知本代码块的独立路径数为 6，独立路径如下。

Path1：1-2-5-15。

软件编码与测试

Path2：1-2-3-5-15。

Path3：1-2-3-4-6-8-15。

Path4：1-2-3-4-6-7-9-11-13-14-6-8-15。

Path5：1-2-3-4-6-7-9-10-11-13-14-6-8-15。

Path6：1-2-3-4-6-7-9-10-12-13-14-6-8-15。

（4）导出测试用例。

一条独立路径可对应一条测试用例。

针对每条独立路径，设计对应的测试用例如下。

Path1：该路径前提是创建 list 对象失败，可在内存严重不足时测试；

Path2：数据库的退货表中无退货产品；

Path3：该种情形要求数据库中有退货产品但又不进入循环体，但这种情况不可能发生，所以不再设计测试用例；

Path4：数据库的退货表中含退货产品，且退货原因为空；

Path5：数据库的退货表中含退货产品，且退货原因为 null；

Path6：数据库的退货表中含退货产品，且已给出退货原因。

综合上述分析，需要如下两类测试用例。

（1）数据库的退货表中无退货产品，其预期结果为不做任何处理，对应 Path2；

（2）数据库的退货表中含退货产品，且至少有一个退货产品的退货原因为空，至少有一个退货产品的退货原因为 null，至少有一个退货产品的退货原因已给出，分别对应 Path4、Path5、Path6。其预期结果为所有未给定退货原因的产品均给出退货原因，所有退货产品都设定了对应的开单金额信息。

2. 执行单元测试

1）搭建单元测试环境

（1）执行单元测试的软硬件环境。

（2）待测单元。

（3）驱动模块和桩模块。

单元是整个系统的一部分，不能单独运行。为了执行单元测试用例需要开发驱动模块和桩模块。驱动模块是用来模拟调用函数的一段代码。它可以替代调用被测单元的模块；桩模块用于模拟被测单元所调用函数的一段代码。它可以替代被测单元调用的模块。

（4）单元测试用例。

2）执行测试

在执行测试时，应如实记录测试的过程和结果。若实际结果与预期结果相同，则测试用例状态为通过。否则为失败，并给出缺陷报告。

3. 单元测试报告

1）测试执行情况

测试用例覆盖率达到 100%，98% 的测试用例已经成功通过。

2）主要问题及解决情况

（1）主要问题。

a. 个别模块接口参数本应给定默认值，但未给出；

b. 部分判定中的条件运算符、逻辑运算符错误；

c. 存在错误处理提示描述不清晰的情况；

d. 部分 sql 语句构造错误。

（2）解决情况。

相关程序员对发现的缺陷进行了修复，并对可能存在类似问题的程序模块进行了核实。

进行完单元测试后，应逐步进行集成测试，系统测试，以及最后的验收测试。上述测试在前文已有介绍，由于篇幅有限，在此不再进行详细描述。

五、实验思考与总结

请读者根据上述实验步骤，独立完成下列题目，并完成实验报告。对第 5 章实践部分给出的实验教学管理系统进行测试，实验要求如下。

（1）采用白盒测试方法，对实验教学管理系统进行测试。采用逻辑覆盖、路径覆盖等方法进行测试。

（2）采用黑盒测试方法，如等价类划分、边界值分析、错误猜测等方法测试实验教学管理系统。

（3）设计测试用例、分析测试结果。

软件编码与测试（二）

—— 以三角形问题的黑盒测试为例

一、背景知识

黑盒测试也称功能测试，它通过测试来检测每个功能是否都能正常使用。在测试中，把程序看作一个不能打开的黑盒子，在完全不考虑程序内部结构和内部特性的情况下，在程序接口进行测试，它只检查程序功能是否按照需求规格说明书的规定正常使用，程序是否能适当地接收输入数据而产生正确的输出信息。黑盒测试着眼于程序外部结构，不考虑内部逻辑结构，主要针对软件界面和软件功能进行测试。

黑盒测试是以用户的角度，从输入数据与输出数据的对应关系出发进行测试的。很明显，如果外部特性本身设计有问题或规格说明的规定有误，用黑盒测试方法是发现不了的。

二、实验目的

（1）掌握应用黑盒测试技术进行测试用例设计。

（2）掌握对测试用例进行优化设计方法。

三、实验内容与步骤

三角形问题描述：三角形问题接收三个整数 a、b 和 c 作为输入，用作三角形的边。程序的输出是由这三条边确定的三角形类型：等边三角形、等腰三角形、不等边三角形或非三角形。

作为输入，三角形的三条边必须满足如下条件。

(1) 1<=a<=100；

(2) 1<=b<=100；

(3) 1<=c<=100；

(4) a<b+c；

(5) b<a+c；

(6) c<a+b。

1. 划分有效等价类和无效等价类

划分结果见表 6.8。

表 6.8　有效等价类和无效等价类表

输 入 条 件	有效等价类	无效等价类
是否构成三角形的 三条边	1≤a≤100（1） 1≤b≤100（2） 1≤c≤100（3） a<b+c（4） b<a+c（5） c<a+b（6）	(a<1)(7) (a>100)（21） (b<1)(8) (b>100)（22） (c<1)(9) (c>100)（23） a>=b+c（10） b>=a+c（11） c>=a+b（12）
是否为等腰三角形	a=b（13） b=c（14） c=a（15）	(a!=b)and(b!=c)and(c!=a)（16）
是否为等边三角形	(a=b)and(b=c)and(c=a)（17）	(a!=b)（18） (b!=c)（19） (c!=a)（20）

2. 设计有效等价类的测试用例

有效等价类的测试用例见表 6.9。

表 6.9　有效等价类的测试用例表

序号	测试用例	预期输出	覆盖等价类	实际输出
1	3、4、5	一般三角形	1,2,3,4,5,6	一般三角形
2	3、3、4	等腰三角形	1,2,3,4,5,6,13	等腰三角形
3	3、4、3	等腰三角形	1,2,3,4,5,6,15	等腰三角形
4	4、3、3	等腰三角形	1,2,3,4,5,6,14	等腰三角形
5	3、3、3	等边三角形	1,2,3,4,5,6,17	等边三角形

3. 设计无效等价类的测试用例

无效等价类的测试用例见表 6.10。

表 6.10　无效等价类的测试用例表

序号	测试用例	预期输出	覆盖等价类	实际输出
1	12	边界值超出范围	7	边界值超出范围
2	10,512	边界值超出范围	21	边界值超出范围
3	120	边界值超出范围	9	边界值超出范围
4	12,105	边界值超出范围	23	边界值超出范围
5	102	边界值超出范围	8	边界值超出范围

序号	测试用例	预期输出	覆盖等价类	实际输出
6	11,052	边界值超出范围	22	边界值超出范围
7	211	无法构成三角形	10	等腰三角形
8	121	无法构成三角形	11	等腰三角形
9	112	无法构成三角形	12	等腰三角形
10	345	一般三角形	16	一般三角形
11	433	等腰三角形	18	等腰三角形
12	343	等腰三角形	19	等腰三角形
13	334	等腰三角形	20	等腰三角形
14	1.2	无效等价类		无效输入
15	1	无效等价类		无效输入
16	B,1,2	无效等价类		无效输入
17		无效等价类		无效输入
18	!,2,1	无效等价类		无效输入

4. 边界值分析法

边界值分析测试用例见表 6.11。

表 6.11　边界值分析测试用例表

序号	测试用例	预期输出	覆盖等价类	实际输出
1	12	边界值超出范围	7	边界值超出范围
2	10,512	边界值超出范围	21	边界值超出范围
3	120	边界值超出范围	9	边界值超出范围
4	12,105	边界值超出范围	23	边界值超出范围
5	102	边界值超出范围	8	边界值超出范围
6	11,052	边界值超出范围	22	边界值超出范围
7	1,100,100	等腰三角形	123	等腰三角形
8	210,033	一般三角形	2	一般三角形
9	331	等腰三角形	3	等腰三角形

四、实验思考与总结

请读者根据上述实验步骤,独立完成下列题目,并完成实验报告。

下一日问题描述:NextDate 是一个有三个变量(月份、日期和年份)的函数。函数返回输入日期后边的那个日期。作为输入:变量月份、日期和年都具有整数值,满足以下条件。

(1) 1<=月份<=12。

(2) 1<=日期<=31。

(3) 1912<=年<=2050。

第 7 章　软件维护与管理

　　软件维护与管理的对象是软件工程项目,它所涉及的范围覆盖了整个软件工程过程,要使软件项目开发获得成功,关键问题是必须对软件项目的工作范围、可能风险、资源、任务、工作量等做到心中有数。软件项目管理是为了使软件项目能够按照预定的成本、进度、质量要求顺利完成,对人员、产品、过程、项目进行分析和管理的活动。本章首先介绍软件维护的概念、过程,然后从软件管理的风险管理、质量管理、配置管理等方面介绍软件项目管理的详细内容。

本章思维导图

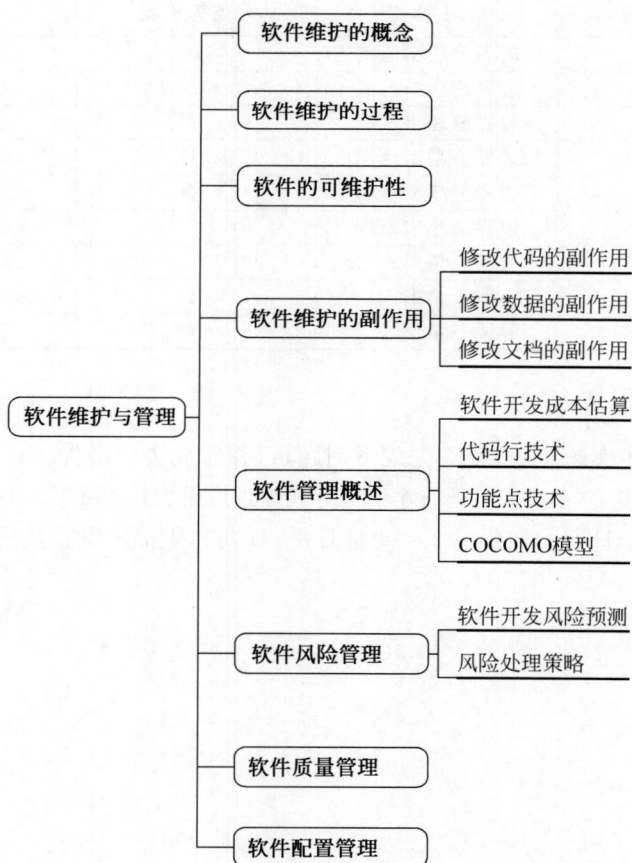

软件维护与管理
- 软件维护的概念
- 软件维护的过程
- 软件的可维护性
- 软件维护的副作用
  - 修改代码的副作用
  - 修改数据的副作用
  - 修改文档的副作用
- 软件管理概述
  - 软件开发成本估算
  - 代码行技术
  - 功能点技术
  - COCOMO模型
- 软件风险管理
  - 软件开发风险预测
  - 风险处理策略
- 软件质量管理
- 软件配置管理

7.1 软件维护概念

软件维护（Software Maintenance）是指在软件产品发布后，因修正错误、提升性能或其他属性而进行的软件修改。通过说明软件交付使用后可能进行的 4 项活动可以具体地定义软件维护。

根据多种不同起因，软件维护活动可以归结为 4 类：改正性维护、适应性维护、完善性维护和预防性维护。

1. 改正性维护（Corrective Maintenance）

改正性维护是指改正在系统开发阶段已发生而系统测试阶段尚未发现的错误。由于软件测试不可能暴露一个大型软件系统中所有潜藏的错误，所以必然会有改正性维护活动；在任何大型程序使用期间，用户一定会发现程序错误，并且把遇到的问题报告给维护人员。把诊断与改正错误的过程称为改正性维护。

2. 适应性维护（Adaptive Maintenance）

适应性维护是指使软件适应信息技术变化和管理需求变化而进行的修改。计算机科学技术领域在各方面都有迅速的进步，大约平均每 36 个月就有新一代硬件宣告出现，而且经常推出新操作系统与旧系统修改版本，增加和修改外部设备与其他系统部件；除此之外，应用软件的使用寿命容易超过 10 年，远远长于这个软件起初被开发时运行环境的寿命。

3. 完善性维护（Perfective Maintenance）

完善性维护是指为扩充功能和改善性能而进行的修改，主要是对已有的软件系统增加一些在系统分析和设计阶段中没有规定的功能与性能特征。当一个软件系统顺畅地运行时，往往出现完善性维护活动。在使用软件过程中用户往往会提出增加新功能或修改已有功能的建议，还可能提出一般性改进意见。对这些要求的满足需要进行完善性维护。此项维护活动通常占软件维护工作的大部分。

4. 预防性维护（Preventive Maintenance）

预防性维护是指为了进一步提高软件的可维护性和可靠性，为改进创造条件，需要对软件进行的其他维护。该类维护活动需要采用先进的软件工程方法，对需要维护的软件或软件中的某一部分（重新）进行设计、编码和测试。例如，将专用报表生成功能改成通用报表生成功能，以适应将来报表格式变化，代码结构调整，代码优化和文档更新等。目前这项维护活动相对比较少。

从上述软件维护的定义可以知道，软件维护不仅仅限于在使用中纠正发现错误，实际上在全部维护活动中有一半以上是完善性维护。国外统计数字显示，完善性维护占全部维护活动 $50\% \sim 66\%$，改正性维护占 $17\% \sim 21\%$，适应性维护占 $18\% \sim 25\%$，其他维护活动只占 4% 左右，如图 7.1 所示。

需要注意的是，以上的 4 类维护活动都需要应用于整个软件配置，维护软件文档与维护软件可执行代码是同等重要的。

软件维护的特点：无论软件规模多大，要开发一个完全不需要改正的软件是不可能的。软件本身的特性决定了软件维护是软件生命周期中不可或缺的一个阶段。

（1）软件维护是软件生命周期中延续时间最长、工作量最大的一个阶段。大、中型软件

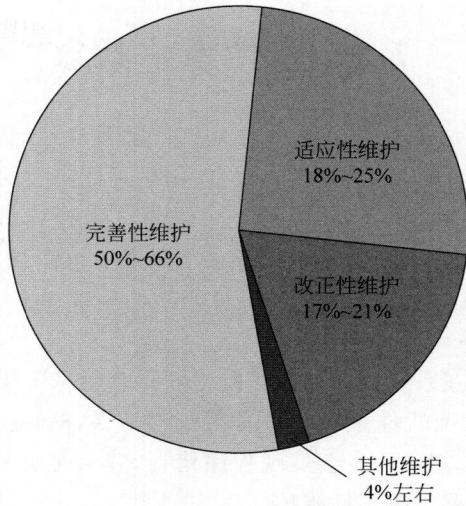

图 7.1　各类维护占全部维护活动的比例

产品的开发时间一般为 1～3 年,运行期 5～10 年,在整个运行过程中需要大量进行上述 4 种类型的软件维护活动。

(2) 软件维护活动不仅工作量大、任务重,如果维护不当,还会产生一些意想不到的副作用,甚至引起新的错误。软件维护活动直接影响软件产品的质量和使用寿命。

(3) 软件维护活动实际上是一个修改和简化了的软件开发活动。软件开发的所有环节(分析、设计、实现和测试等)几乎都要在维护活动中涉及,因此,软件维护活动也需要采用软件工程的原理和方法进行,这样才能保证软件维护活动的高效率、标准化。

(4) 尽管软件维护需要的工作量很大,但是长期以来,软件维护工作却一直未受到软件设计者们的足够重视。与软件设计和开发阶段相比,有关软件维护方面的文献资料很少,相应的技术手段和方法也很缺乏。

7.2　软件维护过程

软件维护过程的活动主要有建立维护组织、确定维护过程、保管维护记录、进行维护评价。

1. 维护组织

除了较大的软件开发公司外,在软件维护方面一般没有正式的维护机构,但非常有必要确立一个非正式维护机构。维护活动的进行往往没有计划,在维护活动开始之前要明确不同人员的维护责任,由此能较大程度地减少在维护过程中可能出现的混乱。整个维护组织结构如图 7.2 所示。

维护组织由维护管理员、系统监督员和维护人员组成。系统监督员必须对软件产品程序或将被修改的那类程序相当熟悉。每当软件开发机构收到用户的维护申请后,交给负责此事的维护管理员,由他把维护申请交给系统监督员提出意见并向修改控制决策机构报告,修改控制决策机构做出评价后再由维护人员决定如何进行修改。

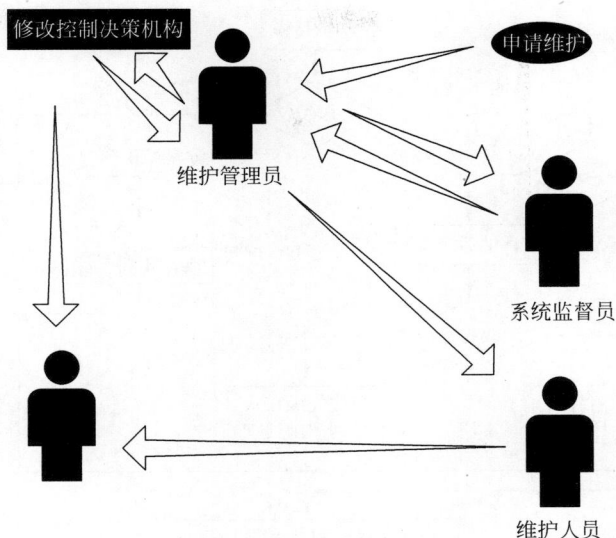

图 7.2　维护组织结构

2. 维护过程

维护过程从用户提出维护请求开始,要先确定维护属于哪种类型。

(1)若维护请求是改正性维护,则由系统监督员判断本次申请的严重性,如果非常严重,则将该申请放入工作安排队列之首;如果并不严重,则按评估后的优先级放入队列。

(2)对于完善性维护或适应性维护,则还要考虑是否采取行动,如果接受申请,则同样按照评估后的优先级放入队列,如果拒绝申请,则通知请求者,并说明原因。对于工作安排队列中的任务,由修改负责人依次从队列中取出任务,按照软件工程方法来规划、组织、实施工程。当队列中没有维护请求时,所得资源用于开发新的软件,否则继续进行维护活动。整个过程如图7.3所示。不管是何种维护类型,都要进行同样的一系列技术工作:修改软件需求说明书、修改软件设计、设计评审、必要时重新编码、单元测试、集成测试(包括回归测试)、确认测试等。

(3)复审是维护工作的最后一步,主要审查修改过的软件配置,再次验证软件结构中各个成分的功能,保证满足维护请求表中的要求。复审时需要考虑其他方法、维护资源和维护活动中的障碍等问题。

3. 维护记录

在维护人员对程序进行修改前要着重做好维护申请报告和软件问题报告。应该用标准格式来表达维护要求。软件问题报告通常为软件维护人员向用户提供空白的维护请求表,该报告由要求维护活动的用户填写。对于改正性维护,用户需要详细描述错误出现的现场信息,包括输入数据、错误清单以及其他有关材料。对于适应性维护或改善性维护,应该给出一个简短的需求规格说明书。维护申请被批准后,成为外部文档,作为本次维护的依据。

维护记录通常有以下内容:程序标识、机器指令数、源语句数、使用的程序设计语言、软件安装的日期、程序变动的层次和标识、自安装以来软件运行的次数、自安装以来软件失效的次数、因程序变动而增加的源语句数、因程序变动而删除的源语句数、用于维护的累计人时数、每次改动消耗的时间、与完成维护相关联的纯收益。

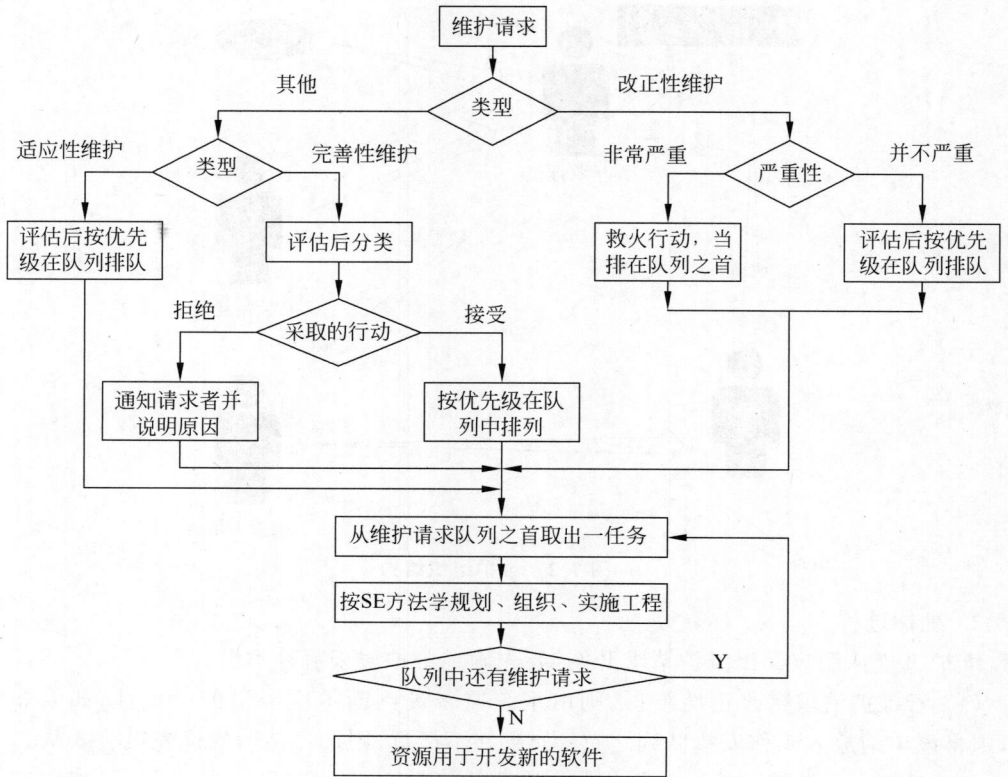

图 7.3　维护过程

4. 维护评价

维护记录保存和维护评价是两个相关的过程,只有保存了软件维护的记录,才能对维护过程进行评价。若缺乏详尽可靠的数据,要评价软件维护工作就很困难。如果有良好的维护记录,就可对维护工作做一些定量的评价,可根据以下 7 个指标进行评价。

(1) 每次程序运行平均失效的次数。

(2) 用于每类维护活动的总人时数。

(3) 平均每个程序、每种语言、每种维护类型所必需的程序变动数。

(4) 维护过程中每增加或删除源语句平均花费的人时数。

(5) 维护每种语言平均花费的人时数。

(6) 处理一张维护请求表所需的的平均周转时间。

(7) 各维护类型的占比。

根据这些统计量可对开发技术、编程语言,以及维护工作量的预测与资源分配等诸多方面的决策进行评价。

7.3　软件可维护性

可维护性是指理解、更正、调整和改进软件的难易程度。影响可维护性的主要因素有可理解性(Understandability)、可测试性(Testability)、可修改性(Modifiability)、可移植性

（Portability）、可重用性（Reusability）。

1. 主要影响因素

（1）可理解性是指理解软件的结构、接口、功能和内部过程的难易程度。提高软件可理解性的措施主要有：采用模块化的程序结构；书写详细正确的文档；采用结构化程序设计；书写源程序的内部文档；使用良好的编程语言；具有良好的程序设计风格等。

（2）可测试性是指测试和诊断软件正确性的难易程度。提高软件可测试性的措施有：采用良好的程序结构；书写详细正确的文档；使用测试工具和调试工具；保存以前的测试过程和测试用例等。

（3）可修改性是指修改软件的难易程度。如果一个程序的某个修改的影响波及的范围越大，则该程序的可修改性就越差；相反，其可修改性越好。通常某个可修改性好的程序应当是可理解的、通用的、灵活的、简单的。通用性是指程序适用于各种功能变化而无须修改。而灵活性是指能够容易地对程序进行修改。

（4）可移植性是指程序转移到一个新的计算环境的难易程度，即程序在不同计算机环境下能够有效运行的程度。影响软件可移植性的因素有信息隐蔽原则、模块独立、模块化、局部化、高内聚低耦合、良好的程序结构、不用标准文本以外的语句、控制域与作用域的关系等。一个可移植性好的程序应具有结构良好、灵活、不依赖于某一具体计算机或操作系统的性能。

（5）可重用性是程序不修改或者稍加改动就在不同环境中可以重新使用的容易程度。软件中使用的可重用构件越多，软件的可靠性越高，改正性维护需求就越少，适应性和完善性维护也就越容易。

2. 软件可维护性

软件的可维护性是所有软件都应该具备的基本特点，在软件工程过程的每一个阶段都应该考虑并努力提高软件的可维护性。在需求分析阶段的复审中，应对将来可能修改和可维护的部分进行注释，对软件的可移植性加以讨论，并考虑可能影响软件维护的系统接口。在每个开发阶段结束前的技术审查和管理复审中，可维护性都是重要的审查指标。在进行设计评审时，要从易于维护和提高设计总体质量的角度全面评审数据设计、体系结构设计、过程设计和界面设计。在进行代码评审时，要强调编程风格和内部文档。在进行测试时应指出软件正式交付前应进行的预防性维护。在维护活动完成后也要进行评审。

3. 提高可维护性的方法

为了延长软件的生命周期，提高软件的可维护性具有决定性的意义。通常采用的方法有明确质量管理目标和优先级、规范化程序设计风格、选择可维护性高的程序设计语言、完善程序文档和采取明确有效的质量保证审查措施。

1）明确质量管理目标和优先级

可维护性是所有软件都应具备的基本特征。一个可维护的程序应该是可理解、可修改和可测试的。但是要实现所有这些目标，需要付出很大的代价，而且也不一定行得通。因为有些维护属性之间是相互促进的，例如，可理解性和可测试性，可理解性和可修改性，另外有一些属性之间则是相互抵触的，如效率和可移植性、效率和可修改性等。因此，尽管可维护性要求每一种维护属性尽可能得到满足，但是它们的重要性是随程序的用途及计算环境的不同而不同。如效率和可移植性对于编译程序来说是主要的；可使用性和可修改性对于信息管理系统来说可能是主要的。所以在提出维护目标的同时规定维护属性的优先级是非常必要的。这对于提高软件质量以及减少软件在生命周期的费用都是非常有帮助的。在软件开发的整个过程中,始终应该考虑并努力提高软件的可维护性,尽力将软件设计成容易理解、容易测试和容易修改的软件。

2) 规范化程序设计风格

在进行软件设计时,采用模块化程序设计、结构化程序设计等程序设计方法;在软件开发过程中,建立主程序小组,实现严格的组织化管理、职能分工、规范标准;在对程序的质量进行检测时也可以采用分工合作的方法。这些方法会有效地提高软件质量和检测效率,从而提高软件的可维护性。

3) 选择可维护性高的程序设计语言

选择较好的程序设计语言对软件维护影响很大。低级语言(如机器代码或汇编语言)程序是一般人很难掌握和理解的,因而很难维护。高级语言比低级语言容易理解,具有更好的可维护性。在高级语言中,一些语言可能比另外一些语言更容易理解。同是高级语言,可理解的难易程度也不一样。程序设计语言对可维护性的影响见图7.4。

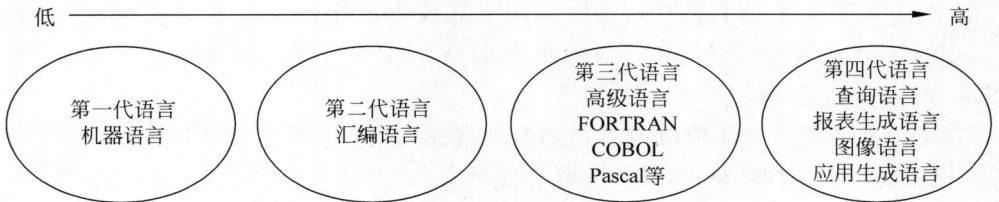

图 7.4 程序设计语言对可维护性的影响

4) 完善程序文档

程序文档是影响软件可维护性的另一决定性因素。程序文档是对程序总目标、程序各组成部分之间的关系、程序设计策略、程序实现过程的历史数据等的说明和补充。程序文档对提高程序的可理解性有着重要作用。就算是一个相对简单的程序,想要有效地、迅速地维护它,也需要在程序文档中说明它的目的和任务。而对于程序维护人员来说,想要重新修改程序编制人员的意图,并估计未来可能的变化,若无文档的帮助将很难实现。另外,程序文档一定要能及时反映程序的变化,否则将对后续维护人员产生误导。

5) 采取明确有效的质量保证审查措施

质量保证审查对于获得和维持软件的质量,是一个很有用的技术。审查不仅可以保证软件具有适当的质量,还可以检测在开发和维护阶段软件发生的质量变化。一旦检测出问题,就可以采取措施加以纠正,从而控制不断增长的软件维护成本,延长软件系统的有效生命周期。

为了保证软件的可维护性,有4种类型的软件审查:在检查点进行复审、验收检查、周期性地维护审查和对软件包进行检查。

(1) 在检查点进行复审。

保证软件质量的最佳方法是在软件开发的最初阶段就把质量要求考虑进去,并在开发过程每一阶段的终点,设置检查点进行检查。检查的目的是要证实已开发的软件是否符合标准,是否满足规定的质量需求。在不同的检查点,检查的重点不完全相同。软件开发期间各个检查点的检查重点如图 7.5 所示。

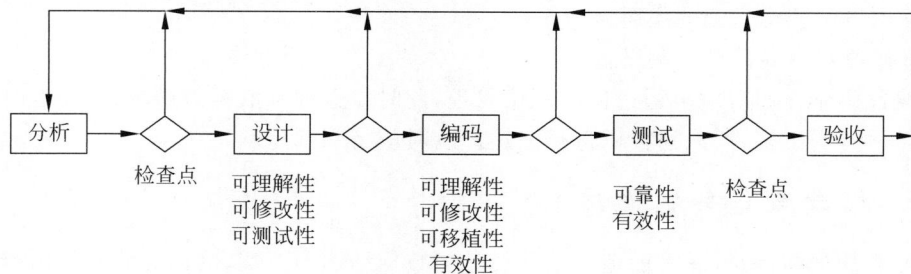

图 7.5　软件开发期间各个检查点的检查重点

（2）验收检查。

验收检查是一个特殊的检查点检查，是交付使用前的最后一次检查，是软件投入运行之前保证可维护性的最后机会。它实际上是验收测试的一部分，只不过它是从维护的角度提出验收的条件和标准。

（3）周期性的维护审查。

软件在运行期间，为了纠正新发现的错误或缺陷、适应计算环境的变化、响应用户新的需求，必须对其进行修改。但因此又会导致软件质量有变坏的风险，可能产生新的错误，破坏程序概念的完整性。所以必须像硬件的定期检查一样，每月一次，或两月一次，对软件做周期性的维护审查来跟踪软件质量的变化。

（4）对软件包进行检查。

软件包是一种标准化了的，可为不同单位、不同用户使用的软件。软件包卖主考虑到他的专利权，往往不会提供给用户源代码和程序文档。因此，对软件包主要采取功能检验的方法来进行检查。

7.4　软件维护的副作用

通过维护可以延长软件的寿命，使其创造更多的价值。但是，修改软件是危险的，每修改一次，可能会产生新的潜在错误。因此，维护的副作用是指由于修改程序而导致新的错误或新增加一些不必要的活动。软件维护产生的副作用一般有 3 种，即代码副作用、数据副作用以及文档副作用。

7.4.1　修改代码的副作用

虽然每次在使用程序设计语言修改源代码时可能引入新的错误，但是下列修改最易出现错误。

（1）修改或删除子程序。

（2）修改或删除语句标号。

（3）修改或删除标识符。

（4）为提高执行效率所做的修改。

（5）修改文件的 open、close 操作。

（6）修改逻辑操作符。

（7）由设计变动引起的代码修改。

（8）修改对边界条件的测试。

修改代码副作用有时可通过回归测试发现,此时应立即采取补救措施,然而有时直到交付运行后才暴露出来,所以对代码进行上述修改时应特别慎重。

7.4.2 修改数据的副作用

在修改数据结构时,有可能造成软件设计与数据结构不匹配,因而导致软件出错。容易引起副作用的数据修改如下。

（1）局部或全局变量的再定义。

（2）记录或文件格式的再定义。

（3）增减数据或其他复杂数据结构的体积。

（4）修改全局数据。

（5）重新初始化控制标志和指针。

（6）重新排列 I/O 表或子程序参数表。

设计文档化有助于限制修改数据的副作用,因为设计文档中详细地描述了数据结构并提供了一个交叉访问表,把数据和引用它们的模块对应起来。

7.4.3 修改文档的副作用

软件维护应统一考虑整个软件配置,而不仅仅是源代码,否则,由于在设计文档和用户手册中未能准确反映修改情况会引起修改文档的副作用。

对软件的任何修改都应在相应的技术文档中反映出来,如果设计文档不能与软件当前的状况相对应,则比没有文档更困难。对用户来讲,若使用说明中未能反映修改后的状况,那么用户在这些问题上必会出错。例如对交互输入的顺序或格式进行修改,如果没有正确地记入文档中,可能引起重大的问题。因此,必须在软件交付前对整个软件配置进行评审,以减少修改文档的副作用。

为了控制因修改文档而引起的副作用,要做到以下几点。

（1）按模块把修改分组。

（2）自顶向下地安排被修改模块的顺序。

（3）每次只修改一个模块。

（4）对每个修改过的模块,在安排修改下一个模块之前,要确定这个修改的副作用。

7.5 软件管理概述

有效的软件项目管理集中于 4P,即人员、产品、过程和项目,它们的顺序不是任意的。由于软件产品具有独特性,所以软件工程管理对软件产品质量保证具有极为重要意义。

1. 软件产品特点

软件产品是知识密集型逻辑思维产品,它具有以下特性。

（1）软件是逻辑产品,具有高度抽象性。

（2）同一功能软件可以有多样性。

（3）软件生产过程复杂，具有易错性。

（4）软件开发与维护主要是根据用户需求"定制"，其过程具有复杂性与易变性。

（5）软件开发与运行经常受到计算机系统环境限制，因而软件有安全性与可移植性等问题。

（6）软件生产有许多新技术需要软件工程师进一步研究与实践，如"软件复用""自动生成代码"等新软件工具与新软件开发环境等。

2. 软件工程管理重要性

由于软件本身的复杂性，软件工程将软件开发划分为若干个阶段。每个阶段完成不同任务、采取不同方法。为此，软件工程管理方面要有相应的方法。

由于软件产品的特殊性，软件工程管理涉及很多学科，如系统工程学、标准化、管理学、逻辑学与数学等。对于软件工程管理，人们还缺乏经验与技术。实际上人们都在自觉与不自觉地进行软件工程管理，只是管理水平不一样。

随着软件规模不断增大、软件开发人员日益增加、开发时间不断增长，软件工程管理难度逐步增加。由于软件开发管理不善造成的后果很严重，所以软件工程管理非常重要。

3. 软件工程管理内容

软件工程管理内容包括对软件开发成本、控制、开发人员、组织机构、用户、软件开发文档、软件质量等方面的管理。软件项目管理的对象是软件工程项目，其范围覆盖了整个软件工程过程，而现代项目管理的要求就是要对项目的整个过程进行计划，以及对项目的实施进行控制，也就是对软件项目的开发过程进行支持和管理，并对其质量和进度进行控制。图 7.6 给出了一个软件项目管理的通用过程。

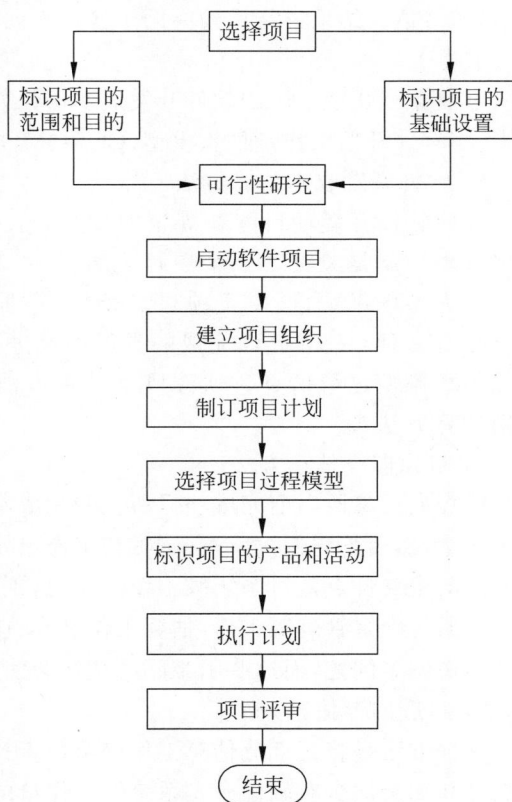

图 7.6　软件项目管理通用过程示例

7.5.1　软件开发成本的估算

软件开发成本估算主要是对软件规模估算，估算开发所需要时间、人员与经费。

控制包括软件开发进度控制、人员控制、经费控制与质量控制。由于软件产品具有特殊性与软件工程不成熟，制订软件进度计划比较困难。通常把一个大的开发任务分为若干子工程，例如分为一期工程、二期工程等。然后再制订各期工程具体计划，这样才能保证计划实际可行，便于控制。在制订计划时要适当留有余地。

软件工程管理很大程度上是通过对文档资料进行管理来实现。所以，要对开发过程中的初步设计、中间过程与最后结果建立一套完整的文档资料。文档标准化是文档管理一个重要方面。

1. 软件开发成本估算

在计算机技术发展早期，软件成本只占系统总成本很小比例。所以，在估算软件成本时，即使误差较大也无关紧要。现在软件成本已成为整个计算机系统中成本最高部分。若软件开发成本估算出现较大误差，可能会使盈利变为亏损。由于软件成本涉及因素较多，因而难以对其做出准确估算。

软件项目开始之前，要估算软件开发所需要工作量与时间，首先需要估算软件规模。估算软件规模主要技术有代码行技术与功能点技术。可以使用多种不同方法进行软件开发成本估算，对估算结果进行比较有助于暴露不同方法之间不一致的地方，从而更准确地估算出软件成本。

下面介绍几种不同的软件开发成本估算方法、软件规模估算方法（代码行技术与功能点技术）与软件开发工作量估算模型（COCOMO2 模型）。

2. 软件开发成本估算方法

为使软件开发项目能在规定时间内，在不超过预算情况下完成，较准确成本估算与严格管理控制是关键。一个项目是否开发，经济上是否可行，主要取决于成本估算。对于一个大型软件项目，由于项目复杂性，开发成本估算不是一件简单的事情。常用的估算方法有三种：基于已经完成的类似项目进行估算；基于分解技术计划进行估算；基于经验估算模型进行估算。软件成本估算方法有自顶向下估算方法、自底向上估算方法、差别估算方法等。

1）自顶向下估算方法

估算人员参照以前完成项目所耗费总成本与总工作量来推算将要开发软件的总成本与总工作量，然后把它们按阶段、步骤与工作单元进行分配，这种方法称为自顶向下估算方法。该方法的主要优点是对系统级工作量重视，不会遗漏系统级工作量成本估算。例如，集成、用户手册与配置管理等工作，估算工作量小、速度快。该方法的缺点是往往不清楚低层次工作技术性困难问题，而这些困难问题往往会使成本增加。

2）自底向上估算方法

这种方法是将每部分估算工作交给负责该部分工作人员来做。优点是估算较为准确，缺点是往往会缺少对软件开发系统级工作量的估算。最好采用自顶向下与自底向上结合的方法来估算开发成本。

3）差别估算方法

差别估算方法是将开发项目与一个或多个已完成类似项目进行比较，找出与类似项目若干不同之处，并估算每个不同之处对成本影响，从而推导出开发项目总成本。该方法优点是可以提高估算准确度，缺点是不容易明确"差别"界限。

除以上方法外，还有许多方法，大致分为专家估算法、类推估算法与算式估算法。

专家估算法：依靠一个与多个专家对项目做出估算，其精确性取决于专家对估算项目定性参数的了解与他们的经验。

类推估算法：自顶向下方法中，将估算项目与类似项目进行直接比较，得到结果。自底向上方法中,在具有相似条件相同工作阶段之间进行比较,得到结果。

算式估算法:根据项目的特点,借助相应成熟的模型,估算软件项目成本。

前两种估算法的缺点在于:它们依靠的是带有主观猜测和盲目性的估算方法。算式估算法则是企图避免主观因素影响的一种方法。算式估算法有两种基本类型:由理论导出的算法和由经验得出的算法。

7.5.2 代码行技术

代码行(Lines Of Cocle,LOC)技术是一个相对简单的定量估算软件规模的方法。该方法先根据以往经验及历史数据估算出将要编写软件的源代码行数,然后以每行平均成本乘以估计总行数,估算出总成本。为了使得对程序规模的估计值更接近实际值,可以由多名有经验的软件工程师分别做出估计。每个人都估计程序的最小规模(a)、最大规模(b)和最可能的规模(m),分别算出这 3 种规模的平均值 $\bar{a}$、$\bar{b}$ 和 $\bar{m}$ 之后,再用下式计算程序规模的估计值:

$$L = \frac{\bar{a} + 4\bar{m} + \bar{b}}{6} \tag{7-1}$$

用代码行技术估算软件规模时,当程序较小时常用的单位是代码行(LOC),当程序较大时常用的单位是千代码行(KLOC)。

代码行技术特点如下。

(1) 优点:代码行是所有软件开发项目都有的"产品",很容易计算;已有大量基于代码行的文献资料与数据。

(2) 缺点:用不同语言实现同种软件产品时所需要代码行数并不相同,所以代码行技术不适用于非过程性语言。

软件各项功能需要代码行数与开发成本分别估算。

程序较小时,代码规模估算单位是 LOC;程序较大时,估算单位是 KLOC。代码行每行成本与开发工作复杂性、工资水平有关。

每项功能的工作量(人天)等于代码行数除以每人每天设计行数;每项功能成本等于代码行数乘以每行成本。最后分别计算工作量合计数与成本合计数。开发软件时要注意不断积累有关数据,以便使今后的估算更准确。

7.5.3 功能点技术

功能点技术是指依据对软件信息域特性和软件复杂性的评估结果估算软件规模。这种方法是以功能点为单位来度量软件的规模。

1. 信息域特性

功能点技术定义了信息域的 5 个特性,每个特性按照不同的复杂等级和不同的技术复杂性分配不同的功能点系数,由此计算出软件的功能点数,从而度量软件的规模。5 个信息域特性分别为输入项数、输出项数、查询数、主文件数和外部接口数。

输入项数(Inp):用户向软件输入的项目数,这些输入给软件提供面向应用的数据。

输出项数(Out):软件向用户输出的项目数,这些输出向用户提供面向应用的信息。例如,报表、屏幕和出错信息等。报表内的数据项个数不单独计算。

查询数(Inq):查询是指一次联机输入,它导致软件以联机输出方式产生某种即时的响应。

主文件数(Maf):主文件(数据的一个逻辑组合,可能是大型数据库的一部分或一个独立的文件)的数目。

外部接口数(Inf):机器可读的全部接口数量,系统利用这些接口向其他系统传送信息。

2. 估算功能点的步骤

(1)计算未调整的功能点数(Unadjusted Function Points,UFP)。

第一步,把产品信息域的每个特性,包括 Inp、Out、Inq、Maf 和 Inf,按照其复杂性和所需工作量进行分配。将它们分类为简单级、平均级或复杂级,基于每个特性的分类等级,为它们分配相应的功能点数。然后,利用如下的公式计算 UFP:

$$\text{UFP} = a_1 \cdot \text{Inp} + a_2 \cdot \text{Out} + a_3 \cdot \text{Inq} + a_4 \cdot \text{Maf} + a_5 \cdot \text{Inf} \qquad (7\text{-}2)$$

其中,a_i($1 \leqslant i \leqslant 5$)为信息域特性系数,其值由相应特性的复杂级别决定,如表 7.1 所示。

表 7.1　信息域特性系数值

特 性 系 数	复 杂 类 别		
	简　　单	平　　均	复　　杂
输入项系数 a_1	3	4	6
输入项系数 a_2	4	5	7
查询系数 a_3	3	4	6
文件系数 a_4	7	10	15
接口系数 a_5	5	7	10

由表 7.1 可知,一个简单级的输入项分配 3 个功能点,一个平均级以及一个复杂级的输入项分别分配 4 个功能点和 6 个功能点。

(2)计算技术复杂因子(Technical Complexity Factor,TCF)。

先列出软件工程的 14 种主要技术因素(也称为技术因子),技术因子对软件规模大小的影响会有所不同。按照项目的工作情况考虑它们可能对软件规模大小产生的不同影响。为了度量这 14 种技术因子,为每种技术因子分配一个 0~5 之间的值。0 表示不存在或对软件规模没有影响,5 表示对本项目的软件规模有很大影响。用下式计算技术因素对软件规模的综合影响程度(DI):

$$\text{DI} = \sum_{i=1}^{14} \text{F}i \qquad (7\text{-}3)$$

TCF 由下式计算:

$$\text{TCF} = 0.65 + 0.01 \cdot \text{DI} \qquad (7\text{-}4)$$

因为 DI 的值在 0~70 之间,所以 TCF 的值在 0.65~1.35 之间。

(3)计算功能点数(Function Point,FP)。

由下式计算 FP:

$$\text{FP} = \text{UFP} \cdot \text{TCF} \qquad (7\text{-}5)$$

尽管功能点数作为评估软件规模的度量标准与所使用的编程语言无关,且在某些方面相比代码行技术显得更为合理,但在评估信息域特性的复杂度以及技术因素的影响时,仍不可避免地存在一定的主观性。

表 7.2 列出了这 14 种技术因素,并用 Fi 代表。

表 7.2 技术因素

序号	技 术 因 素	Fi
1	数据通信	F1
2	分布式数据处理	F2
3	性能标准	F3
4	高负荷的硬件	F4
5	高处理率	F5
6	联机数据输入	F6
7	终端用户效率	F7
8	联机更新	F8
9	复杂的计算	F9
10	可重用性	F10
11	安装方便	F11
12	操作方便	F12
13	可移植性	F13
14	可维护性	F14

7.5.4 COCOMO 模型

软件开发工作量是软件规模的函数,工作量的单位通常为人月。COCOMO(Constructive Cost Model,构造性成本模型)是一种软件开发工作量估算模型。

COCOMO 是由 Boehm 于 1981 年提出的成本估算方法。Boehm 等对 COCOMO 进行了修订,并在 1997 年提出了 COCOMO2。COCOMO 是一种层次结构的软件估算模型,COCOMO2 被认为是最精确、最易于使用的软件成本估算方法。该模型分为 3 个层次,它在估算软件开发工作量时,对软件细节问题考虑的详尽程度逐层增加。这 3 个估算模型的层次分别如下。

(1) 应用系统组成模型。用于估算构建原型的工作量,这种模型考虑了大量使用已有构件的情况。

(2) 早期设计模型。用于体系结构设计阶段。

(3) 后期设计模型。用于体系结构设计完成之后的软件开发阶段。

以后期体系结构模型为例介绍 COCOMO2。该模型把软件开发工作量表示为 KLOC 的非线性函数:

$$E = a \cdot KLOC^b \cdot \prod_{i=1}^{17} f_i \qquad (7\text{-}6)$$

式中,E 是软件开发工作量(以人月为单位),a 是模型系数,KLOC 是估计的源代码行数(以千行为单位),b 是模型指数,$f_i(i=1\sim17)$ 是成本因素。

在 COCOMO2 中,每个软件成本因素都被赋予了相应的数值,即工作量系数,这些系数反映了因素的重要性和对工作量的影响程度。这些成本因素不仅对于使用 COCOMO2 进行估算至关重要,而且对于任何项目的开发工作量都具有一定影响。即使不使用 COCOMO2 估算工作量,也应该重视这些因素。Boehm 把成本因素划分为产品因素、平台因素、人员因素和项目因素等 4 类,成本因素及对应的工作量系数见表 7.3。

表 7.3　成本因素及对应的工作量系数

成本因素		级别					
		很低	低	正常	高	很高	极高
产品因素	软件可靠性	0.75	0.88	1.00	1.15	1.39	
	数据库规模		0.93	1.00	1.09	1.19	
	产品复杂程度	0.75	0.88	1.00	1.15	1.30	1.66
	要求的可重用性		0.91	1.00	1.14	1.29	1.49
	需要的文档量	0.89	0.95	1.00	1.06	1.13	
计算机因素	执行时间约束			1.00	1.11	1.31	1.67
	主存约束			1.00	1.06	1.21	1.57
	平台变动		0.87	1.00	1.15	1.30	
人员因素	分析员能力	1.50	1.22	1.00	0.83	0.67	
	程序员能力	1.37	1.16	1.00	0.87	0.74	
	应用领域经验	1.22	1.10	1.00	0.89	0.81	
	平台经验	1.24	1.10	1.00	0.92	0.84	
	语言和工具经验	1.25	1.12	1.00	0.88	0.81	
	人员连续性	1.24	1.10	1.00	0.92	0.84	
项目因素	使用软件工具	1.24	1.12	1.00	0.86	0.72	
	多地点开发	1.25	1.10	1.00	0.92	0.84	0.78
	要求的开发进度	1.29	1.10	1.00	1.00	1.00	

在 COCOMO2 中,当软件可靠性级别很低时,与之关联的工作量系数为 0.75。这个系数的含义是,当项目对软件可靠性的要求比较低时,预计需要的工作量将减少,约为标准工作量(即系数为 1 时的工作量)的 75%。

为了确定工作量方程中模型指数 b 的值,原始 COCOMO 对软件开发项目进行了 3 种类型的划分:组织式、半独立式和嵌入式。每种项目类型都对应一个 b 值(分别是 1.05,1.12,1.20)。COCOMO2 采用了更为精细的 b 分级模型,在这个模型中,使用了 5 个分级因素 W_i($1 \leqslant i \leqslant 5$),其中每个因素都划分成从很低($W_i = 5$)到极高($W_i = 0$)的 6 个级别,然后用下式计算 b 的数值:

$$b = 1.01 + 0.01 \cdot \sum_{i=1}^{5} W_i \tag{7-7}$$

因此,b 的取值范围为 1.01～1.26。显然,这种分级模式相较于原始 COCOMO,提供了更高的精确度和灵活性。在原始的 COCOMO 中,仅大致考虑了前两个分级因素对指数 b 的影响。相比之下,COCOMO2 的分级模式更为详尽和细致。

对于工作量方程模型系数 a,其典型值为 0.3,然而,在实际应用中,应当结合历史经验数据,来确定一个更加贴合本组织当前开发的项目类型的数值。

7.6　软件风险管理

软件开发过程中总会存在某些风险,因此必须采取主动策略进行风险管理,也就是说在技术工作开始之前就应该启动风险管理活动;标识出潜在的风险,评估它们出现的概率与影响,并且按重要性把风险排序;然后,制订一个计划来管理风险。简而言之,风险管理是一个重要的过程,有助于降低软件开发中的风险并确保项目的成功。

　　风险管理的主要目标是预防风险,但并非所有风险都能被完全预防,因此软件项目组还必须制订一个处理意外事件的计划,以确保在风险变成现实时能够以可控与有效的方式做出反应。

　　风险要素分析作为软件能否开发成功的关键,需要在软件开发前进行确认,并将其归纳进整个开发过程的计划考量中,使其成为软件开发的一部分。软件开发的风险要素分为以下几种。

　　(1) 软件开发的内容及质量风险。软件开发往往是根据社会需求进行的,社会的需要决定了软件开发的内容,而软件开发是一项长期且复杂的工程,相比普通的工程项目,具有很多潜在的风险,这些风险具有很大的危害性,需要开发人员及时识别并分析这些风险,使软件开发所受影响和损失降到最低。在软件开发过程中,开发内容是整个软件开发的基础,是整个开发过程的导向,始终贯穿于软件开发之中。为了确保软件开发的成功,就必须具备一个理性的开发内容及范围,如果在开发初期不能将软件开发的内容及范围加以明确,必然会导致软件开发产生风险甚至失败。

　　随着社会的进步和发展,软件开发也成为人们工作和生活中不可或缺的重要部分。为了确保软件开发的成功,不仅需要明确项目开发内容和范围,还要避免开发项目中出现质量问题。相应组织人员应该制定严格的质量技术衡量标准,确保软件开发具有一定的规范性和可行性,否则,如果存在风险,可能会导致软件开发无法达到预定目标甚至失败。

　　(2) 软件开发过程中的人员及组织风险主要源于参与人员和组织团队外部环境等因素的多样性,这些因素导致开发过程存在不确定性,使得工程中的控制与管理也就具有一定的难度。软件开发人员作为软件开发的主体,人员的变动或者技术不达标,都可能会使软件开发过程产生风险。

　　而组织风险是指软件开发项目组内部对开发项目的内容或标准存在不同意见,这样就容易导致计划临时变动,从而增加软件开发的风险。组织的工作目的就是在决策者的引导下,通过对风险因素的分析将软件开发的风险降到最低,而工作的重点则是工程的进度、质量以及资金,因此,组织风险的出现与否决定了软件开发的成败。

　　(3) 软件开发的技术及政策风险。软件开发技术具有不确定性,在许多方面如设计、实施、验收和维护上都存在一些未知的因素,任何技术方案的变动都可能会带来潜在的对应风险。技术主要表现在语言、环境和硬件层面,一旦技术不过关,可能会引起整个软件开发系统的变化,从而引起风险事件的发生。

　　同时,国家政策因其阶段性的特点,往往受到市场经济变动的影响,随着社会的不断发展,国家的相关政策也会随之调整,这些都可能成为软件开发中的风险,要阻止这类风险的发生是不可能的,想要赢得与政策风险的博弈,就要科学应对当前的经济发展趋势及软件开发项目的可行性,寻求政策与风险之间的平衡,这样既有助于项目的顺利开展,也能显著提高软件开发的成功率。

7.6.1　软件开发风险预测

　　风险预测(Risk Projection)又称风险估计(Risk Estimation),是指分析各种风险发生的可能性或概率和当该风险发生时所导致的后果。通过风险预测可以更加清晰地了解每种风险对软件开发的潜在影响。风险预测活动包括以下几点。

（1）建立一个尺度，以及反应风险发生的可能性。

（2）阐述风险后果。

（3）评估风险对项目和产品整体的影响。

（4）标注风险预测的整体精确度，以免产生误解。

按照这些步骤进行风险预测，目的是可以按照优先级来考虑风险。由于任何软件开发团队都不可能以同等的严格程度来为每个可能的风险分配资源，因此，通过将风险按优先级排序，软件开发团队可以更有效地分配资源，优先把资源更多地分配给那些具有最大影响的风险。

1. 建立风险表

一种简单的风险预测技术是建立风险表。首先，在风险表的第一列列出所有的风险。接着，在第二列中给出每一个风险的类型，比如：项目风险、技术风险等，第三列以及第四列列出风险发生概率以及所产生的影响。风险所产生的影响可以用一个数字来表示：1 表示灾难性的，2 表示严重的，3 表示轻微的，4 表示可忽略的。风险类型可用字母来表示：PS 表示产品规模，BU 表示商业影响，CU 表示客户特性，TE 表示开发技术，DE 表示开发环境，ST 表示人员。风险表样本如表 7.4 所示。

表 7.4　风险表样本

风　　险	类　　型	发 生 概 率	影　响　值
用户数量大大超出计划	PS	60%	2
最终用户抵制该系统	BU	40%	3
资金将会流出	CU	40%	1
技术达不到预期的效果	TE	30%	1
缺少对工具的培训	DE	80%	3
人员变动比较频繁	ST	60%	2

一旦完成了风险表的内容，第二步是根据风险的发生概率和潜在影响来进行排序。将高概率、高影响的风险放在表的上方，而低概率的风险放在表的底部，这样就完成了初步风险排序。

在项目管理过程中，项目经理会研究已经排序的风险表，并设立一条中止线。该中止线是经过表中某一点的水平直线，用来区分需要重点关注的风险和其他风险。只有位于中止线上方的那些风险才会得到进一步的关注。对处于中止线下方的风险要再次评估，以完成第二次排序。

从管理的角度看，风险的影响和风险概率的作用是不同的。例如，对于那些具有高影响但发生概率很低的风险因素，通常不需要花费太多管理时间。而影响高且发生概率为中等到高的风险，以及影响低且概率高的风险，则应该首先纳入随后的风险分析步骤中。通过这种方式，项目经理可以更加高效和有针对性地分配资源，确保项目的顺利进行。

2. 评估风险后果

如果风险真的发生了，为全面评估其后果，通常从以下四方面进行深入分析：性能、支持、成本和进度。这四个维度称为 4 个风险与因素,具体定义如下。

性能风险:产品能否满足既定需求并符合其设计目的的不确定性。

成本风险:项目能否维持在预算范围内的不确定性。

支持风险:软件在出现错误时易于修复、适应变化以及扩展的不确定性。

进度风险:项目能否按计划推进,以及产品能否按时交付的不确定性。

根据上述四个风险因素受影响的严重程度,可以把风险后果划分为四个等级:可忽略的、轻微的、严重的和灾难性的。在实际项目操作中,可以参照风险表中列出的特点与实际后果将风险归类到这四个等级中的一个,从而进行后果评估。

以上所述风险预测与分析方法可以在软件开发的整个过程中反复运用。项目团队需要定期回顾并更新列表,重新评估每个风险,以便在新情况下判断风险发生的概率及其影响是否发生了变化。通过这一持续性的风险评估过程,项目团队可能会发现新的风险并添加到列表中,同时删除那些不再有影响的风险,还可能根据新的评估结果调整风险列表中风险排序。

7.6.2 风险处理策略

对于绝大多数软件项目而言,4 个风险因素(性能、成本、支持与进度)都有一个临界值,一旦这些风险中的任何一个或多个超过临界值就会导致项目被迫终止。也就是说,如果性能下降、成本超支、支持困难与进度延迟(与这 4 种因素组合)超过预先定义的限度,那么风险就会变得过大,导致项目无法继续。

在风险还没有严重到迫使项目终止的程度时,项目团队需要制定一个有效的风险应对策略。一个有效策略应该包括下述三方面内容:风险避免(与缓解);风险监控;风险管理与意外事件计划。

1. 风险避免(与缓解)

如果软件项目组采用主动策略来处理风险,那么避免风险总是最好的策略。可以通过建立风险缓解计划来实现。以人员频繁流动为例,假设这一因素已被标识为一个项目风险,基于历史与管理经验,估计人员频繁流动的概率是 0.7,也就是 70%。尽管这一概率较高,但是,更重要的是预测这种风险一旦发生将对项目成本与进度有严重影响。

为缓解这个风险,项目管理者必须制订一个策略来减少人员流动。可能采取的措施如下。

(1)与现有人员一起探讨,了解人员变动的原因(如工作条件恶劣、报酬低、劳动力市场竞争激烈)。

(2)在项目开始之前采取行动,预先识别并控制那些可能导致人员流动的因素。

(3)项目启动之后,应预设人员变动的应对方案,当人员离开时,使用开发技术来保证工作连续性。

(4)组织项目团队,构建一个高效的项目团队,确保每一个开发活动信息能够被广泛传播与交流。

(5)制定编写文档标准,并设立相应机制以确保文档能够及时创建和更新。

(6)同等对待所有工作的评审,从而使得更多人员能熟悉该项工作。

(7)为每一个关键技术人员都指定一个后备人员,以便在必要时能够迅速接替工作,减少因人员流动带来的损失。

2. 风险监控

随着项目的推进,风险监控活动变得至关重要。项目管理者应监控那些能够反映风险概率正在变高还是变低的因素。以上述人员频繁流动风险为例,可以监控以下因素。

(1) 团队成员对于项目压力的态度。

(2) 团队的凝聚力。

(3) 团队成员之间的关系。

(4) 与工资和奖金相关的潜在问题。

(5) 在公司内与公司外工作的可能性。

除监控这些因素之外,项目管理者还应该监测风险缓解措施的有效性。例如,前面叙述的风险缓解措施(5)中要求"制定编写文档标准,并建立相应机制以确保及时创建文档",当关键技术人员离开该项目时,这个措施会成为保证工作连续性的重要依据,项目管理者应该仔细监测这些文档,以保证每份文档能按时编写完成,从而在新员工加入该项目时,能够根据文档得到必要信息。

3. 风险管理与意外事件计划

风险管理与意外事件计划是假设风险缓解措施未能成功,风险变成现实。继续讨论前面例子,若项目正在进行中,突然有人宣布要离开。那么之前的风险缓解措施就会发生作用。此时后备人员已准备好,必要信息也已经写成文档,有关知识已经在团队中广泛进行交流。此外,对那些人员充足的岗位,项目管理者有权暂时重新调整资源配置,并重新调整进度,使新加入人员能够"赶上进度"。同时,要求那些将要离开的人停止所有工作,在离开前几星期进入"知识交接模式",例如,基于视频知识获取、建立"注释文档",以及与仍留在项目组的成员进行交流等。

值得注意的是,风险缓解、监控与管理还将产生额外的项目成本。例如,备份每个关键技术人员需要承担费用。因此,风险管理的一个任务就是评估在什么情况下,风险缓解、监控与管理措施所产生的效益高于实现这些步骤所花费的成本。通常,项目计划者要做一次常规成本或效益分析。以确定哪些措施是值得投入的。一般来说,要是采取某项风险缓解措施所增加成本大于其产生效益,则项目管理者很可能决定不采取这项措施。

对于大型项目,可能会识别出几十种风险,要是为每一个风险都制定风险缓解措施,那么风险管理本身就会变得庞大和复杂,所以要将 Pareto 的 80-20 法则应用于软件风险上。经验表明,整个项目风险 80%(可能导致项目失败 80%潜在因素)能够由 20%已经识别的风险来说明。早期风险分析步骤中所做的工作能够帮助我们确定哪些风险在这 20%之中,从而将精力集中在最高级别风险上,对其采取相应缓解措施。

7.7 软件质量管理

计算机软件质量是软件的一些内部特性的组合,计算机软件质量并非是在软件产品中被测试出来的,而是在软件开发与生产过程中形成的。按国家标准 GB/T 11457—2006(信息技术 软件工程术语)介绍,软件质量(Software Quality)定义为:软件产品中能满足给定需要性质与特性的总体程度;软件具有所期望各种属性的组合程度;顾客与用户对软件产品的综合反映程度；确定软件在使用过程中满足顾客要求的程度。

为保证软件充分满足用户要求而进行有计划、有组织的活动称为软件质量保证，其目的是生产高质量软件。

软件质量是指软件满足明确规定与隐含定义需求的程度。具体来说，软件质量的要点如下。

（1）软件功能必须满足用户规定需求。

（2）软件应遵守由规定标准所定义的一系列开发准则。

（3）软件应满足某些隐性需求，例如可理解性、可维护性等。

评价软件质量的关键是要定出其质量指标与优劣标准。为了确保软件质量，软件工程质量保证体系应遵循国家相关法律、法规及标准，例如我国国家标准 GB/T 9504—1990（计算机机件质量保证计划规范）、GB/T 17544—1998（信息技术、软件包、质量要求与测试）、国际标准 ISO 9000 等。这些标准的基本思想是，质量不是在产品检验中得到的，而是在生产过程中形成的。

ISO（国际标准化组织）与 IEC（国际电工委员会）是世界性标准化专门机构。国家标准 GB/T 16260—1996（软件质量特性）等同于国际标准 ISO/IEC 1996，它明确了软件质量由质量特性、质量子特性等组成。下面介绍其中规定的软件质量特性与质量子特性。

软件质量特性由下面 6 方面来衡量。

1）功能性

功能性是指软件功能达到它的设计规范以及能满足用户需求的程度。如软件产品准确性（包括计算精度）、两个与两个以上系统可相互操作能力、安全性等。

2）可靠性

可靠性是指在规定时间与条件下，软件能够实现所要求功能及不引起系统失效的能力。

3）易使用性

易使用性是指用户学习、操作、准备输入与理解输出的难易程度。

4）效率

效率是指软件实现某种功能所需计算机资源多少及执行其功能时使用资源持续时间多少。

5）可维护性

可维护性是指进行必要修改的难易程度。

6）可移植性

可移植性是指软件根据一个计算机环境转移到其他计算机环境下的运行能力。

上述各个软件质量特性各自所包含质量子特性如下。

（1）功能性：适合性、准确性、互用性、安全性。

（2）可靠性：成熟性、容错性、易恢复性。

（3）易使用性：易理解性、易学性、易操作性。

（4）效率：资源效率、时间效率。

（5）可维护性：易分析性、易改变性、稳定性、易测试性。

（6）可移植性：适应性、易安装性、一致性、易替换性。

7.8　软件配置管理

　　软件配置(Software Configuration)是软件产品在软件开发与运行过程中产生的全部信息,这些信息随着软件开发和运行工作进展而不断变更。

　　在软件开发过程中,产生的信息可以分为三类。

　　(1) 机器不可执行形式:文档、计算机程序单元、文字材料及测试结果等。

　　(2) 机器可执行形式:机器可读代码及存储在机器可读介质上的数据库。

　　(3) 数据:程序内部和外部包含的数据。

　　大部分软件配置都是文字材料,其中包括了定义阶段与开发阶段为软件开发人员内部使用而写的文档,开发阶段给用户准备的技术资料与手册,以及在维护阶段使用的内部参考材料,例如测试结果等。

　　软件配置管理(Software Configuration Management,SCM)是在软件的整个生命周期内,对变更进行管理的一组活动。软件配置管理与软件维护不同。软件维护是在软件交付给用户使用以后,根据用户需要而修改软件。软件配置管理是在软件项目定义时就开始,一直到软件退役后才停止控制活动。软件配置管理的目的是使软件变更所产生的错误达到最少,从而有效地提高软件生产率。

　　软件配置管理有以下 4 项任务。

　　(1) 标识变更。

　　(2) 控制软件配置全部变动,即"控制变更"。

　　(3) 确保变更正确地实现。

　　(4) 报告配置变更。

　　下面对上述 4 项任务分别进行介绍。

　　1) 标识变更

　　软件配置是软件在某一具体时刻的瞬时写照。软件配置项(Software Configuration Item,SCI)是软件生命周期中不断产生的信息项,是软件配置管理基本单位。随着软件工程的进展,软件配置会不断地发生变更。所以软件配置管理首先要标识这种变更。

　　标识变更主要目标是:

　　(1) 以可理解、可预见方式确定一个有条理的文档结构;

　　(2) 提供调节、修改方法,并协助追溯各种变更;

　　(3) 对各种变更提供控制设施。

　　美国电气与电子工程师学会(Institute of Electrical and Electronics Engineers,IEEE)对基线的定义是"已经通过正式复审的规格说明与中间产品,可以作为进一步开发的基础,并且只有通过正式的变化控制才能改变它"。

　　在软件配置项变为基线之前,可以迅速而非正式地修改它,一旦建立基线,必须应用特定的、正式的过程(称为规程)来评估、实现和验证每个变化。(不能随意地修改基线。)

　　正式过程来评估、实现与验证每个变化,应确定好全部文档格式、内容及控制机构,便于在配置项各层中进行追溯,为了统一管理和控制所有产品、文档和介质,采用同一种编号体制提供软件配置项信息,以便对所有产品、文档与介质指定合适的标识号。注意,标识方式要有利于控制且要便于增删与修改。

下列软件配置项是软件配置管理对象,并可形成基线:

➢ 系统规格说明书;

➢ 软件项目实施计划;

➢ 软件需求规格说明书;

➢ 设计规格说明书(数据设计、体系结构设计、模块设计、接口设计与对象描述);

➢ 源代码清单;

➢ 测试计划与过程、测试用例与测试结果记录;

➢ 操作与安装手册;

➢ 可执行程序(可执行程序模块、连接模块);

➢ 数据库描述(模式与文件结构、初始内容);

➢ 用户手册;

➢ 维护文档(软件问题报告、维护请求与工程变更次序);

➢ 软件工程标准;

➢ 项目开发小结。

2)控制变更

在软件生命周期中,对软件配置项进行变更的评价及核准机制称为控制变更。实施文档控制方法大致有以下三种。

(1)给全部软件配置建立一个专门软件库。

(2)将所有软件文档及每个配置的其他成分都看作已建成文档库的组成部分。

(3)由可靠的计算机终端访问文档检索设备及文字处理设备支持联机软件库。

上述三种方法均可很好地实现文档控制。

无论采取哪种方法进行文档控制,都应建立一个参考系统。确保每个文档都应有单独编号,包括单独项目标识号、配置单元项标识号、修改级号及属性编号等。

一般来说,控制变更通常分为三种类型:单项控制、管理控制及正式控制。其中以正式控制最为正规,管理控制次之。实行配置管理意味着每次配置变更都需要有复查及批准手续。通常,控制变更越正规,复查及批准手续就越复杂。

控制变更包括建立控制点、建立报告与审查制度。对于一个大型软件,未经控制的变更很快就会引起混乱,因此控制变更是一项最重要的软件配置管理任务。

控制变更过程有两个重要控制要素:存取控制与同步控制。

存取控制(访问控制)负责管理各个用户对一个特定软件配置对象的存取与修改权限。

同步控制可用来确保由不同用户所执行的并发变更不会互相覆盖。

3)配置审计

审计工作的主要目的是保证基线在技术和管理上的完整性与正确性,同时保证对软件配置项(SCI)所做变动是否符合需求规定。审计工作是变动控制人员批准 SCI 的先决条件。为了进行配置审计,需要采取正式技术复审与软件配置复审两方面措施,正式技术复审侧重于验证被修改后配置对象技术的正确性。软件配置复审则是对正式技术复审进行补充,如检查配置项变更标识的完整性和准确性。在软件生命周期内,必须不断地进行配置审计工作,而不能等到项目结束才进行配置审计工作。

4）配置状态报告

软件配置状态报告主要是回答"发生什么情况""谁做这件事""什么时候发生这一情况""它将影响哪些其他事物"等问题。软件配置状态报告根据每个软件配置管理获取相关信息,建立数据库,以便可以产生报告。通过审查软件配置变更记录及报告,便能确定何时做过何种变动,何种元素已被添加到已批准基线,以及在给定时刻的配置状态。

例如,随着软件工程生命周期推进,软件系统版本不断更新。为了更好地管理这些变更,可将不断变更版本进行编号,当在某种版本基础上进行的改动不大时,就在这种版本号后面加点号与序号;而当改动较大时,则会增加版本主序号。如版本1.0、版本1.1、版本1.1.1、版本1.1.2;版本1.2、版本1.3、版本1.4、版本2.0、版本2.1等。对每种版本是在哪个版本基础上做何种变动等都要详细加以记录。

综上所述,软件配置管理是对软件工程定义、开发、维护阶段等各个阶段的一种重要补充。软件工程过程中任何阶段变更都会引起软件配置的变更,对这种变更必须严格加以控制,确保与软件工程必须保持配置,并把精确、清晰的信息传递到软件工程过程下一步骤。

本 章 总 结

软件维护是指在软件产品发布后,因修正错误、提升性能或其他属性而进行的软件修改。

软件维护活动可以归结为以下4类:改正性维护、适应性维护、完善性维护和预防性维护。

软件维护的过程活动主要有:建立维护组织;确定维护过程;保管维护记录;进行维护评价。

可维护性是指理解、更正、调整和改进软件的难易程度。影响可维护性的主要因素有可理解性、可测试性、可修改性和可移植性。

为了保证软件的可维护性,有4种类型的软件审查:在检查点进行复审、验收检查、周期性的维护审查和对软件包进行检查。

有效的软件项目管理集中于4P,即人员、产品、过程和项目,它们的顺序不是任意的。软件工程管理内容包括对软件开发成本、控制、开发人员、组织机构、用户、软件开发文档、软件质量等方面管理。

软件开发成本估算主要是对软件规模估算,估算开发所需要时间、人员与经费。软件成本估算方法有自顶向下估算方法、自底向上估算方法、差别估算方法、算式估算与类推估算等。

代码行(LOC)技术是一个相对简单的定量估算软件规模的方法。该方法先根据以往经验及历史数据估算出将要编写软件源代码行数,然后以每行平均成本乘以估计总行数,估算出总成本。用LOC技术估算软件规模时,当程序较小时常用的单位是LOC,当程序较大时常用的单位是千代码行(KLOC)。

功能点技术依据对软件信息域特性和软件复杂性的评估结果估算软件规模。这种方法是以功能点为单位来度量软件的规模。功能点技术定义了信息域的5个特性,每个特性按照不同的复杂等级和不同的技术复杂性分配不同的功能点系数,由此计算出软件的功能点数,从而度量软件的规模。5个信息域特性为输入项数、输出项数、查询数、主文件数和外部接口数。

软件开发工作量是软件规模的函数,工作量的单位通常为人·月。COCOMO是一种软件开发工作量估算模型。COCOMO2分为3个层次,在估算软件开发工作量时,3个层次对软件细节问题考虑的详尽程度逐层增加。这3个估算模型的层次分别是应用系统组成模型、早期设计模型、后期设计模型。

风险管理的主要目标是预防风险,但并非所有风险都能被完全预防,因此软件项目组还必须制订一个处理意外事件的计划,以确保在风险变成现实时能够以可控与有效的方式做出反应。软件开发的风险要素分为软件开发的内容及质量风险、软件开发过程中的人员及组织风险、软件开发的技术及政策风险。

风险预测又称风险估计,风险预测用于评价每种风险发生的可能性或概率以及当该风险发生时所导致的后果。通过风险预测可以更加清晰地了解每种风险对软件开发的潜在影响。

软件质量是指软件满足明确规定与隐含定义需求的程度。软件质量特性由6方面来衡量:功能性、可靠性、易使用性、效率、可维护性、可移植性。

软件配置是软件产品在软件开发与运行过程中产生的全部信息,这些信息随着软件开发和运行工作进展而不断变更。

软件配置管理有以下4项任务。

(1) 标识变更。

(2) 控制软件配置全部变动,即"控制变更"。

(3) 确保变更正确地实现。

(4) 报告配置变更。

习　题

一、单选题

1. 下列有关软件维护的叙述中哪个是正确的?(　　　)

　　A. 谁编写的软件就应该由谁来维护

　　B. 软件维护是一件很吸引人的工作

　　C. 维护软件就是改正软件中的错误

　　D. 软件设计时应当考虑到将来的可修改性

2. 软件维护的副作用主要有(　　　)。

　　A. 编码副作用,数据副作用,测试副作用

　　B. 编码副作用,数据副作用,文档副作用

　　C. 编码副作用,文档副作用,测试副作用

　　D. 编码副作用,数据副作用,调试副作用

3. 度量软件的可维护性可以包括很多方面,下列(　　　)不在之列。

　　A. 程序的无错误性　B. 可靠性　　　　　C. 可移植性　　　　D. 可理解性

4. 软件按照设计的要求,在规定时间和条件下达到不出故障、持续运行要求的质量特性称为(　　)。

A. 可靠性　　B. 可用性　　C. 正确性　　D. 完整性

5. 为适应软件运行环境的变化而修改软件的活动称为(　　)。

A. 纠错性维护　　B. 适应性维护　　C. 完善性维护　　D. 预防性维护

6. 在软件生命周期的维护阶段,继续诊断和修正错误的过程称为(　　)。

A. 完善性维护　　B. 适应性维护　　C. 预防性维护　　D. 纠错性维护

7. 软件维护是软件生命周期中的固有阶段,一般认为,各种不同的软件维护中以(　　)维护所占的维护量最小。

A. 纠错性维护　　B. 代码维护　　C. 预防性维护　　D. 文档维护

8. 对于软件的(　　),有一种简单的面向时间的度量,叫作平均变更等待时间(Mean Time To Change,MTTC)。这个时间包括开始分析变更要求、设计合适的修改、实现变更并测试它以及把这种变更发送给所有用户所需的时间。

A. 可靠性　　B. 可修改性　　C. 可测试性　　D. 可维护性

二、判断题

1. 可维护性、可使用性、可靠性是衡量软件质量的几个主要质量特性,其中软件的可使用性是软件各个开发阶段的关键目标。(　　)

2. 可理解性表明人们通过阅读源代码和相关文档,了解程序功能及其如何运行的容易程度。(　　)

3. 可测试性表明验证程序正确性的容易程度,程序越简单,验证其正确性越容易。(　　)

4. 适应性维护是针对系统在运行过程中暴露出来的缺陷和错误而进行的,主要是修改错误。(　　)

5. 完善性维护主要是为了改善系统的某一方面而进行的变更,可能这种变更是因为出现错误而进行的变更。(　　)

三、填空题

1. 维护阶段是软件生命周期中,持续时间(　　)的阶段,花费精力和费用(　　)的阶段。

2. 在软件交付使用后,由于软件开发过程产生的(　　)没有完全彻底在(　　)阶段发现,必然有一部分隐含错误带到(　　)阶段。

3. 软件的可维护性是指软件功能被(　　)、(　　)、(　　)的难易程度。

4. (　　)是指由于软件维护或在维护过程中,其他一些不期望的行为而引的错误。用于软件维护的活动主要可以分为(　　)和(　　)两类。

5. 软件维护的副作用主要体现在(　　)、(　　)以及(　　)等三方面。

6. 软件维护可分为(　　),从苦读代码开始进行的维护称为非结构化维护。预防性维护采用的主要技术有逆向工程和重构工程。

7. 目前预防性维护采用的主要技术有逆向工程和重构工程。在软件生命周期中,(　　)阶段所占的工作量最大,约占总工作量的80%。

四、简答题

1. 什么是软件维护?它有哪几种类型?各自的任务是什么?

2. 什么是软件的可维护性？它主要由哪些因素决定？

3. 如何提高软件的可维护性？

4. 软件维护有什么特点？

5. 为什么说软件的维护是不可避免的？

6. 软件维护困难主要表现在什么方面？

7. 软件价格应该计入维护成本吗？为什么？

实践活动

软件项目管理

——以项目规模成本估算为例

一、背景知识

在软件项目管理中,项目规模成本估算是评估项目所需资源和工作量以确定成本的过程。了解以下背景知识对进行该实验很重要。项目规模管理:确定项目所需资源和工作量的过程,通常通过功能点、源代码行数等指标来衡量。成本估算技术:用于估算项目成本的方法,如专家判断、类比估算、参数估算等。规模测量工具:用于衡量项目规模的工具,如功能点分析、源代码行数统计等。

二、实验目的

1. 了解项目成本估算包含的内容;

2. 掌握项目成本的估算方法。

三、实验内容与步骤

1. 按标准估值法

(1) 聘请了 5 位专家,他们对开发成本的最小规模、最大规模及最可能规模的估值如表 7.5 所示。

表 7.5　标准估值表

专家编号	专家名称	最小规模(元)	最大规模(元)	最可能规模(元)
0001	张××	190000	230000	210000
0002	王××	195000	235000	215000
0003	李×	180000	200000	190000
0004	钱××	185000	220000	205000
0005	赵××	175000	240000	220000
平　均		185000	225000	208000

(2) 由于采用 B/S 结构,通过计算,修正系数为 1.25。

开发成本采用最有可能的规模进行计算。

最小规模平均值:

$A = (190000 + 195000 + 180000 + 185000 + 175000)/5 = 185000(元)$

201

第 7 章

软件维护与管理

最大规模平均值:

$B=(230000+235000+200000+220000+240000)/5=225000(元)$

最可能规模平均值:

$M=(210000+215000+190000+205000+220000)/5=208000(元)$

由此可得:

开发成本=修正系数×$(A+4×M+B)/6=1.25×207000=258750(元)$

管理成本和质量成本=开发成本×管理质量系数=$258750×0.28=72450(元)$

项目直接成本=开发成本+管理成本+质量成本=$258750+72450=331200(元)$

项目间接成本=直接成本×间接成本系数=$331200×0.25=82800(元)$

项目总估算成本=直接成本+间接成本=$331200+82800=414000(元)$

由此可得:

利润=项目总估算成本×$0.3=414000×0.3=124200(元)$

项目的报价=项目总估算成本+利润=$414000+124200=538200(元)$

2. 按 COCOMO 模型法

(1) 代码行估算大约在 5KLOC;

(2) 属于组织型项目;

(3) 符合中级 COCOMO 模型;

(4) 开发费用为 1.2 万元/人·月;

(5) 考虑成本因素。

开发成本=总计人月数×人·月单价=$19×1.2=22.8(万元)$

管理成本和质量成本=开发成本×管理质量系数=$22.8×0.28=6.384(万元)$

项目直接成本=开发成本+管理成本+质量成本=$22.8+6.384=29.184(万元)$

项目间接成本=直接成本×间接成本系数=$29.184×0.25=7.296(万元)$

项目总估算成本=直接成本+间接成本=$29.184+7.296=36.48(万元)$

由此可得:

利润=项目总估算成本×$0.3=36.48×0.3=10.944(万元)$

项目的报价=项目总估算成本+利润=$36.48+10.944=47.424(万元)$

3. 按自下而上估值法

(1) 按功能制作项目规模估算见表 7.6。

表 7.6 项目规模估算表

任务编号	任务名称	人数(人)	时间(天)	总计(人天)
1	用户需求调研	3	11	33
2	需求分析	2	5	10
3	需求确认	2	5	10
4	硬件环境准备	3	2	6
5	软件环境准备	2	3	6
6	系统分析	2	10	20
7	总体设计	2	8	16
8	详细设计	2	12	24

任 务 编 号	任 务 名 称	人数(人)	时间(天)	总计(人天)
9	编码	3	20	60
10	界面设计	2	8	16
11	测试计划	2	5	10
12	单元测试	2	10	20
13	集成设计	2	8	16
14	系统试运行	2	15	30
15	试运行报告	2	2	4
16	系统改进	4	5	20
17	系统验收	1	5	5
合　　计				306

(2) 按 400 元/人・天考虑开发费用。

开发成本＝总计人天数×人・天单价＝306×400＝122400(元)

管理成本和质量成本＝开发成本×管理质量系数＝122400×0.28＝34272(元)

项目直接成本＝开发成本＋管理成本＋质量成本＝122400＋34272＝156672(元)

项目间接成本＝直接成本×间接成本系数＝156672×0.25＝39168(元)

项目总估算成本＝直接成本＋间接成本＝156672＋39168＝195840(元)

由此可得：

利润＝项目总估算成本×0.3＝195840×0.3＝58752(元)

项目的报价＝项目总估算成本＋利润＝195840＋58752＝254592(元)

4. 项目成本估算总表

根据上述步骤,完成项目成本估算总表 7.7。

表 7.7　项目成本估算总表

估 算 方 法	开发成本	管理成本	质量成本	直接成本	间接成本	总估算成本	利润	项目报价
标准估值法								
CDCOMO 模型法								
自下而上估值法								

四、实验总结

(1) 谈一谈经过本次实验你的体会和感受。

(2) 本次实验中遇到了哪些成本估算过程中的挑战？你的解决方法是什么？

软件管理 PSP

——以时间管理为例

一、背景知识

个人软件过程(Personal Software Process,PSP)是一种可用于控制、管理和改进个人工作方式的自我持续改进过程,是一个包括软件开发表格、指南和规程的结构化框架。PSP与具体的技术(程序设计语言、工具或者设计方法)相对独立,其原则能够应用到几乎任何的软件工程任务之中。PSP 能够说明个体软件过程的原则,帮助软件工程师做出准确的计划,确定软件工程师为改善产品质量要采取的步骤,建立度量个体软件过程改善的基准,确定过程改变对软件工程师能力的影响。

二、实践目的

(1) 了解 PSP 的作用及其主要架构;

(2) 学习时间记录日志,掌握记录时间的方法;

(3) 掌握由时间记录日志汇总出周活动总结表的方法。

三、工具/准备工作

在开始本实验之前,请回顾教程的相关内容。

需要准备一台带有浏览器、能够访问互联网的计算机。

四、实验内容与步骤

软件工程师的任务就是要在预定的时间和进度下交付高质量的软件产品。因此,软件工程师要有效地开展工作,需从以下三方面考量:开发出高质量的软件产品,在预期的费用内进行工作,在预期的进度下完成任务。

经过多年的经历,许多软件工程师已经懂得,要想使所做的工作富有成效,需要进行下列工作:

(1) 制订工作计划;

(2) 按照此计划进行工作;

(3) 尽最大努力生产出高质量的产品。

要完成上述工作,前提是能够制定工作计划,并且制订的计划是切实可行的。本实验就是学习生成用以制订切实可行的工作计划的依据——周活动总结表。

在实验开始前三周,给学生初步介绍 PSP,并给学生讲解"工程记事本"的用途以及"时间记录日志"的建议格式,并要求学生开始记录其日常主要活动的时间。"时间记录日志"的格式如下。

学生:XXX   日期:(填写表头时的日期)

老师:YYY   课程:软件过程与项目管理

日期	开始时间	结束时间	中断时间	净时间	活动	备注	C	U

其中：
- 日期：进行某个活动的日期,譬如听课或编程序的日期。
- 开始时间：开始这个活动的时间。
- 结束时间：结束这个活动的时间。
- 中断时间：由于中断而占用的时间。
- 净时间：以分钟计算这项活动从开始到结束用的时间,不包含中断所占用的时间。
- 活动：任务的描述性名称。
- 备注：有关所做事情的更加完整的注释、中断的类型以及任何对于以后分析时间数据有用的内容。
- C：完成标记,当完成一项任务后,例如阅读完了书中的某一章或是编写了一个程序,在这一栏中作个标记。
- U：单元的意思,完成一项任务所用的工作单元。

下图是一个时间记录日志的示例。

日期	开始时间	结束时间	中断时间	净时间/min	活动	备　　注	C	U
5 月 6 日	9:00	9:50		50	听课	讲座		
	12:40	1:18		38	编程序	作业 1		
	2:45	3:53	10	58	编程序	作业 1		
	6:25	7:45		80	读课本	第 1 章和第 2 章	√	2
5 月 7 日	11:06	12:19	6+5	62	编程序	作业 1、休息、聊天	√	1
5 月 8 日	9:00	9:50		50	听课	讲座		
	1:15	2:35	3+8	69	编程序	作业 2、休息、接电话	√	1
	4:18	5:11	25	28	读课本	第 3 章、聊天	√	1
5 月 9 日	6:42	9:04	10+6+12	114	编程序	作业 3	√	1
5 月 10 日	9:00	9:50		50	听课	讲座		
	12:38	1:16		38	读课本	第 4 章		
5 月 11 日	9:15	11:59	5+3+22	38	复习	准备考试、休息、聊天		

周活动总结表

姓名：学生 Y　　　　　　　　　　　　　　　　　　　　日期：5/12/2024

日期/任务	听课	编写程序	复习	阅读课本		日总结
日 5/6						
一	50	96		80		226
二		62				62
三	50	69		28		147
四	50	114		38		202
五			134			134
六						
周总结	150	341	134	146		771
阶段时间和效率		周数(上一次周活动总结表的周数＋1)：1				

第 7 章

软件维护与管理

不包括上周在内的累计时间						
总计						
平均						
最大						
最小						
以前各周的累计时间						
总计	150	341	134	146		771
平均	150	341	134	146		771
最大	150	341	134	146		771
最小	150	341	134	146		771

　　以此类推，要分别汇总开始记录时间的第一周末、第二周末、第三周末的"周活动总结表"。

五、实验总结

（1）谈一谈经过三周的时间记录后，你的体会和感受。

（2）为什么在时间记录日志中时间计量单位要用"分钟"？

（3）为什么在时间记录日志中要有"中断"时间的记录？

（4）你认为周活动总结表应该如何用于制订工作计划？

应用开发篇

第8章

软件工程案例一

思政

———以医院管理信息系统为例

医院作为一个特殊的医疗服务实体,承担着重要的社会职能。医院的管理水平和服务质量,无论是对医院自身,还是对患者,甚至对整个社会都会产生影响。在信息化社会的今天,创建一个实际的、高质量的、符合医院管理业务的医院管理信息系统(Hospital Management Information System,HMIS)几乎已经成为提高医院管理水平和服务质量的不可缺少的途径。

本章所讨论的案例是一个职工医院管理信息系统。该系统针对该医院的实际业务,以医院的财务运转流程为主线,结合药品、器材在医院的流通过程,以及门诊患者、住院患者的就诊过程,描述了医院各个主要工作环节的信息化管理。

本章思维导图

医院管理信息系统
- 问题定义
  - 设计目的
  - 设计背景
- 可行性分析
  - 可行性研究的必要性
  - 可行性研究的内容、方法和步骤
  - 技术可行性分析
  - 社会可行性分析
  - 经济可行性分析
  - 法律可行性分析
- 需求分析
  - 系统目标
  - 系统需求
  - 结构分析
  - 功能分析
- 系统分析
  - 逻辑结构分析
  - 用例分析
  - 概念类分析
- 总体设计
  - 系统软件结构
  - 系统功能设计
  - 数据库结构设计
  - 设计测试方案
- 详细设计
  - 功能界面设计
  - 药品名称快速查询
  - 处方复制
  - 连续流水号的产生
- 系统测试
  - 黑盒测试
  - 白盒测试

8.1 问 题 定 义

计算机网络和数据库技术以及信息管理系统的发展与逐步完善,给 HMIS 的创建提供了良好的条件。HMIS 利用计算机存储、处理和管理大量的医院日常业务信息,为医院所属各部门提供患者就医信息和行政管理信息。医院日常业务信息包括财务信息、患者医疗信息和行政管理信息,其特点是日常处理的信息量大,并且涉及的科室较多,业务流程比较繁杂。传统的人工管理方式严重影响医院的工作效率和服务质量。建立 HMIS 可以减轻人员劳动强度,提高医院的管理服务水平,从而使医院获得更好的社会效益与经济效益。

一个信息管理系统的建设从系统规划开始到交付使用,需经过可行性分析、业务分析、需求分析、系统分析、系统设计(包括界面设计)和系统实现与测试整个过程。

本章按照软件开发流程介绍 HMIS 的开发过程,引导读者进一步掌握开发信息系统的方法和思路。下面介绍需求分析、系统分析和系统设计,有关可行性研究、业务分析和系统实现与测试不在此介绍。

8.1.1 设计目的

这个专题主要解决的问题是迎合用户的需求,并把收集到的信息进行整合,对医院保存的患者信息进行重新的归类整理,同时还将相关信息上传到网络,使信息的同步更加快捷。HMIS 是多种技术相互结合应用并最终整合到一起的专业系统,给各种类型的医院提供一种区别于传统、具有时代特色的高质量的服务,在本质上使医院的发展真正实现信息化。信息化的实施可以使得医院的医护人员更便捷地找到相关资料,最重要的是可以给患者提供便利的服务。如果 HMIS 得到好的实施,那么医院各方面的信息就可以快捷地进行查找,同时可以使患者及时了解信息,并且在最短的时间内得到最适合的救治。现今已经投入使用的医院,出现的问题主要是候诊时间长。患者进入医院的第一步就是挂号,在患者较多时,需要排很长的时间进行等待,之后就去找医生查看病情,最后是开药方、抓药、结账等多个环节,这还仅仅是对于轻微患者的看病流程,如果是一些难以诊断的病情,还要在几个医疗部门之间进行周转。数据表明,患者用于排队等待的时间在一个小时左右,这还只是对于地级、县级医院来说,对于北京、上海等地区的大医院来说,每天的病患数量更多,需要花费在候诊的时间更长。为了解决这种情况,医院应该建立一整套的信息管理系统,病患在治病的各个环节中就会节省更多的时间。如果出现不止一人要进行多项检查的时候,可以将其分为几部分,根据流水线的方法对其进行诊治,以达到节约时间的目的。在此期间,医生给患者开出药方之后,应将数据迅速传到数据库中,以便患者在抵达药房时更快捷地拿到药品。这样一整套的信息管理体系,可以从根本上解决候诊时间过长的问题,同时可以使得药房的工作人员在任何时间都可以迅速开展工作,提高工作效率。根据以上描述可以得知,HMIS 是一项值得医院投资的高收益、高效率的现代信息管理系统。

8.1.2 设计背景

1. 国外发展现状

发达国家在 HMIS 的研发与应用上已经积累了三十多年的经验,并成功推出了一些颇具影响力的系统。例如,美国盐湖城 LDS 医院的 HELP 系统、麻省总医院的 COSTAR 系统以及退伍军人管理局的 DHCP 系统等都在医院运营中起到了举足轻重的作用。

美国的 HMIS 起源于 20 世纪 60 年代,并经历了三个主要的发展阶段。在第一阶段(20 世纪 60 年代初—1972 年),HMIS 的功能主要聚焦于财务管理、住院及门诊患者管理等行政任务,而对医疗信息的处理则相对较少。因此,1972 年 Collen 的报告指出,当时美国尚未成功开发出一个全面的医院管理计算机系统。

然而,在第二阶段(1972—1985 年),除了继续完善行政管理信息化外,医院信息系统也开始涉足医疗信息处理领域,如患者医疗信息处理系统等。到 1985 年,据统计数据显示,美国床位超过 100 张的医院中,有 80% 实现了计算机化财务管理,70% 的医院支持患者挂号和行政事务管理,而 25% 的医院则已经拥有了相对完善的 HMIS。

进入第三阶段(1985 年至今),研究焦点进一步深入到患者床边系统(BIS)、医学影像处理系统(PACS)、计算机化病案(CPR)以及统一医学语言系统(UMLS)等更为先进的领域。这些技术的发展和应用,不仅极大地提升了医院的管理效率和服务质量,也为患者带来了更为便捷和高效的医疗体验。

目前国外 HMIS 已经将医院行政管理、财务收费管理、患者管理、药品库存管理、医学影像处理、统一医学语言系统等功能逐步纳入其系统功能。HMIS 正向智能化和集成化的方向发展。

2. 国内发展现状

我国 HMIS 的研发始于 20 世纪 80 年代初,至今已历经四十余载。期间,我们经历了从单机单任务到多机多任务,再到微机网络一体化的三大发展阶段。尽管取得了一定的进步,但与国外先进的 HMIS 相比,仍存在一定的差距。目前,我们的 HMIS 在财务信息、药品库存及患者管理等方面已日臻完善,但在患者医疗信息处理、医学影像处理等方面仍需付出大量努力。

随着我国医疗体制及医疗保险制度的深化改革,医院的运行模式正由传统的"患者-医院"二元关系向"患者-医院-医险机构-政府监督"的多元关系转变。在这一过程中,大量关于病人的诊断、治疗及费用信息需要在医院内部及其他部门之间高效传递。这是一项手工难以胜任的艰巨任务,必须依赖于功能全面、性能稳定的 HMIS。

20 世纪 90 年代以来,国内众多医院,尤其是发展较快的地区性医院,都在积极寻找适合自身管理需求、契合当地医疗市场特点且具有中国特色的 HMIS,以期提升医院的核心竞争力。与此同时,卫生部也在以各医院信息系统为基础,逐步构建和完善我国的医疗信息网络——"金卫"工程,并努力将其与"金桥"、"金卡"等国民经济信息网络相融合。在这一大背景下,我国 HMIS 正秉持着从大处着眼、从小处着手、循序渐进的原则,稳步向功能全面、具有中国特色的管理系统迈进。

8.2 可行性分析

可行性分析也称为可行性研究,是指从技术、经济、工程等角度对项目进行调查研究和分析比较,并对项目建成以后可能取得的财务、经济效益及社会环境影响进行科学预测,为项目决策提供公正、可靠、科学的软件咨询意见。主要从经济、技术、社会环境等方面分析所给出的解决方案是否可行,当解决方案可行并有一定的经济效益或社会效益时才开始真正的基于计算机的系统的开发。

HMIS是对医院各类信息进行收集、加工、传送和反馈的综合系统。因此,建立HMIS是一项复杂的系统工程,对其进行认真细致的可行性分析是十分必要的,这关系到整个系统建立的成败及建成后的效率。但目前各医院普遍存在忽视可行性分析工作的现象。

8.2.1 可行性研究的必要性

大量的实践已经证明,提高投资决策的科学性是提高投资活动经济效益的关键,而科学的投资决策又离不开对投资项目的可行性研究。这种研究方法起源于20世纪30年代的美国,经过几十年的实践和发展,不断完善和拓展其应用领域,已成为世界各国广泛采用的一种科学方法,用于评估拟建工程项目的可行性。它在提高投资项目决策的科学性和民主性,以及防止因决策失误而造成的资源浪费和损失方面发挥了至关重要的作用。

建立HMIS是一个涉及诸多实际问题的复杂系统工程,包括社会医疗体制、医院经营机制、组织结构、管理方式以及人们的传统观念等方面。由于该系统投资大、见效慢、涉及面广且开发实施周期长,因此进行可行性研究是首要任务。只有通过可行性研究,才能从医院的实际情况出发,构建出符合逻辑的宏观信息模型,进而在综合考虑技术、经济、社会等多方面因素的制约关系中,选择出能够映射到计算机物理世界中的适用方案。没有这一步,就无法确保HMIS的建立能够顺利进行并取得预期效果。

8.2.2 可行性研究的内容、方法和步骤

1. 对医院管理现状进行系统分析

系统分析的目的是对医院现行管理的情况有一个较全面、深入地了解和掌握,从中找出薄弱环节的问题所在,并以此作为建立HMIS的原始依据。系统分析的内容和范围主要有:

(1) 医院管理的思想、方法、机制、基础及组织机构的设置;

(2) 医院的类型、规模、特点及发展趋势;

(3) 医院经营的各项统计数据;

(4) 医院现行成本核算体系、会计科目和账户的设置、会计报表的格式和内容;

(5) 医院现行库存管理方式、存货金额和存货周转率;

(6) 医院医疗信息等信息流;

(7) 医院主要业务的处理过程、方式和数据量;

(8) 现有计算机的数量与性能、应用人员的素质和应用范围等;

(9) 医院平面布置情况。

2. 确定建立HMIS的目标和方案

目标和方案是在系统分析的基础上,充分运用现代化管理思想方法、技术和手段而确定的。确定的系统目标不宜过高、求全,应以经过努力进取能够实现即可。现阶段系统方案应紧紧围绕着系统目标和医院管理中存在的主要问题来详细制定,内容主要包括解决问题的方法、应用软件的选择及主要功能、现场实施的指导和系统配置。力求方案的实现能对整个医院的管理过程实行有效和动态地预测、平衡、规划、反馈和控制,进而推进医院管理现代

化,提高经济效益。系统方案可同时有两三个,但必须确定一个主方案,以便主管部门和建设单位进行分析、比较和决策。

3. 确定应用软件和系统硬件

对于应用软件,应避免低水平重复性的开发造成人力、物力、财力上的浪费;如尚无成熟的、商品化的、适合本医院的应用软件,则可考虑自行开发或委托开发。对于系统硬件的结构形式与配置,应根据拟建 HMIS 的目标、功能和应用范围,结合当时计算机、网络和通信产品的性能和发展趋势综合考虑确定。

4. 制订 HMIS 的实施计划

根据拟建 HMIS 的目标、功能和应用范围,结合医院的改进目标(《中华医院管理杂志》1997 年 5 月第 13 卷第 5 期 305 页)和资金等情况,制订 HMIS 的实施计划和工作步骤。该计划要对整个项目的阶段进行划分,要明确每个阶段的工作目标、工作内容、工作时间和阶段控制点。对基础数据收集和新老系统转换过程中引发的一系列问题要有充分的考虑。此外,还要提出系统实施所具备的基本条件。

8.2.3 技术可行性分析

建立 HMIS 的核心在于应用软件的质量以及现场实施指导的专业性。对于应用软件,其技术层面的考量主要聚焦于是否融入了当前前沿的医院管理理念和方法、是否采用了最新的计算机技术进行开发,以及是否预留了未来功能扩展的接口。如果选择自主开发应用软件,还需额外关注医院管理模式的确定、数据结构的搭建以及开发团队的技术实力和水平。

在现场实施指导方面,技术问题的重点则在于如何高效管理项目的实施过程、选择何种实施方法,以及实施团队和个人的经验与技术水平。通过对这两方面问题的全面分析,可以为项目的投资决策提供技术可行性的坚实依据。

8.2.4 社会可行性分析

国家对于 HMIS 的研发也非常重视,卫生部在 1997 年公布了《医院信息系统软件基本功能规范》,并于 2001 年 3 月着手修订《医院信息系统基本功能规范》。在如此大的社会背景下,HMIS 的研发成了各大高校的大事。

8.2.5 经济可行性分析

对拟建 HMIS 的投入产出进行分析比较,可初步估算出 HMIS 的投入产出效果系数和投资回收期,进而综合评价建立 HMIS 在经济上的可行性和盈利性。需要指出的是,在估算产出效益的同时,既要做到定量分析与定性分析相结合,又要处理好宏观效益与微观效益、直接效益与间接效益、近期效益与长远效益之间的关系。

8.2.6 法律可行性分析

在法律层面上,对于 HMIS 开发的可行性研究,主要关注的是开发过程中可能涉及的合同关系、侵权风险、法律责任,以及与现行法律法规可能产生的冲突。在我国,《中华人民共和国著作权法》为计算机软件保护提供了明确的法律依据,确立了计算机软件作为著作权法保护对象的地位。同时,国务院也颁布了《计算机软件保护条例》,为计算机软件的权益保护制定了具体的实施规则。这两部法律法规构成了我们在进行 HMIS 开发的法律可行性分析时的主要参考和依据。

8.3 需求分析

需求分析是对系统应该具备的目标、功能、性能等要素的综合描述。需求分析就是调查用户对新开发的信息系统的需求和要求,结合组织的目标、现状、实力和技术等因素,通过深入细致的分析,确定出合理可行的信息系统需求,并通过规范的形式描述需求的过程。需求分析一般应该包括目标分析、需求结构分析、功能分析、性能分析、风险分析和需求验证等内容,涉及需求调查和需求描述等步骤。

在需求分析过程中,开发人员需要将注意力转移到即将开发的 HMIS 上,要充分尊重用户的意见,理解用户从系统使用者的角度所提出的需求;充分认识需求分析工作的重要性和复杂性;充分重视需求的全面性和合理性,并从系统开发的技术角度分析这些需求。所有这些工作都需要系统分析员综合考虑组织的目标、业务现状、技术条件和投资能力等因素,以便确定出合理、可行的 HMIS 需求。

在 HMIS 建设的过程中,特别是在需求分析阶段,开发者常常面临一个难题:用户无法准确或全面地阐述系统需求,这会导致系统建设的进度受到阻碍。由于用户的叙述能力参差不齐,且可能对计算机应用的相关问题不熟悉,因此,过多地依赖用户来获取需求并不可行。为了从根本上解决这个问题,开发者需要在与用户充分沟通的基础上,站在用户的角度思考软件的操作和使用,即学会替用户进行需求分析。

在进行用户需求分析时,可以从以下几方面入手。

首先,按照信息系统建设的思路来引导用户,让他们了解即将建立的信息系统是如何解决其相关业务问题的,并帮助用户理解信息系统工作模式与手工工作模式的区别和对应关系。重要的是,向用户说明信息系统建设对于提高其企业管理水平和经济效益的必要性。

如果需要,可以根据用户最初对信息系统的描述以及开发者对信息系统的理解,构建一个能反映用户企业业务的信息系统软件原型。用户可以通过观察这个原型的运行过程和模式,更深入地理解信息系统的运行特点和解决实际业务问题的方式。

如果开发者有开发同类型信息系统的经验,那么最好能带领用户去参观以前成功开发和应用的信息系统。这样不仅可以加深用户对信息系统运行特点和解决实际业务问题模式的理解,同时还能影响用户的思维,使他们更倾向于开发者建设信息系统的思维方式,为说服用户提供有力的依据。

有时用户可能对计算机的功能有过高的期望,提出一些超出软件系统实现范围或能力的要求。在这种情况下,开发者应该耐心地向用户解释当前计算机技术的发展水平、能够解决的问题以及解决问题的模式等,努力说服用户放弃一些不切实际的需求。

建设信息系统的核心目标是实现用户企业的业务信息化,鉴于企业业务的错综复杂,信息系统构建者必须在整个系统建设流程中,对每个环节都进行全面深入的思考,确保"思维缜密、考虑周详"。

在开发信息系统时,由于多数用户对计算机专业知识了解有限,他们往往难以按照信息系统解决实际业务的标准模式,提出既规范又全面且严谨的需求。因此,开发者需要从用户对业务的非标准化描述中提炼、整理以及完善,最终形成规范、全面、严谨的需求说明。这一过程对开发者的严谨工作态度和缜密思维能力提出了高要求。

例如,医院门诊就医是职工医院计费系统的重要环节,涉及的人员有患者、医生、护士、门诊收费员、药房发药员等。对于这个业务环节,医院相关的业务人员把其业务流程描述为:挂号、就诊开处方、划价、交费、取药、治疗。相关的特殊情况有,当患者出现过敏反应及其他一些不可预料的情况时,患者有可能要求退药。那么作为开发者必须对这个过程进行全面分析,采取严密的思维方式,全面地考虑到各种可能出现的情况。

(1) 手工划价的过程在信息系统的管理模式中由信息系统自动完成;

(2) 患者在未交费之前不能取药;

(3) 患者在退药时必须到退药窗口交回欲退药品,并得到药房发药员在信息系统中的操作和确认;

(4) 患者在退药之前不能退款;

(5) 患者在退款之后不能再次取药。

以上仅罗列了医院门诊就医业务环节中需要考虑的特殊情况,旨在引起读者注重培养自己在进行信息系统开发时养成严谨的工作作风和采用严密思维方式的主动性。

8.3.1 系统目标

确定系统目标就是根据企业发展的总目标,结合企业的现状以及系统建设的相关因素,确定出系统建设的目标。系统建设目标一般由总目标和多层次子目标构成的一个树状目标体系组成。子目标是对总目标的分解和细化,总目标是对子目标的概括和综合。系统目标的确定对于整个系统的建设过程有着非常重要的指导意义,它对系统开发的各个阶段都有着航标和指挥棒的作用,系统开发人员应该充分重视和企业管理人员的交流,尤其是与企业决策人员进行充分的交流,以正确确定系统建设的目标。

医院作为一个特殊的服务实体,其业务流程和相关人员的从业习惯都会因医院的不同而存在差异,加之我国目前的 HMIS 建设的现状是各个医院各自为政,所以要在整个行业中建立一个统一适用的 HMIS 几乎是不可能的。本章案例是一个职工医院 HMIS 建设过程的一部分。职工医院和社会医院相比较,其业务的复杂性要大一些,所以以此系统建设过程作为案例更加适合本书。

通过与医院的相关业务人员特别是各科室主管以及医院的决策者进行充分的交流,得出该职工 HMIS 建设的总体目标是:以医院的局域网和信息中心数据库服务器等资源为基础的软硬件平台,建立能够正确反映医院基本业务流程的功能完整、反应快速、高质量的 HMIS,从而达到提高医院管理水平和服务质量的目的。具体各子目标如下。

(1) 根据医院的组织目标、使命和组织的发展方向,为提高医院的整体管理水平和服务质量,建立对医院所有主干业务提供全面信息化管理的功能齐全、业务覆盖面广、技术先进、使用方便的 HMIS。

(2) 对医院的部门、人员、工作量核算、药品及医疗器材资料档案、供应商档案、费用名称档案、病房及床位档案、临床诊断资料档案等医务信息提供全面的信息化管理。

(3) 对内部职工患者的资料档案、社会医疗统筹基金、内部医疗补贴基金和医疗信息提供全面的信息化管理;对外部社会就诊患者不建立档案而只提供医疗信息管理。

(4)对药品及医疗器材的采购、药库到药房、药房到药库、药房到药房和药房到住院科室或者到门诊患者的所有流通过程提供全面的信息管理。

(5)对门诊患者从挂号开始,经过就诊、检查、开处方、划价、交费、取药,最后治疗和处置的就医过程提供全面的信息管理。

(6)对住院患者从开住院通知单开始,经过交住院押金、入院、安排病房和床位、检查、医生下临时医嘱和长期医嘱、护士审核和执行医嘱、每日的治疗和处置、每日的护理、手术、每日的押金监控和催款、患者痊愈后出院和结算的整个住院就医过程提供全面的信息管理。

(7)对医院的门诊收费、住院收费、药品及医疗器材供应商的货到付款和内部科室及个人工作量的财务核算过程以及工资和奖金发放提供全面的信息管理。

(8)对整个 HMIS 的运行过程都要记录其操作时间和操作人员,对医疗责任事故和院内责任事故提供监控和管理。

(9)对整个医院业务运行信息正确地产生日报表、月报表、季报表和年报表等统计报表。

(10)对整个医院业务运行的所有历史数据按设定时长保存,定期对数据库进行整理(转存),使得系统的执行历史能够随时查询(即产生历史记录)。

8.3.2 系统需求

1. 需求调查

根据与用户的交流、协商,结合该医院的目标,可以将该医院的功能划分为药库管理、药房管理、财务管理、门诊就医管理、住院就医管理、放射及检验管理和医务信息管理模块。每一功能可以进一步细分为许多子功能,如图 8.1 所示。具体功能的详细介绍见表 8.1,各功能与医院各部门的对应关系见表 8.2。

表 8.1 医院管理信息系统功能介绍

序号	功能名称	说　明
1	采购入库	由药库招标采购药品及医疗器材,形成药库入库单,审核后药品正式入库
2	药品出库至药房	由药房填写请领单至药库,药库审核后形成药库出库单,返回到药房后形成药房入库单,药房审核后以出入的数量形成药房的库存,并相应减去药库的库存
3	门诊药房划价与发药	由门诊药房对患者处方进行划价,并审核患者已经交费的处方后给患者发药,同时减去该药房的库存
4	住院药房发药	由住院药房对住院科室的药品统计清单进行审核后给住院科室发药,并减去相应的该药房的库存
5	库存盘点	由药库、各药房在固定的时间对各自的药品及医疗器材的库存数量进行盘点,并在允许的损耗范围内进行损耗管理
6	门诊挂号与收费	由门诊收费室应患者要求进行挂号,并对已经划价的处方进行收费
7	门诊检查治疗与开处方	由门诊医生对就诊患者进行检查,并视患者具体情况开检查单,最后根据检查结果对症下药开处方,同时就患者病情做相应的治疗
8	患者入院	患者由住院处办理入院手续,到住院科室接受病房、床位安排、入院常规护理和检查

序号	功能名称	说　　明
9	临时医嘱	由住院科室医生就患者病情开出的只执行一次的医嘱
10	长期医嘱	由住院科室医生就患者病情开出的可以多日执行的医嘱
11	日常护理	由护士根据医嘱对患者进行护理,并根据医嘱和所做的护理进行计费,出具患者每日费用清单
12	手术	由住院科室医生根据患者的病情决定对其进行手术,并在患者同意的情况下和手术室进行手术的预约、安排和实施
13	住院检查、治疗与处置	由住院科室医生就住院患者的病情对其开具检查单,根据检查的结果实施治疗和处置
14	住院收费与结算	由住院处收取住院患者的住院押金,每日对患者的押金余额进行监控,并在押金余额不足时出具催款单,同时通知住院科室向患者催交押金;在患者出院后对其就医费用进行结算
15	财务交款	由财务科会计每日收缴门诊收费员和住院收费员的每日收费,并给予其一定数额的小面额现金
16	部门及人员管理	由医务科对医院的部门及各部门的工作人员档案进行管理,根据部门和个人的工作业绩与财务科一起核算其工作量,并根据工作量核算奖金
17	医疗档案管理	由医务科对门诊患者及住院患者的医疗档案进行维护,并在每个核算时间段结束时统计并上报医院的各项医疗报表
18	检查	由检验科、功能科和放射科根据检查单对患者进行检查并出具检查结果
19	内部患者档案管理	由医务科对内部职工的档案进行维护和管理,主要包括内部职工的医疗统筹金的划拨、花费历史及余额的监控

表 8.2　医院主要功能与各部门的对应关系

部门 业务名称	医务科	财务科	门诊职能科室	住院职能科室	药剂科	检验科	功能科	放射科
采购入库		☆			★			
药品出库至药房		☆			★			
门诊药房划价与发药		☆			★			
住院药房发药		☆			★			
库存盘点	★				★			
门诊挂号与收费	★	☆						
门诊检查、治疗与开处方			★			☆	☆	☆
患者入院	★	☆	★					
临时医嘱				★				
长期医嘱				★				
日常护理		☆		★				
手术				★	☆	☆	☆	☆
住院检查、治疗与处置				★		☆	☆	☆
住院收费与结算		★		☆				
财务交款		★						
部门及人员管理	★							
医疗档案管理	★	☆	☆	☆	☆	☆	☆	☆
检查						★	★	★
内部患者档案管理	★							

说明:★表示该部门主要功能,☆表示与该部门有关系的功能。

217

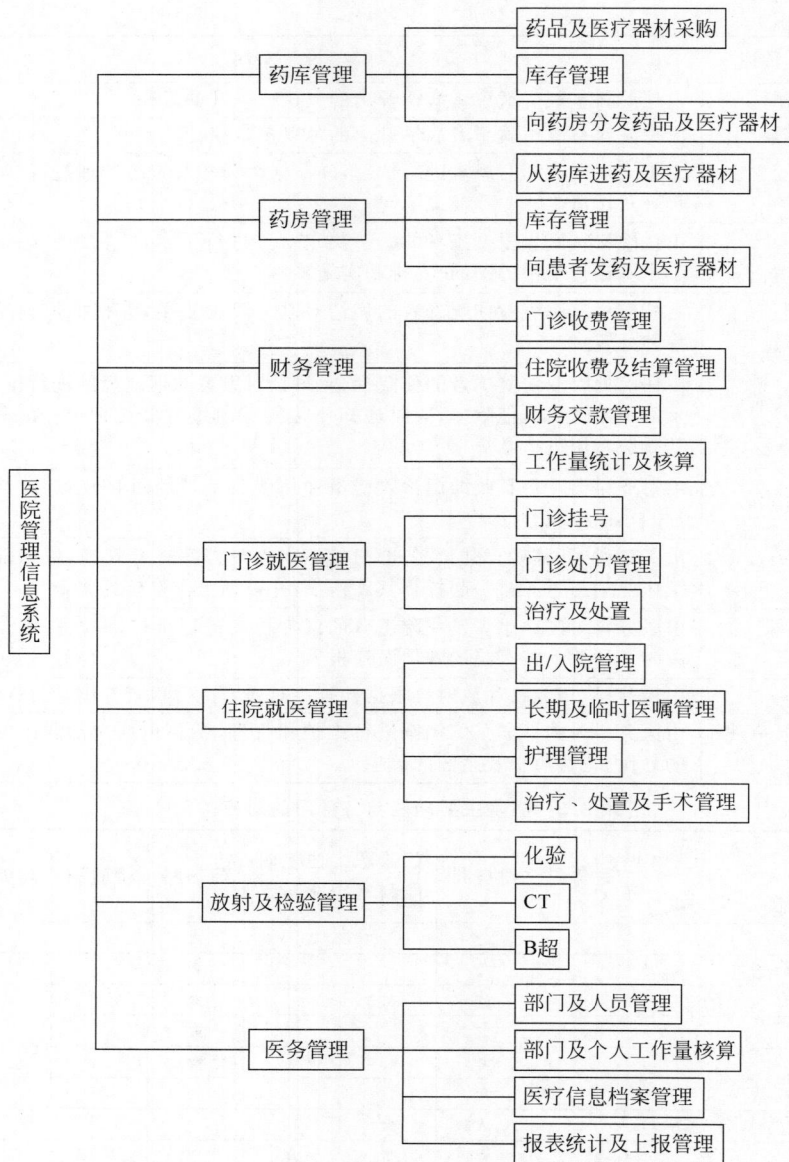

图 8.1　医院管理信息系统功能结构图

2. 功能需求

(1) 能够正确反映医院内部的部门、人员、药品资料、药品供应商、内部患者以及外部患者等档案信息。

(2) 能够正确反映药品从入库开始,经过分发给药房、药房间调配,最后发到患者手中的过程;能够处理因正常损耗(如中药的风干和西药包装的意外破碎)所造成的药品损失。

(3) 能够正确反映门诊患者从挂号开始,经过开处方、交费、取药、检查、治疗等整个就诊过程;能够处理因特殊原因造成的患者退药和退款等情况。

(4) 能够正确反映住院患者从入院开始,经过交住院押金、检查、医生下医嘱(包括长期医嘱和临时医嘱)、护士审核医嘱、执行医嘱并计费、治疗,到最后患者出院并结算的整个过程;能根据每日医嘱自动生成和打印输液单和每日费用清单;能够处理因医生或护士的错误操作所造成的无效医嘱。

（5）能够正确反映医院的财务核算过程,包括药品入库时的入库后付款、门诊收费员和住院处收费员的收费、门诊收费员和住院处收费员向财务科交费以及药品损耗所造成的费用;能够根据各科室和个人的工作量核算部门和个人酬金。

（6）具有与社保系统的接口,使社保系统根据患者的就诊信息正确地将所发生的费用按比例扣除。

（7）能够根据医院的具体管理要求和上级管理部门的要求正确产生日报表、月报表、季报表和年报表等统计报表。

（8）能够时刻监控系统的所有用户,正确记录所有用户的操作历史信息,以便在出现责任事故时有据可查。

3. 性能需求

（1）系统的界面设计友好,操作方便、灵活,要具有联机提示和帮助学习功能,使得一般职工通过简单培训就可以熟练地使用系统。

（2）要求系统除统计报表和大数据量查询之外的所有功能的反应速度一般保持在数秒之内。

（3）所有业务均实现电子化管理,代替原有的手工处方、票据、医嘱、检查单据、病历和所有报表。

（4）系统具有高可靠性和容错能力,不能出现系统丢失患者、药品、医疗器材、处方、医嘱、费用等所有操作历史信息的情况。

（5）系统要具有医院要求的安全检查机制和保密机制,系统非法用户不能登录和使用系统,系统的各级使用者和各个角色都只允许查看自己权限之内的系统信息。

（6）系统的开发应尽量使用医院现有的网络及计算机等硬件资源,不能造成不必要的投资。

（7）所有的历史数据按设定时长保存,在一定周期内清理一次数据库,使得系统的操作历史能够随时查询。

8.3.3 结构分析

需求结构是按照信息系统目标、职能和需求的相关性,从总体上把信息系统的需求划分成为若干个需求包,由这些需求包相互关联构成信息系统的需求模式,它是对需求的一种有效的组织方法。确定信息系统需求结构的依据是信息系统的目标、组织职能和需求的相关性。通常用 UML 中的包图来描述信息系统的需求结构。

该 HMIS 的功能目标共划分为七大部分:药库管理、药房管理、门诊就医管理、住院就医管理、放射及检验管理、财务管理和医务管理。这七个功能包构成系统的第一层需求包。可按照自顶向下,逐步求精的方法和策略对每一个功能包进行进一步细化,构成系统的第二层需求包。顶层需求结构见图 8.2。其中,药库管理功能包见图 8.3。

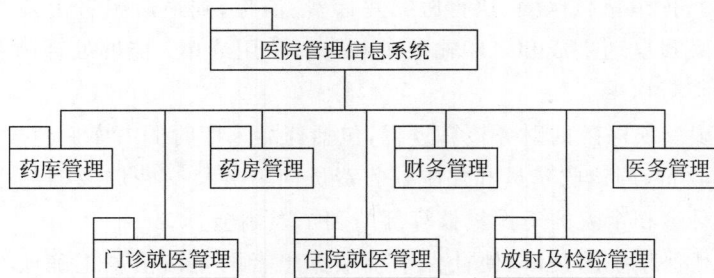

图 8.2　顶层需求结构

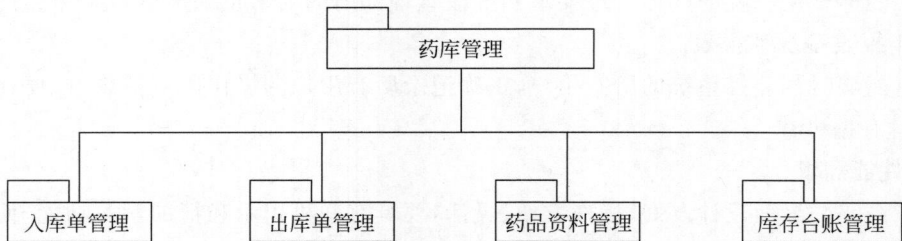

图 8.3　药库管理功能包

8.3.4　功能分析

软件工程功能分析是指在软件开发过程中,对软件需求进行全面、细致的调研和分析,以明确软件系统的功能需求、性能需求、安全需求等。它旨在帮助软件开发团队了解和理解用户需求,为后续的软件开发工作提供明确的目标和方向。系统功能是信息系统应该具有的效能和作用,也是系统呈现给用户的直观效果。用户通过系统所提供的功能来认识、使用和评价信息系统,通过系统功能的使用来完成自己的业务工作,所以功能分析是需求分析的重要内容。功能分析的依据是系统的目标,它来源于用户需求,通常采用用例分析的手段,参考构建的功能模型,形成用系统功能模型描述的功能分析结果。

系统功能模型是描述信息系统功能的一组用例图和对用例说明的用例字典,它通过信息系统参与者与信息系统的交互过程,反映出信息系统应该具有的功能。

参与者表示与应用程序或系统进行交互的用户、组织或外部系统。用例就是外部可见的系统功能,对系统提供的服务进行描述。该医院业务的参与者(除患者外)如图 8.4 所示。对该医院信息系统的需求结构的功能包逐层进行分解,可以得到如图 8.5 所示的功能用例图(此处只给出了两个用例)。子系统用来展示系统的一部分功能,这部分功能联系紧密。图 8.6 是对药库管理中的入库功能子系统的分解,图 8.7 是入库单录入的用例说明。

需求分析除了要确定信息系统的目标、结构和功能之外,还需要进行风险分析。风险可能给系统带来各种潜在的威胁或损失。在系统开发和运行的过程中,这些隐患有可能发生或者暴露出来,成为信息系统开发和使用的障碍。所以,尽早地发现信息系统中存在的各种风险,并采取应对措施,对成功开发信息系统具有重要的意义。有关风险分析本章不予讨论。

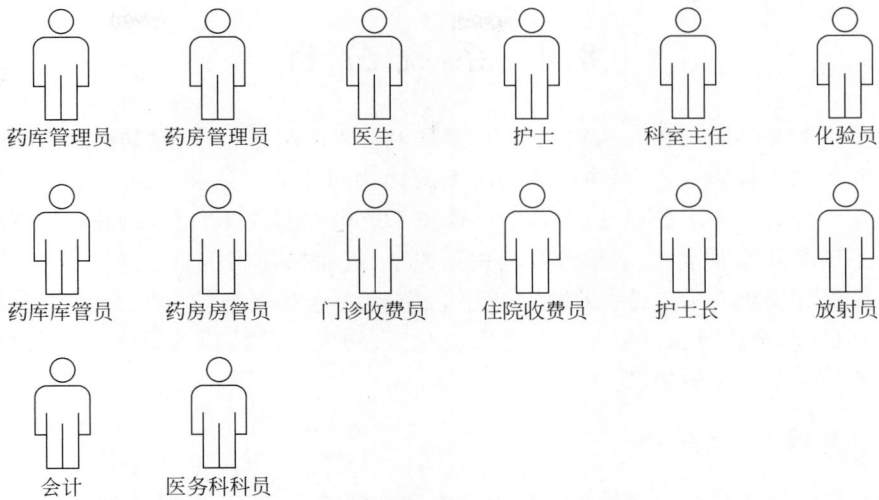

图 8.4　医院业务参与者

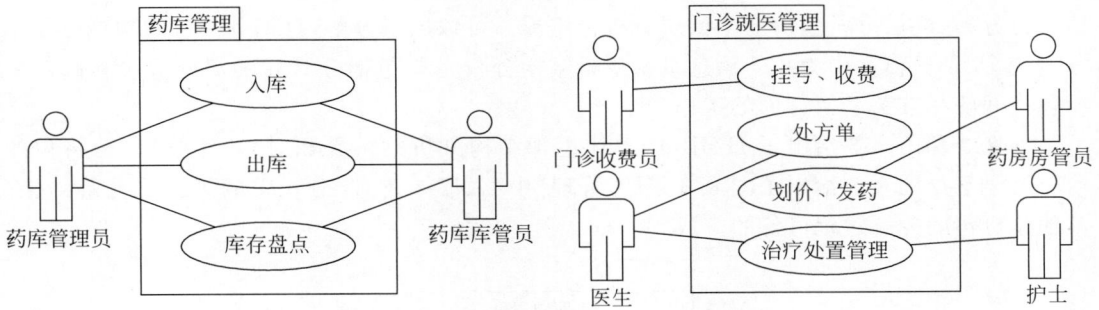

图 8.5　分解的顶层部分功能用例图

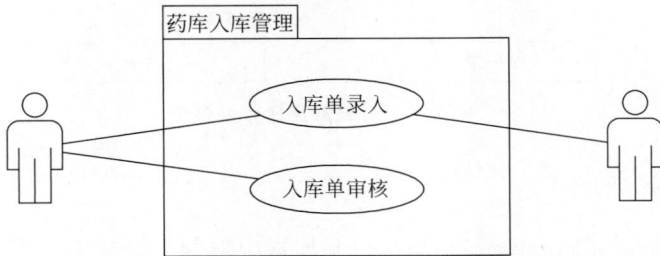

图 8.6　药库管理中的入库功能子系统的分解

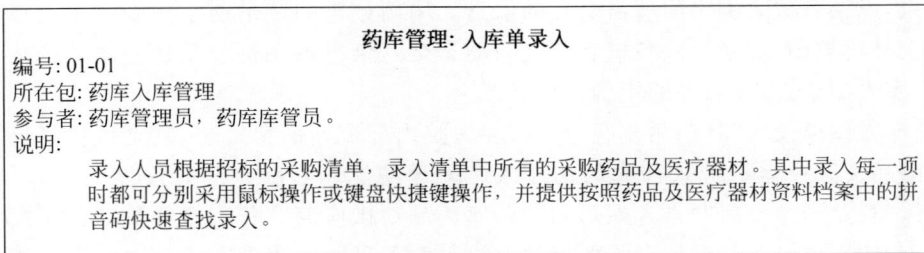

药库管理: 入库单录入

编号: 01-01

所在包: 药库入库管理

参与者: 药库管理员，药库库管员。

说明:

　　录入人员根据招标的采购清单，录入清单中所有的采购药品及医疗器材。其中录入每一项时都可分别采用鼠标操作或键盘快捷键操作，并提供按照药品及医疗器材资料档案中的拼音码快速查找录入。

图 8.7　入库单录入的用例说明

8.4 系 统 分 析

系统分析就是系统工程。从狭义上说,就是对特定的问题,利用数据资料和有关管理科学的技术和方法进行研究,以解决方案和决策的优化问题的方法和工具。系统分析是一个基于系统业务分析和需求分析的过程,它从信息系统内部的角度出发,在抽象的概念层次上明确信息系统的基本要素、组成部分及其相互关系,进而构建出信息系统的分析模型,并为后续的系统设计提供有力支持。在此过程中,主要任务包括逻辑结构分析、用例分析以及概念类分析。最终,系统分析将得出对信息系统要素、构成及其结构的简化且抽象的描述,也就是我们所说的系统逻辑模型。

8.4.1 逻辑结构分析

信息系统的逻辑结构是从抽象的概念层次和功能需求角度,根据信息系统的需求结构确定的信息系统模型结构,它由多个分析包按照组成关系或者依赖关系构成。可以对分析包进行分解,高层分析包由多个低层分析包组成。可以层层分解,直到分析包的功能已经十分清楚,并且规模适中为止。信息系统逻辑结构分析主要包括分解并确定分析包和确定分析包之间的相互关系两方面的工作。

图 8.2 和图 8.3 给出了 HMIS 的总体逻辑结构分析的结果和对"药库管理"分析包的第一层分解。图 8.8 给出了图 8.3"药库管理"中"入库单管理"分析包的第二层分解结果。其他分析包的分解过程可仿照完成。

图 8.8 入库单管理分析包

8.4.2 用例分析

用例分析(Use-Case Analysis)是指从概念层次上对每一个用例进行分析的过程,即要从概念层次上分析为了实现对用例规定的功能,共需要哪些概念类,这些概念类之间有着怎样的关系,以及各概念类之间所需交互的信息。用例分析的结果通常用表示用例概念类结构的用例分析类图,或者反映各概念类之间动态交互信息的用例分析协作图来描述。下面给出"药库入库单录入"业务的用例分析类图。

"药库入库单录入"是药品及医疗器材在医院内部流通的第一步,它是根据招标采购清单录入药品及医疗器材进入药库的药库入库操作功能。它所涉及的边界类是"入库单界面",实体类有"药品资料""未入库药品""药库药品""供应商""药库管理员""药库库管员",控制类有"选择供应商""增加采购条目""删除采购条目""修改采购条目""保存入库单""打印入库单"。提取的概念类见图 8.9,用例分析类图见图 8.10。

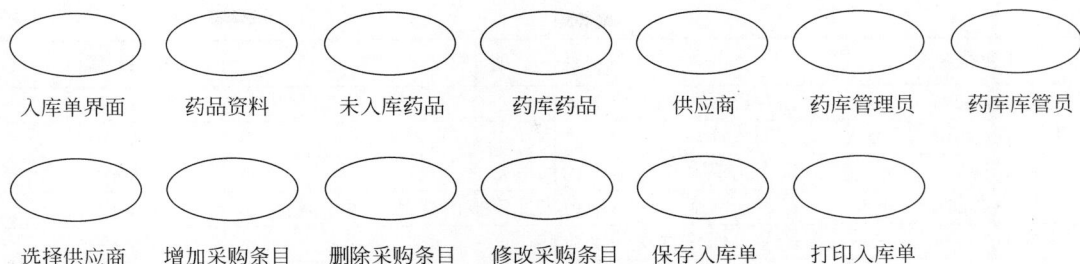

图 8.9 "药库入库单录入"概念类

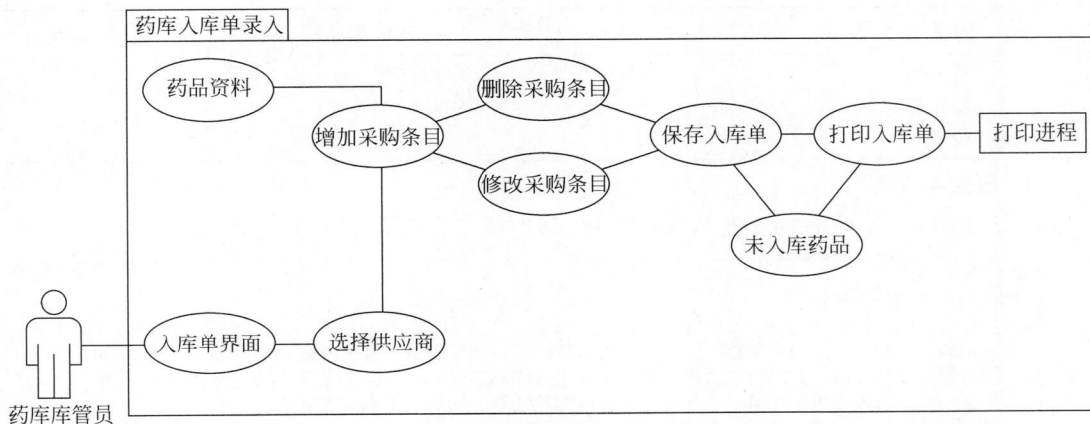

图 8.10 "药库入库单录入"用例分析类图

8.4.3 概念类分析

概念类分析(Conception Class Analysis)是对所提出的各概念类的职责、属性、关系和特殊需求进行分析的过程。概念类的职责分析是对概念类在信息系统中的责任和作用进行的分析;属性分析是对概念类所具有的特性或特征进行的分析;关系分析是对概念类之间存在的关联、聚合、泛化和依赖关系进行的分析;特殊需求分析是对某些概念类所具有的不同于其他同类概念类的特殊需求,尤其是特殊性能需求进行的分析。通常用由概念类目录和概念类条目组成的概念类字典对概念类分析的结果进行描述。

1. 概念类目录

HMIS 的概念类目录见表 8.3,其中的概念类条目编号的规则是:第一位表示概念类所属的顶层分析包,用字母表示,其中的对应关系如表 8.4 所示;第二位表示概念类的类型,其中,1 表示实体类,2 表示边界类,3 表示控制类;最后两位表示概念类的序号。

表 8.3 HMIS 的概念类目录

概念类名称	说　　　　明	条 目 编 号
入库单界面	药库库管员与系统的操作界面	A-2-01
选择供应商	选择药品及医疗器材的供应商	A-3-01
增加采购条目	增加录入入库单中的药品及医疗器材条目	A-3-02
删除采购条目	删除多余或录入错误的条目	A-3-03
修改采购条目	修改已录入的错误条目	A-3-04

223

第 8 章

概念类名称	说　明	条目编号
保存入库单	保存已经录入完成的入库单	A-3-05
打印入库单	打印入库单	A-3-06
药品资料	记录药品及医疗器材的档案信息	A-1-01
未入库药品	已经录入到入库单中但未经审核的药品及医疗器材	A-1-02
供应商	药品及医疗器材的供应商	A-1-03
药库库管员	可以进行药库出入库除审核以外所有操作的人员	A-1-04

表 8.4　分析包与对应字母对照表

分析包名称	字　母	分析包名称	字　母
药库管理	A	药房管理	B
门诊就医管理	C	住院就医管理	D
医务管理	E		

2. 概念类条目

图 8.11 列出了药品资料的概念类条目,其他概念类的条目可仿此完成。

编号: A-1-01

概念类名称: 药品资料

职责: 存放医院所用的所有药品及医疗器材的档案信息

属性: 编码, 名称, 拼音码, 规格, 包装, 分类, 甲乙类, 批发单位, 零售单位, 换算量

说明: 该概念类存放所有药品类的公用信息。它是未入库药品、入库药品、出库药品的公共超类, 同时也是入库单录入、出库单录入、开处方和开医嘱等控制类的快速检索信息来源

特殊需求:
- 范围: 包括医院所有的用药和医疗器材
- 容量: 每个对象约为300字节, 约为2000个药品及医疗器材对象
- 更新频率: 系统运行之初建立, 永不删除, 在必要时进行维护

访问频率: 系统运行时平均访问60次/小时, 高峰期约500次/小时

图 8.11　药品资料的概念类条目

8.5　总　体　设　计

经过需求分析阶段的工作,系统必须"做什么"已经清楚了,现在是决定"怎样做"的时候了。总体设计的基本目的就是回答"概括地说,系统应该如何实现"这个问题,因此,总体设计又称为概要设计或初步设计。总体设计是在系统分析的基础上,综合考虑系统的实现环境和系统的效率、可靠性、安全性和适应性等非功能性需求,对系统分析的进一步深化和细化的过程,其目的是给出能够指导信息系统实现的设计方案。总体设计的主要工作包括系统平台设计、结构设计、数据库设计、详细设计和系统功能界面设计五方面。

信息系统平台是开发和运行信息系统的基石,涵盖了计算机硬件、网络、系统软件及辅助软件等要素。在设计信息系统平台时,必须根据系统的具体需求,通过技术和市场的综合考量,来决定网络架构、硬件选择和软件平台方案等。而系统结构设计则涵盖了拓扑结构、计算模式以及软件结构三个核心方面。本书专注于探讨 HMIS 的软件结构设计,对于平台设计、拓扑结构和计算模式的其他方面将不作过多阐述。

8.5.1 系统软件结构

容易看出，软件结构的设计是以模块为基础的，以需求分析阶段得到的数据流图为依据来设计软件结构。数据流图是设想各种可能方案的基础。信息系统的软件结构是由信息系统软件的各子系统按照确定的关系构成的结构框架，一般呈现多层次结构模式。子系统是对软件进行分解的一种中间形式，也是组织和描述软件的一种方法。由多个子系统构成信息系统软件，每一个子系统中包括多个用例设计、类和接口。软件结构设计就是把软件分解成多个子系统，并确定各子系统及其接口之间的相互关系。

1. 系统软件结构

该 HMIS 的软件结构见图 8.12，各子系统软件结构可参照它进行设计。

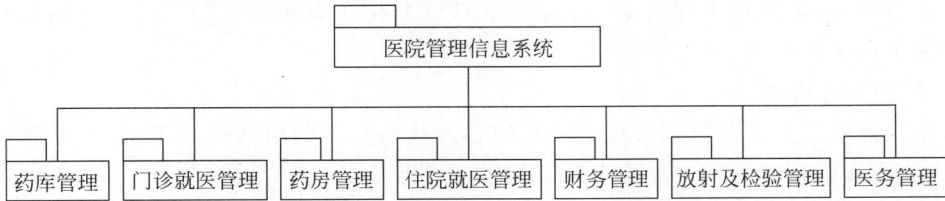

图 8.12　HMIS 的软件结构

2. 系统支撑结构

经过仔细分析，在该 HMIS 的软件结构中，中间件层用于系统建模、数据库设计建模、数据库接口、系统界面设计及搭建 C/S 开发和工作平台，操作系统采用 Windows XP，网络通信协议采用 TCP/IP。HMIS 支撑结构如图 8.13 所示。

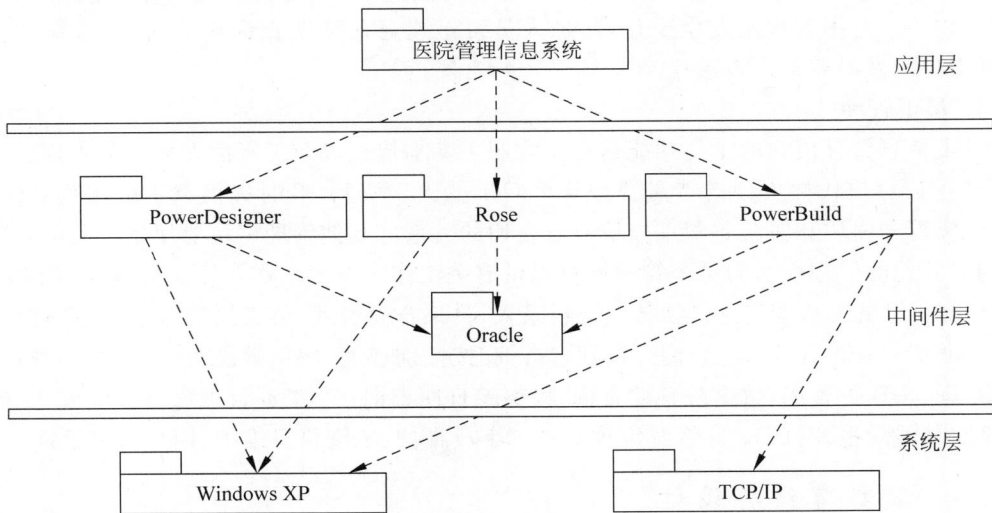

图 8.13　HMIS 支撑结构

数据库设计是指根据业务需求、信息需求和处理需求，确定信息系统的数据库结构、数据库操作和数据一致性约束的过程。数据库是信息系统的基础和核心，数据库设计的质量将直接关系到信息系统开发的优劣和成败。数据库设计一般要经过需求分析、概念设计和物理设计等步骤。该 HMIS 的数据库表分为以下几类：

（1）档案表：用于存储系统中要频繁使用的档案资料。例如药品资料档案、供应商档案、部门档案、员工档案等数据。

（2）业务表：用于存储医院相关业务运行的所有数据。例如处方、医嘱等数据。

（3）系统表：用于存储系统非业务功能所需的数据。例如系统角色、权限分配等数据。

（4）历史数据表：用于存储经过数据转存后需要保存的系统过期数据。

8.5.2 系统功能设计

1. 门诊就医管理

门诊挂号处的工作人员需仔细记录患者的信息，随后医生会根据患者情况开具处方。门诊人员将处方信息录入系统，并根据处方内容进行划价和收费。患者或其代理人完成认证和缴费流程后，可凭借缴费清单和记录等凭证到药房领取所需药品。这一系列流程确保了医疗服务的顺利进行。

2. 药房药库管理

药房药库管理是药品管理模块的核心内容。从药品采购申请获得审批，到药品最终入库，整个流程都需精细管理。采购人员需与供应商沟通，对报价进行统计分析，审慎选择并最终签订合同。药品入库单详细记录药品信息，如入库时间、数量、计量单位等。对于领用药品，需药品与仓库的管理人员协同作业，操作人员会记录相关信息，确保在系统中准确体现。

3. 病历管理

病历管理系统作为 HMIS 的关键组成部分，负责在患者出院后全面汇总他在院的医疗信息。该系统涵盖了患者首页信息的整理、患者信息的检索与统计分析，以及相关字典库的维护工作。一旦患者病情发生变化，医护人员可迅速通过系统查询病情信息，重新评估病情，确保患者及时获得适当治疗。

4. 员工管理

员工信息管理模块的主要功能是对全院职工基本信息以及工资的发放进行管理。其核心是利用计算机快捷方便的特点合理管理职工的人事资料，及时提供与工资相关的信息。人事工资管理模块和医院各管理模块有着密切的关系。其他管理模块要使用有关的人事信息，同时其他的管理模块为员工管理模块提供有关工作人员的工作量以及考核成绩的信息。内容包括：①员工基本信息。新员工资料录入、员工合同管理、员工出勤率、员工升迁记录、员工离职记录；②员工信息查询。按姓名查询、按性别查询、按年龄段查询、按职称查询、按部门查询、按职位查询、按进院日期查询、按离院日期查询；③工资管理。科目设置、工资录入、修改、计算、报表打印；④系统维护。员工字典维护、工资科目维护、用户密码设定等。

8.5.3 数据库结构设计

HMIS 的设计核心在于数据库的设计，因为医院的大量重要信息数据都储存在数据库中，这些数据对医院的有效管理和正常运作具有至关重要的作用。通过优化数据库设计，可以提高数据查询的速度和便捷性，进而提升医院的工作效率。在整理医院相关的业务和字典信息时，主要涉及科室、医生、患者和药品等实体信息。因此，选择建立关系数据库是实际且合适的选择。

考虑系统数据的安全性,进入本系统时要输入用户账号、密码,并且非法用户不得进入,因而要建立管理员数据表。系统存储了医生的身份信息、个人在医院系统的账号密码、现任职位、科室等工作信息。把给治疗患者开过的药方和病情进行存储,方便下次遇到相同病症时取用。医院在挂号时,会产生顺序流水号、身份信息输入和挂号信息数据表,以便存储门诊患者的挂号信息等。本系统的数据库文件为以下8个数据表,各数据表所含字段如下。

(1) 医生信息(ID、编号、姓名、性别、出生年月、现任职位、主治科、管理员权限(是/否)、个人简历、治疗次数、入职日期、登录密码)。

(2) 医生看病记录(ID、医生编号、治疗日期、患者身份证号、确诊病、治疗药单)。

(3) 病库(ID、编号、名称、类型、严重级别、主要症状、病例描述、出现次数、录入日期)。

(4) 患者信息(ID、身份证号、姓名、性别、出生年月、过敏药物、重大病史、本院就诊次数、初次就诊日期)。

(5) 个人病历(ID、身份证号、治疗日期、确诊病、服用药物、医生编号)。

(6) 药仓(ID、药物编号、药物名称、药物类型、药物服用方法、药物描述、药物单价、药物数量、出库数量、录入日期)。

(7) 治疗方案(ID、病历编号、治疗药单、治疗建议)。

(8) 挂号表(ID、挂号、日期、身份证号、是否复诊)。

8.5.4 设计测试方案

为了保证系统的数据安全,系统设有账号密码,用数据库来存储账号、密码的信息,并且设有普通用户和管理员用户两种。

系统的主要模块有挂号就医、医务管理、药库管理、人员信息管理四方面。

1. 挂号就医

对于挂号就医,系统测试挂号时能否产生连续流水号和就医时开药是否能使用数据库中已经存在的药方。测试时用不同的身份去挂号并就医,如果正确产生流水号并且能方便开药,而且用管理员账号登录后台,就医情况后台有记录,那么该程序没有问题。

2. 各类信息管理

信息管理就是各项数据统计、就医情况统计、医生出勤统计等各种报表。主要是就诊后从后台看各种记录表是否存在和改变。例如开药后对应药品的减少,病历表是否存在新的就医记录以及各个医生接诊的记录等。

8.6 详 细 设 计

详细设计是对软件结构中已经确定的各个子系统内部的设计,包括每一个子系统内部的用例设计、类设计和关系设计。通常用用例类图和顺序图来描述详细设计的结果。

下面以药库入库管理子系统为例,描述详细设计过程。

(1) 子系统和类。入库单录入用例所涉及的类有入库单界面、选择供应商、增加采购条目、删除采购条目、修改采购条目、保存入库单、打印入库单等,另外在数据库服务器节点还涉及药品资料、供应商、药库库管员及出入库流水账四个数据库表。

（2）用例类图。入库单录入的用例类图如图 8.14 所示。

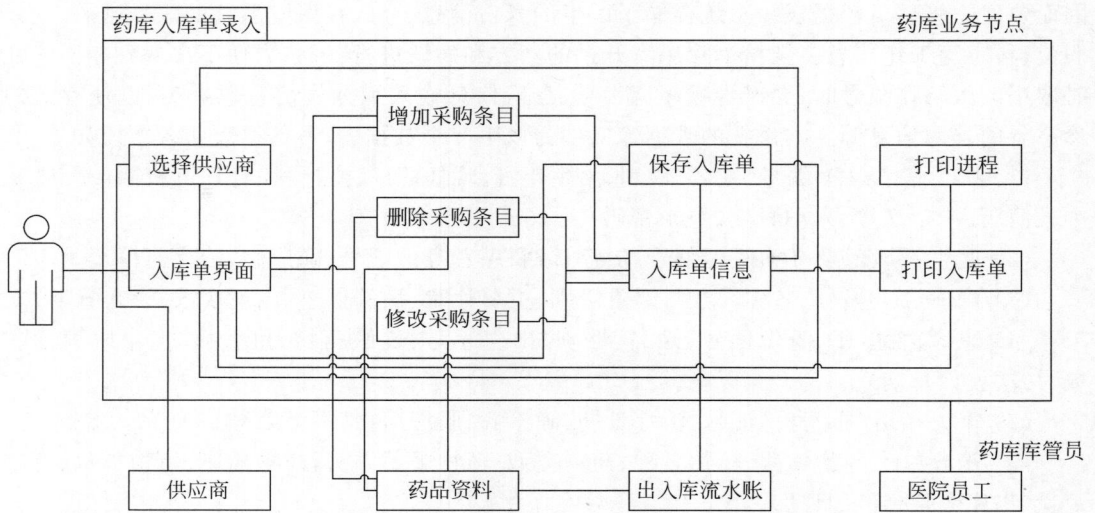

图 8.14　入库单录入的用例类图

（3）顺序图。入库单录入的顺序图如图 8.15 所示。

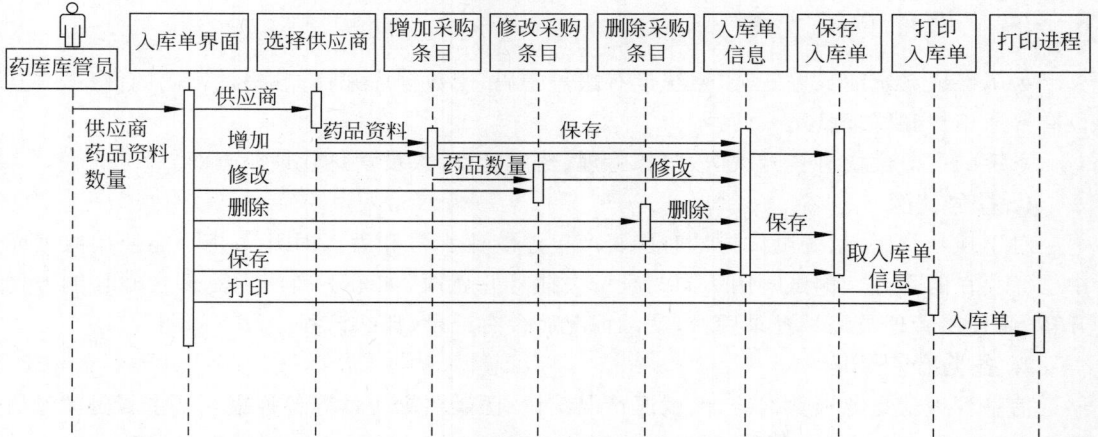

图 8.15　入库单录入顺序图

8.6.1　功能界面设计

用户功能界面,又称人机交互界面或人机接口,是用户与系统之间交互的桥梁,涵盖了交互方式、途径、内容、布局和结构等各个方面。信息系统正是通过这一界面展示其功能和内容,用户也唯有通过它才能感知、理解、掌握和使用系统。常见的用户功能界面包括输入界面、输出界面以及输入输出界面。

在信息系统设计中,用户功能界面设计占据着举足轻重的地位。系统设计人员需以信息系统的设计目标为导向,在深入分析需求文档的基础上,进行细致入微的设计,确保系统能够合理、高效、安全地呈现其功能和作用。

针对该医院的手工处方、票据、病历和报表等实际需求,以及医院工作人员对系统操作界面的期望,我们结合系统需求分析说明书,力求在 HMIS 的功能界面设计中融入人性化的理念,以提升用户对系统的理解和使用便捷性。图 8.16 展示了以调试身份登录系统后的主界面关键部分。

图 8.16　系统主界面

完成系统设计后,我们将根据设计模型进行编码,实现信息系统的各项功能。随后,系统将进入测试、验收和移交阶段。这些环节往往需要耗费较长时间,并可能经历多次反复调整。即便在正式投入使用后,系统的维护工作也依然不可或缺。

8.6.2　药品名称快速查询

在医院系统中,医生开处方是最常用的操作之一。在开处方过程中需要频繁检索药品名称以及药品的相关信息,因此,使用行之有效的快速检索方法十分重要。虽然一般用户熟悉汉语拼音,但按全拼检索字符数量多,且容易出错,同时按汉字第一个拼音字母检索(简称 Z1 方法),可能会出现相同字母不同药品的现象。由于药品本身存在同名称异单位问题,而这时只能将该情况的药品认为是不同药品,因此,在检索前须将所有药品按名称的每个汉字的第一个拼音字母排序。用 Z1 方法检索时将指示条放在第一个满足条件的记录上,由医生在其后挑选。例如,检索 10♯装牛黄解毒片,本来应输入"NHJDP",但输入到"NHJ"时指示条已到达目标记录,见图 8.17;如果检索 60♯装牛黄解毒片时,只须将指示条下移一行即可。

1. 列表框检索

在快速检索对话框上放置一个编辑框控件 IDC_JPM 用于输入检索拼音,一个列表框控件 IDC_LIST_QUERY 用于显示被检索数据及相关信息,并设置该列表框控件的"Single selection"属性。在 MFC ClassWizard 中为 IDC_JPM 添加消息"EN_CHANGE"的响应函数 OnChangeJpm()。当编辑框中的内容发生改变时就会产生"EN_CHANGE"消息。为

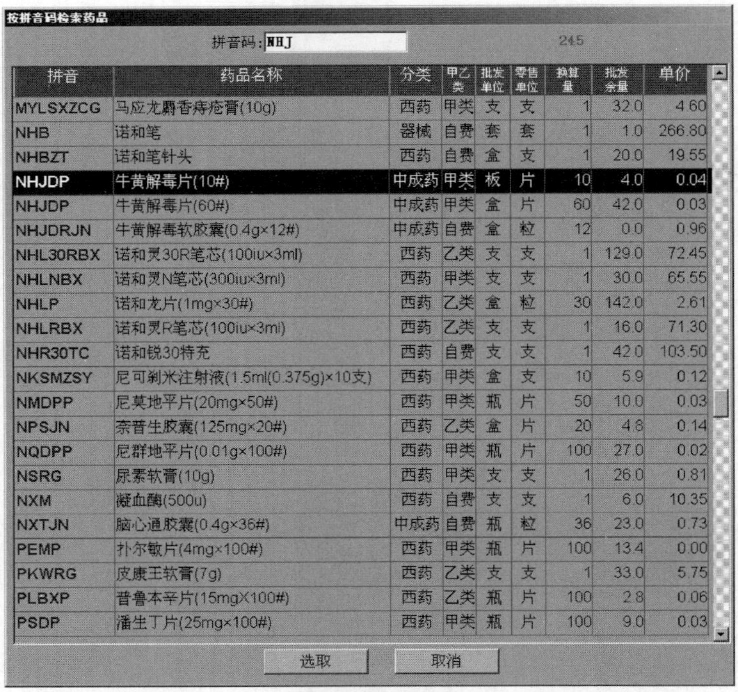

图 8.17　药品名称快速检索

IDC_LIST_QUERY 添加 CListCtrl 类型的成员变量 m_cListQuery。不设置"选取"按钮的
"Default button"属性。

　　在 OnChangeJpm()函数中,首先获取编辑框的输入数据,然后调用 FindString()函数
在列表框中进行查找。如果 FindString()函数返回值不为-1,则代表找到条目在列表框中
的索引值。再调用 SetItemState()函数设置该条目所在行为选中状态,并且调用
SetSelectionMark()函数设置选中标记。利用 EnsureVisible()函数确保被选中的行(项)是
可见的,如果被选中的行(项)不在控件窗口内,就会发生滚动。示例代码如下。

```
        NO. 7.1
void CXXXDlg::OnChangeJpm()
{
    UpdateData(true);
    m_sJpm.MakeUpper();
    index = FindString(m_cListQuery, m_sJpm, -1);      //在列表框中按拼音查找条目索引
    if(index != -1)
    {
        m_cListQuery.SetItemState(index, VIS_SELECTED|LVIS_FOCUSED,
        LVIS_SELECTED|LVIS_FOCUSED);
        m_cListQuery.SetSelectionMark(index);
        //确保被选中的行可见,如果被选中行不在控件窗口内,就会发生滚动
        m_cListQuery.EnsureVisible(index, TRUE);
    }
}
```

定义对话框成员函数 FindString()用于在列表框中按拼音查找条目索引,示例代码

如下。

```
       NO. 7.2
int CXXXDlg::FindString(CListCtrl & list, LPCTSTR str, int startIndex)
{
    CString field;
    int out = -1, index;
    if(startIndex < 0) index = 0;
    else index = startIndex + 1;

    for(; index < list.GetItemCount(); index++)
    {
        field = list.GetItemText(index, 0);         //0 表示第 1 列
        field.MakeUpper();
        if(field.Find(str) == 0)                     //找到
        {
            out = index;
            break;
        }
    }
    return out;
}
```

Z1 快速查询也可以在其他查询中使用,但需要替换查询窗口中的数据窗口内容,比如,按患者姓名查询。

2. 在列表框中选取数据

当用户按拼音简码在编辑框进行部分输入时,若存在相应记录,便可以在列表框中看到相应选中条。此时输入焦点仍在编辑框中,用户还可以继续进行输入实现精确查找。当要获取选中行数据时,可回车进行选定确认,此时在列表框中对选中行采用高亮显示,并且输入焦点转至列表框。这时用户若进行"Enter"操作或单击"选取"按钮,便可进一步对选取的数据进行处理。而有时当多个条目存在相同检索字段时,还需要通过上下方向键进行选定。因此,还需要对 Enter 键、Up 键和 Down 键的"WM_KEYDOWN"消息定义响应函数。

在 MFC 中,如果对话框中某一按钮具有"Default button"属性,即对话框有默认按钮,当用户按下 Enter 键时则会执行默认按钮的响应函数。否则,如果对话框没有默认按钮,即使对话框中没有"OK"按钮,OnOk()函数也会自动被调用。CDialog 的 OnOk()虚函数默认功能是调用基类的 OnOK()函数,关闭对话框。因此在这里必须重定义 OnOK()函数,将输入焦点设置为列表框。示例代码如下。

```
       NO. 7.3
void CJpmQueryDlg::OnOK()
{
    if(GetDlgItem(IDC_JPM) == GetFocus())         //设置列表框获取焦点
        m_cListQuery.SetFocus();
}
```

当列表框获得焦点时,用户可以使用方向键进行上下选择,也可以使用 Esc 键使焦点回到编辑框中,以及进行回车操作将选中行插入对应数据库表中,同时刷新主窗口列表框中的数据。为此程序需要判断用户按键并作出响应,此时需要重载 CWnd 类的 PreTranslateMessage()

虚拟函数,该函数是标准窗口的消息预处理响应函数,其缺省实现主要负责完成加速键的翻译,通过重载它可以处理键盘和鼠标消息。示例代码如下。

```
        NO. 7.4
BOOL CXXXDlg::PreTranslateMessage(MSG * pMsg)
{
    if( pMsg -> message == WM_KEYDOWN &&
                        GetDlgItem(IDC_LIST_QUERY) == GetFocus())
    {
        int Count = m_cListQuery.GetItemCount();
        POSITION pos = m_cListQuery.GetFirstSelectedItemPosition();
        index = m_cListQuery.GetNextSelectedItem(pos);

        switch( pMsg -> wParam ){
        case VK_UP:         //按下 Up 键
            index -- ;
            if(index ==  -1) return false;
            m_cListQuery.SetItemState(index, LVIS_SELECTED|LVIS_FOCUSED,
                                LVIS_SELECTED|LVIS_FOCUSED);
            m_cListQuery.SetSelectionMark(index);
            m_cListQuery.EnsureVisible(index, TRUE);
            break;
        case VK_DOWN:       //按下 Down 键
            index++;
            if(index == Count) return false;
            m_cListQuery.SetItemState(index, LVIS_SELECTED|LVIS_FOCUSED,
                                LVIS_SELECTED|LVIS_FOCUSED);
            m_cListQuery.SetSelectionMark(index);
            m_cListQuery.EnsureVisible(index, TRUE);
            break;
        case VK_RETURN:     //按下 Enter 键
            Insert ();      //代码略(参见 NO. A.79)
            break;
        case VK_ESCAPE:     //按下 Esc 键
            GetDlgItem(IDC_JPM) -> SetFocus();
            break;
        }
        return true;
    }
    return CDialog::PreTranslateMessage(pMsg);
}
```

当按下 Up 键或 Down 键时,修改选中行在列表框中的索引值,并设置选中行高亮显示。如果用户需要在编辑框中重新输入,可以按 Esc 键使输入焦点设置为编辑框。当按下 Enter 键时调用 Select()函数进行数据处理,例如获取当前选中行第 i 列的数据,代码如下。

```
        NO. 7.5
CString data = m_cListQuery.GetItemText(index, i);
```

另外,在对话框中按 Esc 键时默认关闭对话框,而通过在 PreTranslateMessage()函数进行重写就可以屏蔽 Esc 键。在上面的代码中,当按下 Esc 键时,重新设置输入焦点为编辑框,可以快捷地切换用户输入位置。

8.6.3 处方复制

　　一直以来,最大程度地方便用户的使用和提高用户的操作效率,始终是开发人员努力追求的系统设计目标。

　　在门诊处方业务管理中,开处方是核心环节,劳动强度高且耗时。传统的手工操作环境下,医生需逐份书写处方,即便病情和用药相同,也需重复抄写。但随着计算机技术在医院信息管理中的应用,利用计算机的信息快速复制功能,能显著提高医生开处方的效率,为医生带来便利。对历史信息的存储和快速检索是信息系统的一个主要特点。在 HMIS 中,所有的门诊已开处方都可以按照患者、医生、疾病等信息分类进行快速检索和复制,达到提高医生开处方的效率的目的。

　　在如图 8.18 所示的开西药处方的功能界面中,若患者的病情能够使用以往已经开过的处方,或者可以使用以往已开处方中的大部分用药,就可以单击"选处方"按钮,并在如图 8.19 所示的选取处方类型的提示窗口中选取相应的处方类型,该类处方的基本信息以分行浏览的格式显示,如图 8.20 所示。医生可以从中选取一个与就诊患者病情相同或相似的处方,将其各项药品的名称、用法与用量等所有信息复制到就诊患者的当前处方中,然后再根据患者的具体病情对处方进行调整。图 8.18 所示界面中的前两项是通过开处方功能增加的项目,后五项是通过处方复制功能增加的项目。

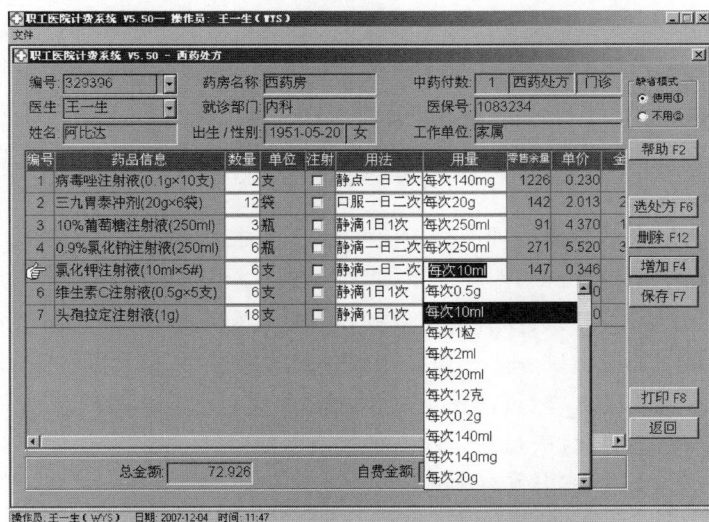

图 8.18　开西药处方功能界面

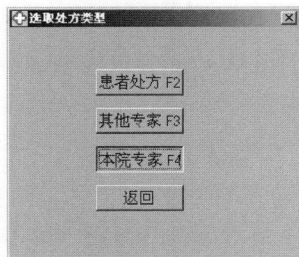

图 8.19　选取处方类型

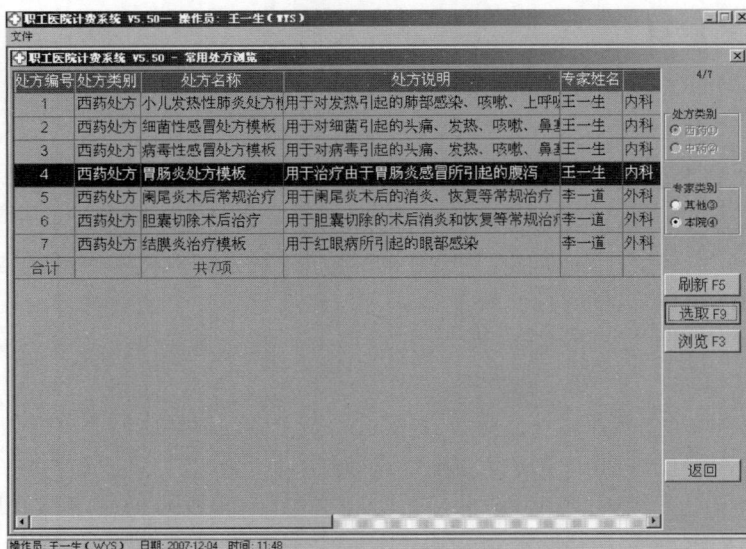

图 8.20　处方模板浏览和选取处方

8.6.4　连续流水号的产生

在一些业务中,要求单据的流水号是连续的,即中间不能产生断号。如在医院流程中的发票不能产生断号,这不仅是为了统计工作的方便,更主要是各种管理制度所要求的。但在实际操作中可能有多个打印发票人员同时在线操作,每个操作人员在打印发票时已得到了相应的发票流水号,但因某种原因打印发票操作员未完成操作而离线,就必然产生断号现象。为了实现流水号连续,可以专门设计一个数据库表来保存已使用过的流水号的最大值。这个表中的每一条记录都对应一种类型的流水号。同时,应由一个专门的函数进行控制,以确保数据的准确性和一致性。一般情况下,当多个操作员同时进行操作时,系统会遵循先到先得的原则,即先开始操作的员工将先完成操作。这样可以确保操作的顺序和公平性,避免因操作冲突而导致混乱或错误。所以先操作的分配的序号小,但实际分配的最终流水号是,先结束操作的流水号小。这样,可能出现操作时流水号与结束时最终流水号不同的情况发生,这种情况发生时应向操作人员显示相应的信息。

流水号控制函数有三个,其功能和作用如下。

1) GetCounter()

函数原型: unsigned long GetCounter(CString SquType, unsigned long MinValue);

功能: 取 SquType 类型当前最大序号加1,并作为下一个最大序号。

参数: SquType 为序号类型; MinValue 为该类型最小序号。

返回值: 返回当前最大序号加1。

示例代码如下。

```
      NO. 7.6
unsigned long GetCounter(CString SquType, unsigned MinValue)
      {
```

```
long inc = 0;
CString temp;

SquType.MakeLower();
SquType.TrimLeft();
if(SquType.IsEmpty()) SquType = "test";

CString sqlstr = "select squ_counter from soft_sequenceman where squ_key = '" + SquType + "'";
BOOL ret = m_Ado.GetRecordSet(sqlstr);
    m_Ado.Close();
if(ret)
{
m_Ado.GetCollect("squ_counter", temp);
if(temp.IsEmpty())  inc = MinValue;
else
{
    inc = atoi(temp);
    inc = MinValue>++inc? MinValue : inc;
}
}
return inc;
}
```

2）SetCounter()

函数原型：unsigned long SetCounter(CString SquType，unsigned long MinValue)；

功能：设置 SquType 类型当前序号加 1，若 SquType 为新增类型，则设置序号值为 MinValue。

参数：SquType 为序号类型；MinValue 为该类型最小序号。

返回值：成功时返回当前序号加 1，否则返回−1。

说明：该函数包含数据库提交操作。

示例代码如下。

```
         NO. 7.7
unsigned long SetCounter(CString SquType, unsigned long MinValue)
{
CString temp;
long inc = 0;
CTime time;
time = CTime::GetCurrentTime();
CString timestr = time.Format("%Y-%m-%d %H:%M:%S");

SquType.MakeLower();
SquType.TrimLeft();
if(SquType.IsEmpty()) SquType = "test";

CString sqlstr = "select squ_counter from soft_sequenceman where squ_key = '" + SquType + "'";
BOOL ret = m_Ado.GetRecordSet(sqlstr);

if(ret)
{
```

```
m_Ado.GetCollect("squ_counter", temp);
if(temp.IsEmpty())
{
    inc = MinValue;
    temp.Format("%d", inc);
    sqlstr = "INSERT INTO soft_sequenceman(squ_key, squ_counter, squ_updatedate)
VALUES ('" + SquType + "\', " + temp + ", '" + timestr + "\')";
}
else
{
    inc = atoi(temp);
    inc = MinValue>++inc? MinValue : inc;
    temp.Format("%d", inc);
    sqlstr = "UPDATE soft_sequenceman SET squ_counter = " + temp + ", squ_updatedate = '" +
timestr + "' WHERE squ_key = '" + SquType + "'";
}
BOOL ret2 = m_Ado.ExecuteSQL(sqlstr);
if(ret2) return inc;
else return -1;
}
}
```

8.7　系 统 测 试

对 HMIS 的测试,先进行模块测试,然后进行集成测试和验收测试。对于本系统的信息处理是,就医后把就医情况存入医院病历表和医生出诊情况表等。如果程序设计存在问题,那么与这几个信息表相关的操作可能会出现错误,导致数据的不准确或丢失。因此,保证程序设计的正确性和稳定性至关重要,以确保信息表能够正常工作并存储准确的数据。提前将数据通过图形界面输入,再用管理员账号登入后台查看信息,比较是否可以出现对应的结果,检查系统中的错误。

当前,软件的检验方式共存在三种,分别为静态检查、动态检查以及有关正确性方面的证明。对于黑盒测试,就是熟练地了解与掌握软件,关注点主要放在软件的功能和输入/输出结果上,而不是其内部实现细节。输入相关的数据,输出就会有相应的结果。而在白盒测试中,测试员有相应的访问权限,能够对相应的代码线索进行检查,并以此为基础,进行测试。以此代码的检测结果为基础,对那些有错误嫌疑的数据采取相应的判定的方式,同时以此为基础得到最终结论。测试内容与测试结果如表 8.5 和表 8.6 所示。

表 8.5　系统测试内容

测 试 名 称	测 试 内 容
白盒测试	1. 功能错误或遗漏
	2. 界面错误
	3. 数据结构或外部数据库访问错误
	4. 初始化和终比错误

测 试 名 称	测 试 内 容
黑盒测试	1. 保证一个模块中的所有独立路径至少被使用一次
	2. 对所有逻辑值均需测试 true 和 false
	3. 在上下边界及可操作范围内运行所有循环
	4. 查内部数据结构以确保其有效性

表 8.6 测试结果

序号	测试内容	测 试 方 法	测试结果	测试情况预估
1	门诊管理	使用各类测试用例进行	通过测试	页面显示是否正常；增删改查，导入导出等操作能否正确执行
2	药品管理	使用药品的各类测试用例	通过测试	页面显示是否正常；增删改查，导入导出等操作能否正确执行
3	病历管理	使用各类测试用例进行	通过测试	页面显示是否正常；增删改查，导入导出等操作能否正确执行
4	员工管理	使用各类测试用例进行	通过测试	页面显示是否正常；增删改查，导入导出等操作能否正确执行

当系统的设计与实施都达到要求后，就应该将关注点放在系统的运行与维护上。对系统进行维护并不是静态的过程，而是属于动态的变化的过程。从系统运行开始到结束，都需要相应的维护，以保持系统的正常运转，维持其准确度。为能使系统高速运转，完美发挥其应有的作用，定期进行系统维护无疑是一种必然措施。而且外部的环境也是处于变化之中的，只有对系统进行相应的升级，才能让系统运行保持在合适的状态之下。

本 章 总 结

HMIS 是为更好地完成医院的组织目标、提高医院的管理水平和服务质量所开发的系统。一个信息系统的建设从系统规划开始到交付使用，需经过可行性分析、业务分析、需求分析、系统分析、系统设计（包括界面设计）和系统实现与测试整个过程。需求分析需要对医院的业务进行详细调查，采用严谨的工作作风和严密的思维方式替用户进行需求分析，进而确定 HMIS 的总目标和各具体子目标，得出系统的功能需求和性能需求。系统分析需要根据需求分析的结果对系统的逻辑结构进行抽象和分解，并对各子功能包进行用例分析和概念类分析。系统设计是在确定系统软件结构和支撑结构的基础上，对软件结构中各个子系统进行的内部设计，包括类、用例类图、顺序图设计和系统功能界面设计等，其中系统功能界面设计要采用人性化的设计思路，尽量和用户的手工业务过程保持一致的界面风格。整个系统的建设过程采用 UML 语言进行系统建模。

采用对排序数据定位的方式实现药品名称快速查询功能，该功能主要应用于医院的药库、药房的药品出入库和医生开处方、下医嘱业务。处方复制功能是对已开处方及处方模板的数据进行复制、添加到新开处方中，从而提高开处方的效率。连续流水号的产生功能对于医院门诊业务和住院业务都是必要的，系统为此专门设计一个数据库表来保存已使用过的流水号的最大值，从而保证了流水号的连续性。

习　题

一、单选题

1. 在系统维护阶段最主要的工作是(　　　)。

    A. 硬件设备维护   B. 应用软件维护

    C. 代码维护   D. 系统软件维护

2. 属于系统安全保护技术的是(　　　)。

    A. 负荷分布技术   B. 设备冗余技术

    C. 数据加密技术   D. 系统重组技术

3. 改正开发期间错误的过程是(　　　)。

    A. 完善性维护   B. 适应性维护

    C. 纠错性维护   D. 预防性维护

4. 最难检测的程序错误是(　　　)。

    A. 语法错误   B. 系统错误   C. 逻辑错误   D. 数据错误

5. 系统测试的步骤是(　　　)。

    A. 单元测试、子系统测试、系统测试、验收测试

    B. 系统测试、子系统测试、单元测试、验收测试

    C. 验收测试、系统测试、子系统测试、单元测试

    D. 单元测试、系统测试、子系统测试、验收测试

6. 以下描述中符合"结构化设计"思想的是(　　　)。

    A. 系统模块分解要自顶向下逐步细化

    B. 系统模块分解要自底向上逐步抽象

    C. 对功能复杂的模块要尽量保持完整性

    D. 对功能简单的模块要尽量合并

7. 模块的控制耦合是指(　　　)。

    A. 上下级模块之间传递控制信号

    B. 下级模块对上级模块传递控制信号

    C. 同级模块之间传递控制信号

    D. 上级模块对下级模块传递控制信号

8. 产生数据流图的阶段是(　　　)。

    A. 系统规划   B. 系统设计   C. 系统实施   D. 系统分析

9. 为了扩充和改善系统性能而进行的修改属于(　　　)。

    A. 改正性维护   B. 适应性维护

    C. 完善性维护   D. 预防性维护

10. 结构化分析方法解决复杂问题的两个基本手段是(　　　)。

    A. 分解、具体化   B. 集成、具体化

    C. 分解、抽象   D. 集成、抽象

二、填空题

1. 软件模块独立性的两个定性度量标准是( )和( )。
2. 软件开发是一个自顶向下逐步细化和求精的过程,而软件测试是一个( )的过程。
3. ( )是一种黑盒测试技术,这种技术把程序的输入域划分为若干个数据类,据此导出测试用例。
4. ( )和数据字典共同构成了系统的逻辑模型。
5. 可行性研究主要集中在以下三方面:经济可行性、( )、法律可行性。
6. 常见的测试方法一般分为白盒测试和( )。
7. 软件工程三要素包括方法、( )和过程,其中,过程是支持软件开发的各个环节的控制和管理。
8. 模块化指解决一个复杂问题时( )逐层把软件系统划分成若干( )的过程。
9. 模块之间联系越紧密,其( )就越强,模块的( )则越差。
10. 黑盒法只在软件的( )处进行测试,依据( )说明书,检查程序是否满足( )要求。

三、简答题

1. 信息系统开发经过哪些过程?
2. 需求分析主要包括哪些工作?如何较准确地获得用户需求?
3. 简要说明结构分析和功能分析的含义和主要工作。
4. 系统分析主要包括哪些内容?各自的主要工作和分析的结果是什么?
5. 简述系统设计的含义和主要工作。
6. 进行系统功能界面设计的原则的主要内容是什么?
7. 按名称快速查询的设计思路是什么?它的优点是什么?
8. 处方复制功能的作用是什么?
9. 在连续流水号的产生过程中,如何保证先结束的事务流水号最小?

题库

实践活动

医院管理信息系统

第8章实践
活动

一、背景知识

我国医院管理信息系统的研发始于20世纪80年代初,至今已历经四十余载。在此期间,我们经历了从单机单任务到多机多任务,再到微机网络一体化的三大发展阶段。尽管取得了一定的进步,但与国外先进的医院管理信息系统相比,仍存在一定的差距。目前,我们的系统在财务信息、药品库存及患者管理等方面已日臻完善,但在患者医疗信息处理、医学影像处理等方面仍需付出大量努力。

随着我国医疗体制及医疗保险制度的深化改革,医院的运行模式正由传统的"患者-医院"二元关系向"患者-医院-医险机构-政府监督"的多元关系转变。在这一过程中,大量关于病人的诊断、治疗及费用信息需要在医院内部及其与其他部门之间高效传递。这是一项手工难以胜任的艰巨任务,必须依赖于功能全面、性能稳定的医院信息管理系统。

自 20 世纪 90 年代以来,国内众多医院,尤其是发展较快的地区性医院,都在积极寻找适合自身管理需求、契合当地医疗市场特点且具有中国特色的医院信息管理系统,以期提升医院的核心竞争力。与此同时,随着互联网技术的发展,信息管理系统被广泛应用于各行各业,卫生部也在以各医院信息系统为基础,逐步构建和完善我国的医疗信息网络——“金卫”工程,并努力将其与“金桥”“金卡”等国民经济信息网络相融合。在这一大背景下,我国医院信息管理系统正秉持着从大处着眼、从小处着手、循序渐进的原则,稳步向功能全面、具有中国特色的管理系统迈进。

二、实验目的

1. 了解信息管理系统开发过程。
2. 了解需求获取方法。
3. 掌握快速查询方法。
4. 掌握产生连续流水号的方法。
5. 实现医院信息管理系统。

三、实验内容与步骤

1. 可行性分析

1)技术可行性分析

在传统医院就诊流程下,人工处理信息、记录数据、管理病历等任务会消耗大量时间,并且无法实时了解患者的治疗进度、药品库存情况、设备使用情况等,导致工作效率低下。特别是在繁忙的医疗环境中,这种低效率可能会影响到患者的治疗效果和满意度。同时,人工操作也容易造成数据录入错误、病历记录不一致等问题,从而影响医疗决策的准确性。在多部门或多医生参与的复杂病例管理中,人工过程也很难实现高效的信息共享和协作。

医院信息管理系统(HIMS)的技术可行性分析是一个综合性的过程,它旨在评估现有技术能否满足医院日常运营和管理的需求,同时考虑到成本、时间、资源、人员和技术等多个关键因素。在这一过程中,首先需要对医院现有的业务流程进行深入分析,明确系统需要支持的核心功能,如患者信息管理、药品库存管理、医疗设备管理、预约挂号以及电子病历等。这些功能对于确保医疗服务的顺畅进行至关重要。

除了功能需求,还需要对系统的性能进行全面的考量。这包括系统的响应时间、并发用户数、数据处理能力以及数据存储需求等。通过合理规划和设计,可以确保 HIMS 能够在高峰时段快速响应请求,同时处理大量的医疗数据,保证医疗服务的连续性和高效性。

在评估技术可行性时,安全性是一个不可忽视的方面。HIMS 必须能够确保患者数据、医疗记录等敏感信息的保密性、完整性和可用性。通过采用先进的数据加密技术、访问控制机制以及定期的数据备份和恢复策略,可以有效降低数据泄露和丢失的风险。

此外,随着医疗技术的不断进步,对医疗数据的管理需求也在不断提高。HIMS 的建立不仅可以帮助医院实现流程优化,提高工作效率,还能为远程医疗、移动医疗等新型服务模式提供支持。这些新型服务模式可以进一步拓展医疗资源的覆盖范围,提高医疗服务的可及性和便利性。

最后,HIMS 还能为医院提供强大的数据分析和统计功能。通过对医疗数据进行深入挖掘和分析,可以帮助医院更好地了解患者的需求和偏好、优化诊疗流程、提高服务质量,并为医院的科研和管理决策提供有力支持。

综上所述,HIMS 的技术可行性分析是一个全面而复杂的过程。通过综合考虑医院的需求、技术能力以及资源投入等因素,可以确保 HIMS 的建立能够为医院带来实实在在的效益,推动医疗服务的持续改进和创新。

2)经济可行性分析

开发的 HIMS 可以长期投入使用,每年定期维护,以确保其功能的正常进行和数据的安全性。同时,HIMS 的使用可以从一定程度上降低医院工作人员的工作量,从而实现更高的经济效益。

2. 需求分析

1)药库管理

药品及医疗器材采购:由药库招标采购药品及医疗器材,形成药库入库单,审核后药品正式入库;库存管理:由药库、各药房在固定的时间对各自的药品及医疗器材的库存数量进行盘点,并在允许的损耗范围内进行损益管理;向药房分发药品及医疗器材:由药房填写请领单至药库,药库审核后形成药库出库单,返回到药房后形成药房入库单,药房审核后以出入的数量形成药房的库存,并相应减去药库的库存。

2)财务管理

门诊收费管理:由门诊收费室应患者要求进行挂号,并对已经划价的处方进行收费;住院收费及结算管理:由住院处收取住院患者的住院押金,每日对患者的押金余额进行监控,并在押金余额不足时出具催款单,同时通知住院科室向患者催交押金;在患者出院后对其就医费用进行结算;财务交款管理:由财务科会计每日收缴门诊收费员和住院收费员的每日收费,并给予其一定数额的小面额现金;工作量统计及核算。

3)门诊就医管理

门诊挂号:由门诊收费室应患者要求进行挂号,并对已经划价的处方进行收费;门诊处方管理:由门诊医生对就诊患者进行检查,并视患者具体情况开检查单,最后根据检查结果对症下药开处方,同时就患者病情做相应的治疗;治疗及处置:由住院科室医生就住院患者的病情对其开具检查单,并根据检查的结果实施治疗和处置。

4)医务信息管理

部门及人员管理:由医务科对医院的部门及各部门的工作人员档案进行管理。

3. 总体设计

1)系统软件结构

系统软件结构见图 8.21。

图 8.21 系统软件结构图

2)系统功能设计

通过系统的设计,我们力求简化各项流程,避免不必要的复杂性,从而改善患者就医体验。在传统的就医流程中,患者通常需要亲自排队、挂号、就诊、取药、办理住院等手续,这不仅耗费时间,还可能导致患者多次往返、无效等待等不便。

对于患者而言,本系统可以实现患者服务的在线化。患者只需登录账户,即可轻松获取所需信息、预约医生、查看病情等,无须亲自到医院办理各项手续。这种在线操作模式不仅节省了患者的时间,提高了就医效率,还极大地便利了患者的就医过程。

对于医院而言,系统的应用也带来了显著的好处。一方面,通过自动化管理,医院能够减少人力成本,提高工作效率;另一方面,系统还能优化资源配置,减少资源浪费,提高医疗服务质量。

在本系统中,我们将实现以下功能。

(1)门诊就医管理。

门诊挂号处员工应详细记录患者信息,以供医生根据患者病情开具处方。处方信息需由门诊人员准确录入系统,并根据处方内容进行价格核算与收费。完成身份验证和缴费程序后,患者或其代理人可持缴费凭证等文件至药房领取药品。

(2)药房药库管理。

药房药库管理是药品管理的核心环节,涵盖从药品采购审批到入库的整个过程,需实行精细化管理。采购人员须与供应商紧密沟通,统计分析报价,审慎抉择并签订合同。药品入库时需详细记录药品信息,如入库时间、数量及计量单位等。药品的领用需仓库管理人员协同操作,确保记录准确,系统中信息实时更新。

(3)病历管理。

病历管理系统在医院信息管理中占据重要地位,专门负责在患者出院后整合其住院期间的医疗信息。该系统不仅涉及患者首页信息的整理,还包括患者信息的检索与统计分析,以及字典库的维护工作。当患者病情发生变化时,医护人员可依托该系统迅速查阅相关病情信息,重新评估病情,确保患者得到及时有效的治疗。

3)数据库结构设计

本系统的数据库文件为以下五个数据表,各数据表所含字段如下。

(1)个人病历(ID、姓名、日期、疾病、出院、住院编号、床编号、治疗、病例、既往病历、系统回顾、体格检查、辅助检查、备注、作者)。

(2)医生信息(ID、姓名、性别、年龄、现任职位、主治科、管理员权限(是/否)、登录密码)。

(3)患者信息(ID、用户名、密码、姓名、年龄、性别、职业、婚姻、民族、籍贯、现住址、联系电话、过敏史、身份证、重要疾病、日期、其他)。

(4)药仓(ID、药物编号、药物名称、药物类型、药物单价、药物数量、出库数量、录入日期)。

(5)挂号表(ID、挂号、日期、是否复诊)。

4. 详细设计

1)系统界面设计

系统界面设计 E-R 图见图 8.22。

2)数据库表设计

(1)患者病历表,主要对患者的病历信息进行存储,患者病历表如表 8.7 所示。

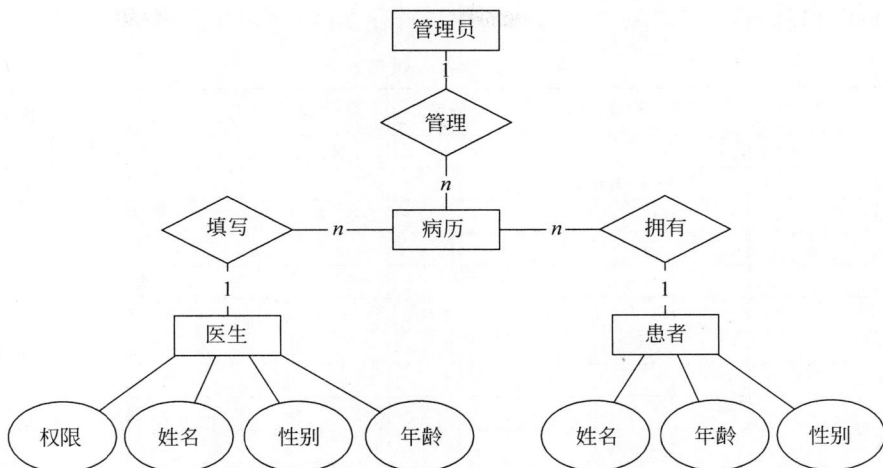

图 8.22 系统界面设计 E-R 图

表 8.7 患者病历表

字 段 名	数据类型	长度	是否允许为空	字 段 描 述
Id	int	4	否	自动编号 ID(主键)
Username	nvarchar	10	否	姓名
Riqi	nvarchar	50	是	日期
Jibing	nvarchar	50	是	疾病
Chuyuan	nvarchar	10	是	出院
zid	int	4	是	住院编号
bid	int	4	是	床编号
zhiliao	ntext	16	是	治疗
xbs	ntext	16	是	病例
jws	ntext	16	是	既往病历
xthg	ntext	16	是	系统回顾
tgjc	ntext	16	是	体格检查
fzjc	ntext	16	是	辅助检查
note	ntext	16	是	备注
author	nvarchar	20	是	作者

（2）在职人员信息表，主要是对在职人员的信息进行存储。在职人员信息表如表 8.8 所示。

表 8.8 在职人员信息表

字 段 名	数据类型	长度	是否允许为空	字 段 描 述
ID	int	4	否	自动编号 ID(主键)
M_username	varchar	50	是	姓名
Age	int	4	是	年龄
zhiye	nvarchar	50	是	职位
main	nvarchar	50	是	主治科
M_password	varchar	50	是	密码
M_sex	varchar	50	是	性别(1 为男性)
M_tel	varchar	50	是	联系电话
M_purview	int	4	是	权限

（3）患者信息表，主要是对患者人员的信息进行存储。患者信息表如表 8.9 所示。

表 8.9　患者人员信息表

字　段　名	数据类型	长度	是否允许为空	字　段　描　述
ID	int	4	否	自动编号（主键）
Username	nvarchar	20	是	用户名
Password	int	4	是	密码
cname	nvarchar	10	是	姓名
Age	int	4	是	年龄
Sex	int	4	是	性别
zhiye	nvarchar	50	是	职业
Marriage	int	4	是	婚姻
Nation	nvarchar	5	是	民族
Origin	nvarchar	10	是	籍贯
Address	nvarchar	50	是	现住址
Phone	nvarchar	20	是	联系电话
Allergy	nvarchar	80	是	过敏史
SFZ	varchar	50	是	身份证
Dis	nvarchar	50	是	重要疾病
Updatetime	Datetime	8	是	日期
Note	ntext	16	是	其他
author	nvarchar	20	是	输入病历的医生编号

（4）管理员信息表，主要是对管理员的信息进行存储。管理员信息表如表 8.10 所示。

表 8.10　管理员信息表

字　段　名	数据类型	长度	是否允许为空	字　段　描　述
ID	int	4	否	自动编号（主键）
Adminname	varchar	50	是	管理员用户名
Adminpwd	varchar	50	是	管理员密码

（5）药物表，主要是对药库内的药物信息进行存储。药物表如表 8.11 所示。

表 8.11　药物表

字　段　名	数据类型	长度	是否允许为空	字　段　描　述
Id	int	4	否	自动编号 ID（主键）
Y_Id	int	10	否	药物编号
Y_name	nvarchar	50	否	药物名称
Y_type	nvarchar	10	否	药物类型
Y_price	int	10	否	药物单价
Y_num	int	4	否	出库数量
Y_date	nvarchar	50	否	录入日期

（6）挂号表，主要是对患者挂号信息进行存储。挂号表如表 8.12 所示。

表 8.12　挂号表

字　段　名	数据类型	长度	是否允许为空	字　段　描　述
Id	int	4	否	自动编号 ID（主键）
GId	int	10	否	挂号

字 段 名	数据类型	长度	是否允许为空	字 段 描 述
G_date	nvarchar	50	否	日期
G_re	nvarchar	10	否	是否复诊

5. 主要功能设计

1）药品名称快速查询

在医院系统中，医生开处方是最常用的操作之一。在开处方过程中需要频繁检索药品名称以及药品的相关信息，因此，使用行之有效的快速检索方法十分重要。虽然一般用户熟悉汉语拼音，但按全拼检索字符数量多，且容易出错，同时按汉字第一个拼音字母检索（简称Z1方法），可能会出现相同字母不同药品的现象。由于药品本身存在同名称不同单位问题，而这时只能将该情况的药品认为是不同药品，因此，在检索前须将所有药品按名称的每个汉字的第一个拼音字母排序。用 Z1 方法检索时将指示条放在第一个满足条件的记录上，由医生在其后挑选。

2）连续流水号的产生

在一些业务中，要求单据的流水号是连续的，即中间不能产生断号。如在医院流程中的发票不能产生断号，这不仅是为了统计工作的方便，更主要是各种管理制度所要求的。但在实际操作中可能有多个打印发票人员同时在线操作，每个操作人员在打印发票时已得到了相应的发票流水号，但因某种原因打印发票操作员未完成操作而离线，就必然产生断号现象。

为了实现这一目标，可以专门设计一个数据库表来保存已使用过的流水号的最大值。这个表中的每一条记录都对应一种类型的流水号。同时，应由一个专门的函数进行控制，以确保数据的准确性和一致性。

一般情况下，当多个操作员同时进行操作时，系统会遵循先到先得的原则，即先开始操作的员工将先完成操作。这样可以确保操作的顺序和公平性，避免因操作冲突而导致的混乱或错误。所以先操作的分配的序号小，但实际分配的最终流水号是先结束操作的流水号小。这样可能出现操作时流水号与结束时最终流水号不同的情况发生，这种情况发生时应向操作人员显示相应的信息。

6. 系统测试

所谓系统测试，就是系统在面向市场，进行正式运行前的所用的一些方法和管理程序的设计和开发。系统测试是软件开发过程的重要组成部分，也是保证软件质量的关键步骤，主要用来确认系统的性能或品质是否符合开发要求。

此次对医院信息管理系统进行系统测试选取的测试方法为黑盒测试法，基于严格按照系统研发设计理念以及满足用户的相关要求，并且依据分析阶段的需求文档以及有关的设计文件资料，寻找合理的测试用例，有关人员就可以开展对系统的一系列测试操作。

测试人员通过白盒测试法对系统运行某种功能中的流程展开分析工作。和黑盒测试法相比，在关注点上是具有差异性的，测试人员以及研发人员通过这一测试法对系统功能实现的具体流程开展研究工作，之后对能否实现这一功能进行判定，所以，选用白盒测试法开展测试工作，必须要做的就是对相关代码的分析研究工作。

功能测试中需要注意如下几点。

（1）查询功能中,分别对按单一查询条件进行查询和按多个查询条件组合查询进行测试。这里要注意多个查询条件之间的关系。

（2）录入功能中,需要注意的是前台设置的数值长度是否大于后台数值长度,以及前台和后台的数据结构是否相符,很多时候录入功能无法实现是由于这些原因。还有就是必须录入的字段的设置是否有误。

（3）测试删除功能中需要注意的是单击"删除"按钮后,一般会出现提示信息,询问是否确定删除。通常情况下,我们单击"确认"按钮查看信息是否被删除了,而忽略了单击"取消"按钮后程序的反应:这时有可能没有删除,还有一种可能是即便单击了"取消"按钮,也一样删除了数据。另外,在删除多条记录时,要注意连续选中的几条记录是否真正都被删除了,即如果再按照这种查询方式查询时是否还能查询出来。

（4）关于修改功能的测试主要是看修改确认后是否数据真正已被修改了。这是最基本的功能,需要注意的是看是否能把不应该修改的数据也修改了,除此之外,还应该注意模块相互调用时,接口可能会引入许多新问题。这就要求在进行程序设计和编码时要尽可能地从整体考虑。由于一些模块被修改了,对其他模块造成了影响而出现了新的错误。发现这些问题要求我们对程序整体的结构有基本的了解,清楚模块之间的一些联系。

7. 软件维护

软件维护的类型是多样的。在国家标准 GB/T 11457—1989 中明确指出软件运行、维护阶段是软件生命周期中的一部分,"对软件产品进行检测,以期获的满意性能;当需要时对软件产品进行修改以改正问题或对变化了的需求做出响应"。这是从软件生命周期层面对软件维护作出的定义。从另一方面看,软件维护是一种技术措施,需要从技术的角度加以说明。国家标准 GB/T 11457—1989 对软件维护给出了如下两个定义。

（1）在一软件产品交付使用后对其进行修改,以纠正故障。

（2）在一软件产品交付使用后对其进行修改,以纠正故障,改进其性能和其他属性以使产品适应已改变的环境。

需要维护的需求如下。

1）门诊就医管理维护需求

（1）系统优化:持续优化挂号和处方录入流程,减少患者等待时间,提高就医效率。

（2）数据安全:加强患者信息保护,确保数据安全和隐私不被泄露。

（3）用户界面改善:优化用户界面,使其更加友好和直观,方便患者和医务人员使用。

2）药房药库管理维护需求

（1）库存管理:实现实时库存监控和预警,避免药品短缺或过期。

（2）药品追溯:建立药品追溯系统,确保药品来源和流向的透明性。

3）病历管理维护需求

（1）数据整合:完善病历信息整合功能,确保患者医疗信息的完整性和准确性。

（2）数据检索:优化数据检索功能,提高医护人员查阅病历的效率。

（3）统计分析:增加统计分析功能,为医院管理和医疗研究提供支持。

（4）数据安全:加强病历信息的安全管理,防止数据被非法访问或篡改。

以下给出解决方案。

1）门诊就医管理解决方案

（1）系统优化。

引入智能化挂号系统,通过自助挂号机、手机 App 或在线平台,实现患者自助挂号,减少排队时间。优化处方录入界面,提供智能提示和自动填充功能,减少医生录入错误,提高录入速度。

（2）数据安全。

对患者信息进行加密存储,确保数据在传输和存储过程中的安全性。实行严格的访问控制,只有授权人员才能访问患者信息。定期进行安全审计,检查系统漏洞和非法访问行为,及时修复和处理。

（3）用户界面改善。

设计简洁明了的用户界面,使用清晰易懂的图标和文字,降低用户学习成本。提供明确的操作引导,帮助患者快速完成挂号、缴费等流程。

2）药房药库管理解决方案

（1）库存管理。

建立实时库存监控系统,通过传感器和扫码设备,实时获取药品库存信息。当药品数量低于阈值时,自动发送补货提醒给相关人员,确保药品及时补充。对过期药品进行预警和处理,自动锁定过期药品,禁止发放,并及时进行报废处理。

（2）药品追溯。

为每批药品建立唯一的追溯码,通过扫描追溯码可以查询药品的生产批次、流通渠道和使用情况。引入药品追溯系统,实现药品从入库到出库的全过程追溯,确保药品来源的合法性和质量的可靠性。

3）病历管理解决方案

（1）数据整合。

建立统一的病历信息平台,将不同来源的病历信息进行整合和标准化处理,确保数据的完整性和一致性。通过数据接口或数据交换平台,实现与其他医疗信息系统的数据共享和互通。

（2）数据检索。

提供多种检索方式,如关键词搜索、模糊匹配、条件筛选等,方便医护人员根据需求快速定位到相关病历。支持按姓名、性别、年龄、疾病类型等多种维度进行检索,提高检索的灵活性和准确性。

（3）统计分析。

利用数据挖掘技术,对病历数据进行深度分析,提取有价值的医疗信息和趋势。为医院管理和医疗研究提供数据支持,帮助医院制定更加科学合理的医疗政策和方案。

（4）数据安全。

采用加密技术保护病例数据安全,确保数据在传输和存储过程中的机密性。建立严格的数据访问权限控制机制,只有授权人员才能访问和修改病历数据。

四、实验总结

根据上述设计步骤设计医院信息管理系统,设计测试用例进行测试,并总结实验。

第9章　软件工程案例二

——以环保新能源宣展系统为例

近年来,温室气体排放量过高导致世界气候异常,全球气温上升。因此,推动经济社会向绿色低碳转型不仅是应对气候变化的必由之路,也是推进生态文明建设、经济社会高质量发展和生态环境高水平保护的重要途径。在这样的背景下,大量生态化战略数字平台技术崭露头角。为了让更多民众了解"低碳生活,节能环保"不仅是一种先进的生活方式,更是实现"可持续发展"战略的一份责任,相关的宣展系统应运而生。

本章所讨论的案例是一个环保新能源宣展系统"源心之梦"。系统根据实际生活中的讯息、政策等,结合人们喜闻乐见的形式,宣扬低碳环保的思想理念。其中,系统内容呈现为五个板块,分别是"事事关心""响车云霄""微碳点亮""电影鉴赏"以及"一战成名"。这样一站式的整合服务提高了宣展效率,更易达到宣展的初衷。

本章思维导图

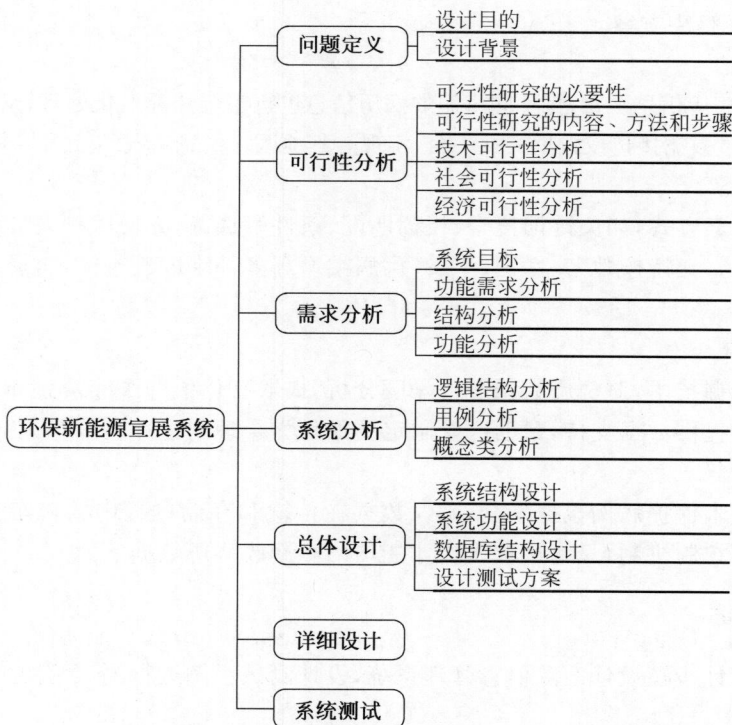

环保新能源宣展系统

- 问题定义
  - 设计目的
  - 设计背景
- 可行性分析
  - 可行性研究的必要性
  - 可行性研究的内容、方法和步骤
  - 技术可行性分析
  - 社会可行性分析
  - 经济可行性分析
- 需求分析
  - 系统目标
  - 功能需求分析
  - 结构分析
  - 功能分析
- 系统分析
  - 逻辑结构分析
  - 用例分析
  - 概念类分析
- 总体设计
  - 系统结构设计
  - 系统功能设计
  - 数据库结构设计
  - 设计测试方案
- 详细设计
- 系统测试

9.1 问题定义

气候变化是全人类面临的共同挑战。我国一贯高度重视应对气候变化工作,坚定不移走生态优先、绿色发展之路,是全球生态文明建设的重要参与者、贡献者、引领者。2020 年 9 月,习近平总书记在第七十五届联合国大会一般性辩论上正式宣布:"中国将提高国家自主贡献力度,采取更加有力的政策和措施,二氧化碳排放力争于 2030 年前达到峰值,努力争取 2060 年前实现碳中和。"

落实碳达峰碳中和目标也被称为"双碳计划"。在"双碳"目标指引下,设计并建立一个环保新能源宣展系统"源心之梦"。

宣展系统是指用于组织和展示各类展览活动的管理和框架,其目的是通过有序的展览方式来展现产品、艺术、科技创新、信息等内容。宣展系统的关键在于有效地把握宣传信息与用户之间的交流和互动,使得用户能充分了解和体验宣传系统展示的内容。它广泛应用于商业贸易、文化艺术、科教等领域,并在促进交流合作、推广品牌形象、宣传教育信息等方面发挥重要作用。随着多媒体技术发展,宣展系统也越来越多地开始融合高科技手段,以提升观展体验。

本章将针对环保新能源宣展系统"源心之梦"的建设展开,从系统开始规划到交付使用,经过可行性分析、需求分析、系统设计、总体设计、详细设计和系统实现与测试整个过程。

9.1.1 设计目的

设计环保宣展系统的主要目的是提高公众对环境保护和可持续发展的意识。这种系统旨在以环境友好的方式展示新能源相关的信息和技术,减少对自然资源的消耗,并促进环保思想观念的宣传。设计过程中注重结合实时的新能源相关资讯与政策,宣传"低碳生活,节能环保"的思想观念,并提供电影鉴赏、注入能源等互动元素以提升教育和参与效果。系统设计还要遵守相关法规,确保可持续运营,并促进环保理念的交流与合作。总之,环保宣展系统旨在倡导绿色低碳生活的重要性,创造一个支持可持续发展的交流平台。

此环保新能源宣展系统"源心之梦"使用 Java 语言编写,为了易于宣传环保低碳的思想观念,将宣展系统分为五个功能模块。其中,前四个功能模块"事事关心""响车云霄""微碳点亮"以及"电影鉴赏"对所有用户都开放,使用了 HTML5+CSS3.0+JavaScript 技术;功能模块"一战成名"则基于 JSP+Servlet 技术开发,结合 MySQL 数据库,能够高效地完成"双碳"政策的宣传,并增加了互动元素,在传统的"用户单方面接受宣展"的宣展模式上进行了创新。

为了向人们普及更多低碳环保的知识,"事事关心"模块提供关于新能源、"双碳"政策以及可持续发展等的名词解释以及相关新闻资讯,方便用户直接获得相关信息;在界面的左上角会写明模块功能,在界面下方将模块分成"能源替代""节能减排""碳交易""碳吸收""政策"五部分,从多方面为用户提供新鲜资讯。"响车云霄"模块从多个参数角度对比了新能源车和传统车型,并介绍新能源车的发展历程,人们可以更清晰地了解新能源与传统能源对生活的影响。通过交互设计让用户可以更深入地体会低碳环保的重要性与紧迫性,因而将"微碳点亮"模块设计成用户可以"点亮"模块中的图片(即图片中的污染画面恢复成为未污染时的模样),全部"点亮"将获得"鼓励"和"赞赏";还为用户提供了世界上很多国家的碳排放量、环保小贴士以及供用户学习生活中的环保小妙招,使用户更快加入低碳环保大家庭。"电影鉴赏"模块与最新的热门环保电影相结合,提供了相关电影、视频链接,为用户提供了多样的了解低碳环保内容的方式。最后的"一战成名"模块,采取了与用户互动的方式宣传相关知识,用户可以报名所在地区的线上/线下环保知识竞赛、徒步旅行赛等,用户可以通过参加这些比赛来提高自己的低碳、环保意识,还可以获得绿色能量。通过这些方式,可以进一步提高用户的参与度、积极性,有利于让更多的人了解、参与到低碳环保的事业之中。

9.1.2 设计背景

1. 国外发展现状

美国在低碳环保宣传应用软件的发展方面取得了显著进展。在美国,许多初创企业和科技公司致力于开发低碳环保应用软件,以帮助用户跟踪其碳足迹、寻找环保友好的产品和服务,并提供个性化的节能建议。一些应用还提供社交功能,鼓励用户分享环保行为和挑战,从而建立一个积极的环保社区。

在日本,政府在新能源宣传平台开发方面的重点是提高公众对可再生能源的认识和理解。政府通过在学校和公共场所展示新能源技术的信息和展品,举办新能源专题讲座和研讨会等活动来提高公众对新能源的认知度。

在这一社交媒体盛行的时代,许多美国公司和组织都将宣传焦点放在网络宣传上。例如,美国能源部(Department Of Energy,DOE)在脸书、推特、领英等社交媒体平台上拥有数百万的粉丝,并通过这些平台发布新能源技术的相关新闻和信息。许多美国公司和组织还创建了网站和博客,用于向公众介绍新能源技术及其优势。此外,还有如环境保护组织网站、环境新闻网站等,它们提供了大量的环保新闻和实践案例,帮助公众了解环保问题和解决方案。因此,在我国开发一个环保新能源宣展系统是必需的。

2. 国内发展现状

从国际论文发表情况看,中美两国的相关科研机构占据了相对主导的地位,其中,中国科学院的总发文量位居榜首。从社会宣传平台看,中国国家能源局网站、中国可再生能源协会网站等是宣传新能源产业相关资料的重要平台。这些网站提供了大量的新能源技术和政策信息,涉及太阳能、风能、生物质能等多种新能源技术的介绍和应用案例。此外,一些非政府组织和媒体也在中国开设了环保相关网站,如中国环境保护部网站、中国青年报网站等,它们提供了大量的环保知识和实践案例,鼓励公众参与环保活动。

中国是全球最大的可再生能源市场之一,政府和企业也非常重视新能源宣传平台的建设。中国政府在国内主流媒体上推出了名为"绿色家园"的系列宣传广告,通过多种渠道向公众宣传新能源技术的发展情况和优势。

我国于2021年提出了"双碳"目标,即"碳达峰"于2030年前实现、"碳中和"于2060年前实现,相关的时间表、路线图及政策措施正在制订并落地实施。这是最远期的减碳承诺,为我国生态文明法治建设带来了重要的转型契机。近年来,我国城市的一次能源消费快速增长,面临着能源使用粗放、能源消耗较高、能源资源集约但利用不足以及全球气候变暖等重大环境问题。日益严峻的环境形势给人们的生存和发展带来了巨大的挑战。因此,发展"低碳经济"已然成为人类应对生活环境以及气候变化等问题的必然选择。相关数据显示,居民消费产生的碳排放占全社会碳排放总量的一半以上,要实现"双碳"目标,需要聚沙成塔、集腋成裘,充分发挥众人之力,改变"住大房、开大车、吃大餐"的铺张浪费的生活消费观念,最终让绿色制造、绿色建筑、绿色消费等共同构成绿色经济循环系统。

"源心之梦"环保新能源宣展系统积极响应"双碳"政策,创新地探索"平台型"数字经济产业的实现路径。作为"双碳"目标下环保新能源宣展系统,"源心之梦"亦是数字平台,它旨在让更多民众了解并实践低碳生活。"减碳"承诺的实现需要每个人树立正确的消费理念和生活观念。碳排放问题是当今社会急需解决的问题,更关系到人类的未来生活。营造绿色低碳生活新风尚,助推节约型社会建设,共同助力实现绿色低碳发展目标。通过各方共同努力,定能在全社会形成减碳、降碳的好风尚,助推我国生态文明建设新征程。

9.2 可行性分析

"源心之梦"属于公益宣传类作品,相比于传统环保宣传平台,它能够快速提高民众对于低碳环保理念的兴趣,这对真正达成"双碳"政策的最终目标有着非常重要的现实意义。因此,对其进行认真细致的可行性分析研究是十分必要的。

9.2.1 可行性研究的必要性

通过可行性研究,可以评估项目的可行性和可实施性,确定项目是否能够实现预期目标并获得可持续发展。此外,可行性研究还有助于规划和分配项目所需的资源,评估和管理项目的风险,并为决策者提供信息和数据支持,以作出明智的决策。

进行环保新能源宣展系统的可行性研究是非常必要的,是促使项目可持续发展的关键因素。它能够确保项目在推进环保新能源宣展的同时实现经济效益、环境友好和社会可持续发展的目标,还可以帮助评估项目的可行性、规划资源、管理风险,并提供决策支持,以及确保项目的可持续发展。可行性研究为项目的顺利实施奠定了坚实的基础。

9.2.2 可行性研究的内容、方法和步骤

可行性研究是对低碳环保宣传应用软件进行全面评估的过程,包括内容、方法和步骤。下面将详细介绍。

1. 可以从以下方面进行可行性研究

(1)技术可行性:评估开发宣展系统所需的技术难度、可行的技术方案以及在实际应用中的效果,包括用户界面设计、功能开发、数据存储和安全性等方面的考虑。

(2)经济可行性:评估宣展系统的开发、维护和推广的成本,包括人力资源、技术设备、市场推广和客户支持等方面的费用;确定宣展系统的主要收入来源,例如广告、付费功能或订阅服务;通过市场调研了解该系统用户群体的特点、使用意愿、支付能力等,分析用户对宣展系统的需求和潜在市场规模。

(3)法律和政策可行性:评估宣展系统收集、处理和存储用户数据方面的合规性。确保用户数据隐私受到充分保护,并遵守相关的数据保护法律和隐私政策要求。了解政府在低碳环保领域的支持政策和优惠政策,以便在系统开发和运营过程中能够充分利用。

2. 可行性研究的方法

(1) 数据收集:收集与宣展系统相关的技术文献、市场报告、法律法规等,了解该系统的可行程度。

(2) 调研和分析:通过实地调研、问卷调查、市场分析等方法,了解用户对宣展系统的态度以及要求,并了解市场对该系统的需求。

(3) 模型建立和分析:根据调研结果和所需的功能建立适当的模型和工具,对技术、经济、环境等方面的数据进行分析和评估,量化可行性。

(4) 风险评估:评估开发宣展系统的过程中可能面临的技术、市场、法律、环境等方面的风险,并制定相应的风险管理措施。

(5) 综合评估和决策:综合考虑各个可行性因素的评估结果,进行综合评估,并作出最终的决策。

3. 按照一定步骤进行可行性研究

首先要确定研究的目标和范围,比如用户群体对低碳生活的认知程度,分析开发应用软件所需技术资源、成本和周期,评估应用软件对低碳环保宣传的实际效果和影响;接着,要收集相关数据和信息,进行市场调研、技术分析等;然后要进行风险评估和管理,宣展系统可能会面临所需的技术成本、技术难度和开发周期较高,技术上的问题会影响应用软件的正常运行和用户体验;宣展系统需要收集和处理用户数据,如果用户数据泄露或被黑客攻击,可能会导致用户隐私泄露和数据安全问题。因而要制定相应的风险管理措施;而后,综合考虑用户、技术、效益的多方面评估结果作出决策;然后将可行性研究的结果整理成报告,包括问题陈述、研究方法、评估结果、决策建议等;最后根据可行性研究报告的建议,制订具体的实施计划。

4. 制订相应的开发计划

首先根据可行性研究结果,包括评估结论和建议,明确开发目标和需求,确定系统的核心功能和关键指标,并制订详细的项目计划,包括时间安排、资源配置和预算。然后进行技术规划和架构设计,确定技术方案和设备需求。在此基础上,进行系统开发、测试和部署,确保系统功能的完整和稳定。然后,着手提高系统的使用率和影响力,并确保系统持续运行和改进;定期评估系统效果,并根据用户反馈进行优化。整个过程应综合考虑可行性研究结果、项目目标和需求,合理安排资源和时间,确保系统的顺利开发和成功实施。

9.2.3 技术可行性分析

本系统的关键核心技术包括 B/S 架构技术、MySQL 数据库技术、JSP+Servlet 技术、前端的 HTML、CSS 以及 JavaScript 技术等。

本系统采用 B/S(Browser/Server,网页/服务器方式)架构实现。这种架构下,用户通过客户端浏览网页向服务器发送请求,服务器受理请求后进行数据处理再返回客户端,B/S 架构具有跨平台性、易于维护、易于使用、节省资源、共享性强以及扩展方便等显著优势。本系统所使用的 MySQL 数据库技术具有性能好、技术成熟、使用成本较低等特点。

服务器和相关代码使用 Java 语言开发,使用 JSP+Servlet 相关技术,这些技术发展成熟、代码易懂,方便后续维护、拓展。

前端页面使用了 HTML5、CSS 以及 JavaScript 等技术,特点是方便快捷、代码易懂、技术成熟。

9.2.4　社会可行性分析

我国在 2021 年提出了迄今为止最为宏大的碳减排目标,即力双碳政策。为了实现这一承诺,我国正在持续努力,这对我国的生态文明法治建设提供了一次重大的转型机遇。采用"低碳生活,节能环保"的理念,不仅展现出一种前沿的生活模式,同时也体现了落实"可持续发展"战略的责任与承担,这已成为当代社会普遍接受的价值观。作为对"双碳"战略的积极响应,"源心之梦"项目致力于鼓励每个人参与环保活动,强调每个人都是保护地球家园的责任人。为达成"双碳"目标,集众人之力,积小成多,每个人的参与都至关重要。此外,在如今的计算机相关技术发展如此迅猛的数字时代,借助计算机技术可以更加容易地达到目的,尤其是对我国实现"双碳政策"目标之一的"低碳转型"以及生态文明建设具有非常关键的作用。通过大力发展新能源,可以降低国家对传统化石能源的依赖,减少能源消耗对环境的污染,有助于保护自然资源和生态环境。这种发展方式符合国际社会普遍认同的可持续发展理念,有助于提升我国的国际形象。

在双碳政策和数字时代的背景下,关于环保新能源的宣传涌现出很多好的传播形式,其中,环保新能源宣展系统有着广阔的发展前景。

9.2.5　经济可行性分析

在传统的宣展方式中,存在非常明显的弊端,如"用户兴趣了解不足"以及"用户不方便了解"等现象,从而影响宣展的效果,宣展方的效率低,用户接纳效果不佳。

本系统具有公益性质,能有效整合新能源、环保相关主题的最新资源,简便高效地降低用户希望了解相关内容时所付出的成本;同时,本系统拥有广泛的扩展能力,可以接入多种模块和功能,具有巨大的发展潜力和光明的未来前景。

随着模块功能的添加和完善,本系统能够有效克服传统宣展方式的弊端:网页内容丰富与用户交互性强,有效解决了"兴趣不足"的问题;采用网络宣展的方式,用户可以一站式地了解相关资讯,更能进一步参与环保事业中(如参加官方比赛),即解决了"不方便"的问题。因此,相较于传统的宣展方式,本系统可以极大地提高关于双碳政策、环保主题的宣展效率,有利于减碳环保思想的传播,有效地解决了传统宣展方式所存在的问题。

9.3　需求分析

需求分析是项目开发过程中的关键步骤,它的重要性不可忽视。通过需求分析,能够深入了解用户的真实需求和期望,明确项目的目标和范围,并将其转化为具体的功能和特性。这有助于确保开发团队和用户之间的沟通准确、清晰,避免误解和偏差。需求分析还能帮助发现和解决潜在的问题、矛盾和风险,从而提前规划和调整项目的资源、时间和成本。最重要的是,合理的需求分析可以确保最终交付的产品或系统符合用户的期望,能够满足其真正的需求,提升用户体验和满意度,最终实现项目的成功。因此,需求分析在项目开发过程中扮演着关键的角色,是确保项目成功的基石。

9.3.1　系统目标

全面合理的系统目标的确定对于整个系统的建设起着重要的指导作用,开发人员通过系统目标逐步对系统进行完善,本系统总体目标是宣传"双碳"环保理念、新能源环保政策的资讯,并为用户提供进一步参与环保事业的途径,可以让用户方便地获得相关信息、引发用户兴趣并提高用户参与度,最大限度提高宣展效果和效率。本系统旨在构建五大模块,分别为"事事关心""响车云霄""微碳点亮""电影鉴赏""一战成名",具体目标如下。

"事事关心"模块使用户了解最新的双碳政策和新能源信息,从多方面向用户提供相关资讯;

"响车云霄"模块将向用户展示最新的新能源汽车信息;

"微碳点亮"模块旨在与用户互动,推广和倡导日常生活中的低碳行为;

"电影鉴赏"模块提供最新的环保电影资讯;

在"一战成名"模块中,用户可以进行注册、查询比赛、参与比赛、查询和捐赠能量、查看排行榜、修改账户信息等操作。系统管理员也可以登录进行比赛信息管理、比赛发布和结算、捐赠数据管理、权限管理、用户数据和能量管理、查看排行榜等操作。

通过实现上述目标,高效完成"双碳"政策的宣传,在传统的"用户单方面接受宣传"的宣展模式上创新,最终搭建一个高效全面的环保新能源宣展平台。

9.3.2 功能需求分析

根据调研资料以及可行性分析结论,并结合开发目标,可以将"源心之梦"分为五个功能模块,分别是"事事关心""响车云霄""微碳点亮""电影鉴赏""一战成名","一战成名"管理系统又可以根据角色类型分为多个子功能。各模块的具体功能介绍如表9.1～表9.6所示。

表 9.1 "事事关心"功能介绍

序号	功能	具体功能介绍
1	最新政策	介绍"最新政策"相关的环保新能源主题新闻
2	碳吸收	介绍"碳吸收"相关的环保新能源主题新闻
3	碳交易	介绍"碳交易"相关的环保新能源主题新闻
4	节能减排	介绍"节能减排"相关的环保新能源主题新闻
5	能源替代	介绍"能源替代"相关的环保新能源主题新闻

表 9.2 "响车云霄"功能介绍

序号	功能	具体功能介绍
1	汽车介绍	提供短视频供用户概要性地了解新能源汽车的知识
2	参数对比	将新能源和传统汽车进行了参数对比,突出前者优势
3	发展历史	动态展示新能源汽车发展历程,促使用户全面了解新能源

表 9.3 "微碳点亮"功能介绍

序号	功能	具体功能介绍
1	点亮污染	用户可与系统交互,提高用户访问意愿
2	环保贴士	提供环保小贴士供用户学习,环保从生活小事做起
3	加入我们	用户可与我们联系,加入低碳环保大家庭

表 9.4 "电影鉴赏"功能介绍

序号	功能	具体功能介绍
1	最新电影	提供最新电影,吸引用户访问,更易达到宣展初衷
2	电影简介	简要介绍电影,从艺术角度加强用户环保意识

表 9.5 "一战成名"用户功能介绍

序号	功能	具体功能介绍
1	比赛查询	用户可以查看管理员发布的比赛。比赛查询范围为管理员发布的全部当前可被参加的比赛,即还未开始的比赛
2	参加比赛	用户可以选择比赛后单击按钮以参加比赛,注意:系统设置为不可重复参加比赛,每个比赛最多参加一次
3	能量查询	用户可以在比赛查询页面上部实时查看自己的能量情况
4	能量捐献	用户可以在此捐献自己拥有的能量,为环保事业作出自己的贡献
5	排行榜查看	用户可以在此页面查看所有用户按能量值由高到低排序的榜单
6	密码修改	进行账号密码的修改

表 9.6 "一战成名"管理员功能介绍

序号	功能	具体功能介绍
1	比赛信息管理	管理员可以对任一个比赛的相关信息进行更新操作,如比赛名称等
2	比赛发布与结算	管理员可以进行比赛的发布和状态设置(结算),设定好比赛的名称和参与能量即可发布,单击"开始比赛"和"结束比赛"即可修改比赛状态并给用户发放能量,注意:每次开始和结束均会给用户发放能量
3	用户管理	在用户信息管理中,管理员可以修改任一个用户或其他管理员的信息,包括称呼、能量值、密码等
4	权限管理	管理员可以在用户管理中设定用户的比赛能量查看权限
5	排行榜查看	可以查看所有用户按能量值由高到低排序的榜单
6	捐献数据管理	对能量捐献的模块展示的数据进行修改,如已捐献的能量、每种一棵树的能量,以及已种下树的数量
7	用户能量管理	管理员可以在用户管理中修改、设定某个用户的能量值
8	账号管理	管理员修改自己的账号密码

9.3.3 结构分析

需求结构作为信息系统结构分析的一种有效的组织方法,对于系统结构的分析有着很好的划分效果。

按照上述环保新能源宣展系统的系统目标需求的分析,总结系统目标各模块部分的职能要求和相关需求,可以得出关于信息系统的需求结构,一般采用包图的方法来描述信息系统的需求结构。如图 9.1 所示为系统的顶层需求结构。

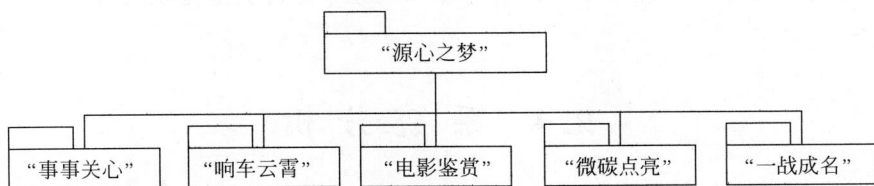

图 9.1 系统的顶层需求结构

9.3.4 功能分析

功能分析作为需求分析的重要部分,对系统所要实现的功能进行综合整合,得到系统的功能模块划分。通过对功能需求分析部分的整理和分析,环保新能源宣展系统"源心之梦"

可以分为以下的多级功能模块结构。"源心之梦"中共有五个模块:"事事关心""响车云霄""微碳点亮""电影鉴赏"以及"一战成名"。系统的功能模块图如图9.2所示。

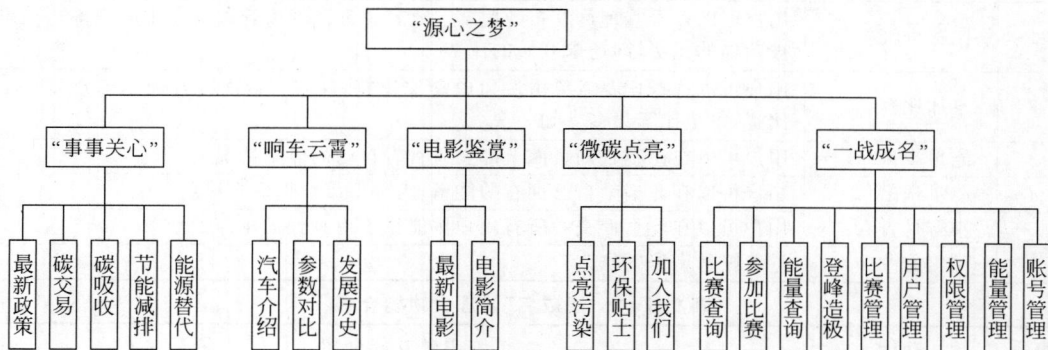

图 9.2 系统的功能模块图

系统需要实现以下功能。

"事事关心"模块:提供关于新能源、双碳的政策以及相关新闻,方便用户直接获得相关信息。模块的左上角写明模块功能,子模块"能源替代""节能减排""碳交易""碳吸收""最新政策"从多方面为用户提供新鲜资讯。

"响车云霄"模块:从多个参数角度对比了新能源车和传统车型,并介绍了新能源车的发展历程。

"微碳点亮"模块:设计用户可以"点亮"模块中的图片以与网页进行交互,全部"点亮"将获得"鼓励"和"赞赏";还为用户提供了世界上很多国家的碳排放量以凸显低碳环保对于国家发展的重要性和紧迫性;最后是"绿绿与共"部分,首先的环保小贴士供用户学习工作生活中的环保小妙招,接着向用户提供了联系我们的渠道,用户单击按钮可以联系我们参与低碳环保事业,为我们的地球家园作出贡献。

"电影鉴赏"模块:介绍最新环保主题的电影,提供了相关电影、视频链接,还可以观看相关电影的预告片,其中不乏热门电影。

"一战成名"模块:用户可以报名所在地区线上/线下的环保知识竞赛、徒步旅行赛等,用户可以通过参加这些比赛来提高自己的低碳环保意识,还可以收获对应的绿色能量。通过这种方式,还可以进一步提高用户的参与度、积极性,有利于让更多的人了解并参与低碳环保事业中。

9.4 系 统 分 析

9.4.1 逻辑结构分析

宣展系统的逻辑结构从功能需求角度进行分析,首先确定不同的分析包,比如宣传内容管理、用户互动管理等。然后,我们可以分析这些分析包之间的依赖关系,比如宣传内容管理可能依赖于用户互动管理来进行内容优化。通过逐层分解和确定各个分析包之间的关系,我们可以建立起宣展系统的逻辑结构模型,从而更好地理解和优化整个系统的功能和性能。图 9.3 给出了图 9.2"源梦之心"中"一战成名"分析包的第二层分解结果。其他分析包的分解过程可仿照完成。

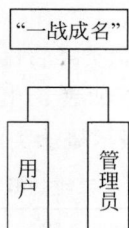

图 9.3　"一战成名"分析包

9.4.2　用例分析

　　"一战成名"是"源梦之心"系统的功能模块之一,根据使用者不同分为管理者和普通用户。它所涉及的边界类是"比赛查询""选择参加的比赛""查看比赛的能量排名""捐献能量""用户管理""管理用户权限""账户管理"等。详细的用例分析类图见图 9.4 和图 9.5。

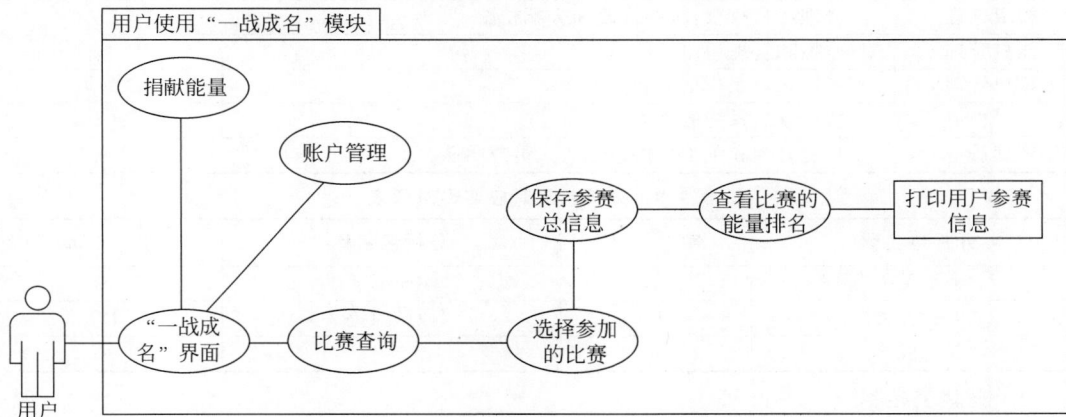

图 9.4　"一战成名"用例分析类图一

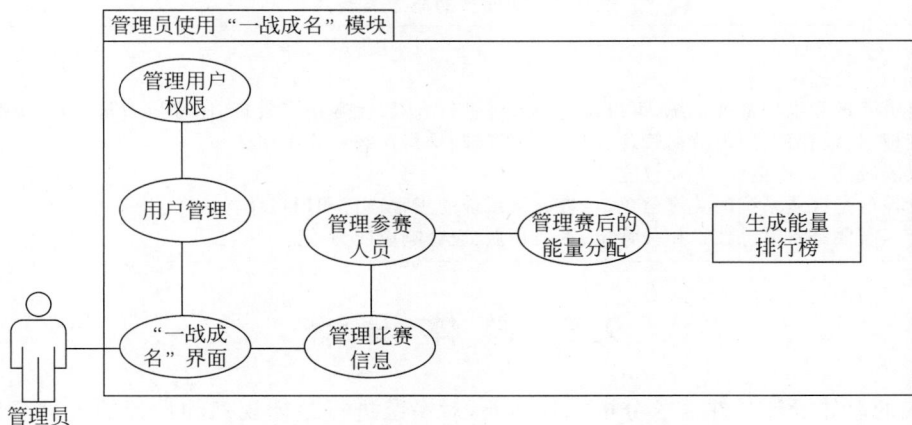

图 9.5　"一战成名"用例分析类图二

软件工程案例二

9.4.3 概念类分析

1. 概念类目录

宣展系统的概念类目录见表9.7,概念类条目编号的规则是:第一位表示概念类所属的顶层分析包,用字母表示,其中的对应关系如表9.8所示;第二位表示概念类的类型,其中,1表示实体类,2表示边界类;最后两位表示概念类的序号。

表9.7　宣展系统的概念类目录

概念类名称	说　明	条目编号
比赛查询	查询已经开始或即将开始的比赛	E-2-01
参加比赛	报名参加比赛或查看已经参加的比赛	E-2-02
能量查询	查询自己或他人的能量值	E-2-03
登峰造极	用户可以查看所有用户按能量值由高到低排序的榜单	E-2-04
能量捐献	将自己的能量值捐献给其他参赛者	E-2-05
比赛管理	管理比赛的相关信息和设置	E-2-06
用户管理	管理用户的个人信息、权限和资格	E-2-07
权限管理	管理用户权限,包括修改和分配权限	E-2-08
能量管理	监控和管理用户的能量值	E-2-09
账户管理	管理用户账户信息和能量变动	E-2-10
用户	使用宣展系统的个人	E-1-01
管理员	负责管理和维护宣展系统的人员或团队	E-1-02

表9.8　分析包与对应字母对照表

分析包名称	字　母	分析包名称	字　母
"事事关心"	A	"响车云霄"	B
"电影鉴赏"	C	"微碳点亮"	D
"一战成名"	E		

2. 概念类条目

表9.9列出了管理员的概念类条目,其他概念类的条目可仿此完成。

表9.9　管理员的概念类条目

编号:E-1-02
概念类名称:管理员
职责:负责管理和维护宣展系统,可以在这个系统进行登录、比赛信息管理、比赛发布与结算、捐献数据管理、权限管理、用户数据管理、用户能量管理、排行榜查看等操作。
属性:权限级别、工作范围、专业技能
说明:管理员是宣展系统的关键角色,负责确保系统的正常运行和用户体验。
特殊需求:需要具备信息技术相关背景、责任心强、应急响应能力等。

9.5　总　体　设　计

系统的总体设计是在需求分析的基础上,对系统进行整体规划和设计的关键阶段。它包括系统结构设计、数据库设计、功能设计等方面。总体设计的目标是确保系统能够满足用户需求,并考虑系统的性能、安全、可靠性等要求。通过系统的整体规划和设计,为后续的开发工作提供指导和依据,确保系统的结构和功能的完整性、一致性和可扩展性。总体设计是系统开发过程中不可或缺的环节,为系统开发的顺利进行提供了重要的基础和方向。

9.5.1 系统结构设计

对于大型软件系统,通常先进行结构设计,然后进行详细设计。在结构设计阶段确定系统由哪些子模块组成,确定模块之间有什么关系;而在详细设计阶段确定每个模块的处理过程。系统结构设计是总体设计阶段中的一个重要任务,其目标是定义系统的组成部分、模块和子系统之间的关系和层次结构。在系统结构设计中,需进行以下工作。

(1)确定系统的整体架构,包括系统的分层和模块划分。根据宣展系统的需求和功能,设计合适的整体架构,包括前端界面、后端服务等不同层次的模块划分。

(2)定义各个模块之间的接口和通信方式,确定各个模块之间的接口规范,能够有效地进行数据交互和通信。

(3)设计宣展系统中的数据流动和控制流程,确保信息能够顺畅地传递和流转,同时考虑系统的并发性和性能要求。

(4)考虑系统的可扩展性和可维护性,宣展系统采用了模块化的设计思路,使系统能够容易地进行扩展和修改。

(5)根据宣展系统的需求和设计要求,评估并选择适合的技术和平台来支持系统结构的设计和实现。

系统结构设计的任务是确保宣展系统的整体框架能够满足用户需求,各个组成部分能够协同工作,并为后续的详细设计和开发提供清晰的指导和基础。这样的设计能够为宣展系统的性能和质量提供良好的基础,使系统能够高效地进行宣传和互动任务。

系统能否拥有较高的性能,能否实现完美的质量,都依赖于能否实现良好的总体设计。总体设计的影响程度由系统规模决定。有些系统的单一部分可能具有良好的布局,但是综合起来反而达不到最佳的效果。

9.5.2 系统功能设计

1. "事事关心"功能模块

"事事关心"功能模块符合网页开发的逻辑、规范,主题体现了社会主流观念。其菜单模块候选词来自于"微信大数据平台"等互联网资源,并最终以与数十个主题相关的关键词作为菜单模块候选词。从"用户接受意愿""网页开发规范"等角度考虑,最终从候选词集合中筛选出与以下 5 个主题相关的关键词作为"事事关心"的菜单模块内容,即"能源替代""节能减排""碳吸收""碳交易""最新政策"。

2. "微碳点亮"功能模块

"微碳点亮"功能模块是一个具有先进交互理念的模块,通过使用 JavaScript 技术实现了用户与网页元素的良好交互。其功能包括当用户单击网页上的某个元素时,该元素将被替换为另一个元素;同时,当单击次数达到一定数值时,网页会增加或修改某些元素,进而体现为"点亮图片"和"获得赞赏"的效果。这也进一步强化了用户的"参与感",提升网页的交互能力的同时也进一步提高了用户的访问意愿。

3."响车云霄"功能模块

"响车云霄"功能模块展现形式的确定是从综合开发难度、用户接受意愿等方面综合考虑的,并尝试使用不同的方法(技术、形式)来展示相关内容。为了宣展新能源汽车百公里油耗更低,用更加丰富的图表和数据替换了展示 3D 新能源汽车模型的汽车发动机部分。并且,采用动态的展示方式以切实提高用户访问意愿。即用户在向下滑动浏览时,树状结构的每一个树叶节点都会通过动态效果呈现在用户的屏幕上,增强了观感。

4."电影鉴赏"功能模块

"电影鉴赏"功能模块采用了 HTML、CSS 及 JavaScript 等技术来实现,介绍了最新的环保、"双碳"政策主题的电影,吸引用户访问兴趣,更容易达到宣展的初衷。

5."一战成名"功能模块

"一战成名"功能模块采用 JSP+Servlet 的后端技术与 MySQL 数据库管理系统来完成需求分析中规定的逻辑功能所需要的数据交互。"一战成名"功能模块分为"用户"和"管理员"两个角色。

9.5.3 数据库结构设计

环保新能源宣展系统的数据库设计具有重要的意义。数据库设计涵盖了数据存储、访问、一致性、安全性和系统的可扩展性等方面。通过合理的数据库设计,系统能够有效地存储和管理各类系统数据,并确保数据的完整性、一致性和可靠性。此外,数据库设计还可以提高数据的访问速度和查询效率,使用户能够快速获取所需的数据,并进行统计、分析和决策支持。数据库设计通过定义数据的约束条件、关系和依赖,保障了数据的一致性和完整性,减少了冗余、不一致和错误的出现。同时,数据库设计还可以考虑安全性和权限控制,保护数据免受未授权访问和恶意操作。合理的数据库设计还能够预留足够的空间和结构,确保数据的可靠性和有效性,提供可靠的数据支持和决策依据,以实现系统的高效运行和目标的达成。本系统的数据库设计中有 5 张数据表,各数据表所含字段如下。

(1)捐献数据(捐献总量、每树需量、已种树量)。

(2)比赛信息(比赛编号、比赛名称、比赛介绍、比赛详细信息、单次比赛能量、比赛状态)。

(3)用户信息(用户编号、姓名、性别、年龄、手机号、类型、账号、密码、能量值、是否显示能量)。

(4)管理员信息(用户编号、姓名、性别、年龄、手机号、类型、账号、密码、能量值、是否显示能量)。

(5)比赛记录(记录编号、来源用户编号、比赛编号、当前状态)。

分别对应的数据字典如表 9.10~表 9.14 所示。

表 9.10 捐献数据

说　　明	字　段　名	类　　型	字段长度	是否为空	主　外　键
捐献总量	total	varchar	255	否	—
每树需量	every	varchar	255	否	—
已种树量	had	varchar	255	否	—

表 9.11 比赛信息

说　明	字　段　名	类　型	字　段　长　度	是　否　为　空	主　外　键
比赛编号	id	int	255	否	主
比赛名称	name	varchar	255	是	—
比赛介绍	intro	varchar	1063	是	—
比赛详细信息	info	varchar	1063	是	—
单次比赛能量	integral	float	255	否	—
比赛状态	flag	varchar	255	否	—

表 9.12 用户信息

说　明	字　段　名	类　型	字　段　长　度	是　否　为　空	主　外　键
用户编号	id	int	255	否	主
姓名	name	varchar	255	是	—
性别	sex	varchar	255	是	—
年龄	age	int	255	是	—
手机号	phone	varchar	255	是	—
类型	type	varchar	255	否	—
账号	username	varchar	255	否	—
密码	password	varchar	255	否	—
能量值	integral	float	255	否	—
是否显示能量	flag	varchar	255	否	—

表 9.13 管理员信息

说　明	字　段　名	类　型	字　段　长　度	是　否　为　空	主　外　键
用户编号	id	int	255	否	主
姓名	name	varchar	255	是	—
性别	sex	varchar	255	是	—
年龄	age	int	255	是	—
手机号	phone	varchar	255	是	—
类型	type	varchar	255	否	—
账号	username	varchar	255	否	—
密码	password	varchar	255	否	—
能量值	integral	float	255	否	—
是否显示能量	flag	varchar	255	否	—

表 9.14 比赛记录

说　明	字　段　名	类　型	字　段　长　度	是　否　为　空	主　外　键
记录编号	id	int	255	否	主
来源用户编号	uid	int	255	否	—
比赛编号	cid	int	255	否	—
当前状态	flag	varchar	255	否	—

系统实体联系图如图 9.6 所示。

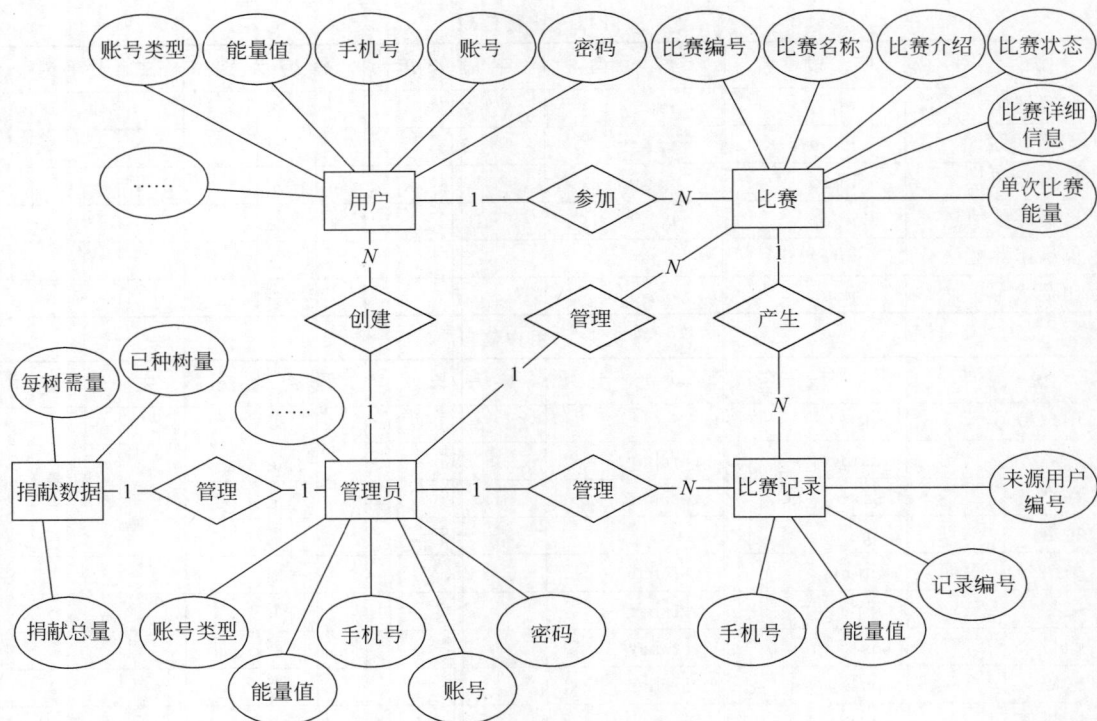

图 9.6　系统实体联系图

9.5.4　设计测试方案

宣展系统"源心之梦"中,为了保证系统的数据安全,需要使用账号密码才可以登录并使用"一战成名"系统,该系统设有用户和管理员两种角色。

1. 各类宣展模块

对于"事事关心""响车云霄""微碳点亮"及"电影鉴赏"等功能模块,主要测试能否正常加载、浏览以及能否达到预期宣展效果。比如"微碳点亮"功能模块,测试了"点亮"6 张图片后,页面能否给出相应的"赞赏"。

2. "一战成名"功能模块

测试"一战成名"功能模块时,主要测试各项操作能否完成相应的逻辑功能,例如增加用户、比赛开始与结束、修改比赛信息等;同时进行系统安全性测试,检查是否能够正确响应非法行为,如对访问权限外的页面的操作。

9.6　详细设计

详细设计这个阶段的根本目标是确定应该怎样具体地实现系统的要求,建立符合目标规划的系统。这一阶段即要设计出程序的蓝图。

详细设计中本系统可分为 5 个模块,分别是"事事关心""响车云霄""微碳点亮""电影鉴赏""一战成名"模块,以下是"一战成名"模块的功能简要介绍。

在该模块中,用户可以使用管理员分配的账号进行登录,登录成功后可以进行比赛查询、参加比赛、能量查询、能量捐献、排行榜查看、修改账号相关信息。比赛查询范围为管理员发布的全部当前可被参加的比赛,即还未开始的比赛。用户可以选择并参加比赛,注意:系统设置为不可重复参加比赛,每个比赛最多参加一次。用户可以在比赛查询页面上部实时查看自己的能量数据。用户可以查看所有用户的能量排行榜,还可以选择捐献自己拥有的能量;可以在"修改密码"功能中进行账号密码的修改。单击菜单中"退出系统"或右上角"注销"按钮即可退出系统。

管理员使用分配的账号登录系统后,可以使用比赛信息管理、比赛发布与结算、捐献数据管理、权限管理、用户数据管理、用户能量管理、排行榜查看等功能。对于比赛信息管理,管理员可以对任一个比赛的相关信息进行更新操作,如比赛名称等。还可以进行比赛的发布和状态设置(结算),设定好比赛的名称和参与可获取的绿色能量等即可发布,单击"开始比赛"和"结束比赛"即可修改比赛状态并给用户发放能量。注意:每次开始和结束均会给用户发放能量。在用户管理中,管理员可以查看和更新用户的相关信息,包括名称、密码、比赛能量查看权限、能量值等。管理员可以查看排行榜,该榜按用户能量值由大到小进行排序。管理员可以对捐献数据进行修改,如已捐献的能量、每种一棵树的能量,以及已种下树的数量。管理员也可以在"修改密码"功能中修改自己账号的密码。

图 9.7 是通过用例类图对"一战成名"模块用户部分功能的说明。

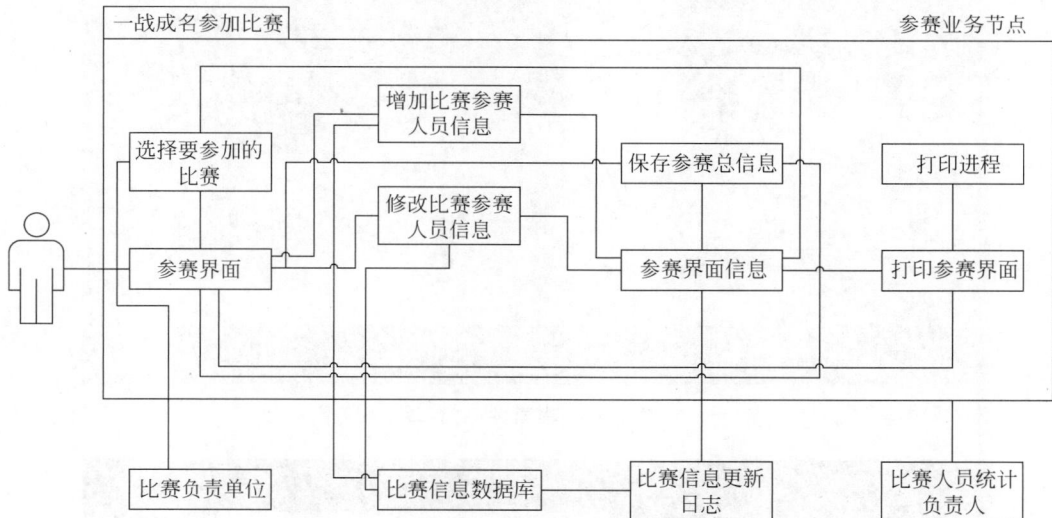

图 9.7 一战成名类图

1. "事事关心"功能模块

单击对应图片或标题可进入相关主题的科普页面,该页面包括"能源替代""节能减排""碳吸收""碳交易""政策"等模块(图 9.8),单击后可进入相应模块或跳转到页面相应位置(或外部链接)查看相关科普内容(图 9.9 和图 9.10)。页面使用了 HTML、CSS 和 JavaScript技术来实现,如菜单栏的元素被设置为单击时可以跳转到页面对应标签的位置。

"碳中和"页面部分示例代码如下。

```
<!DOCTYPE html><html class = "is-ja" lang = "ja">
<head>
```

```
< meta charset = "utf - 8">
< meta http - equiv = "X - UA - Compatible" content = "IE = edge, chrome = 1">
< meta name = "viewport" content = "width = device - width, initial - scale = 1, shrink - to -
fit = no">
< title >碳中和</title ><meta name = "description" content = "">
< link rel = "icon" href = "logo.png">
< link rel = "canonical" href = "">
< script type = "text/javascript" src = "static/js/fontplus.js" >
</script >

< style id = "shopify - dynamic - checkout - cart">@media screen and (min - width: 750px) {
  # dynamic - checkout - cart {
    min - height: 50px;
  }
}

@media screen and (max - width: 750px) {
  # dynamic - checkout - cart {
    min - height: 240px;
  }
}
```

图 9.8 "事事关心"菜单

图 9.9 "事事关心""节能减排"界面

单击每一子内容中"最新政策"列表或从主页面"政策"跳转到的"政策"列表的链接可以跳转到相关的外部新闻和资讯,供用户学习和了解。

2. "响车云霄"功能模块

在主界面单击"响车云霄"即可进入本界面。"响车云霄"模块中,用户可以查看新能源汽车的相关知识,主要从以下三方面进行展示:"新能源车科普视频""新能源车与传统车对比"以及"新能源车发展历程"。比如,单击图片中的按钮,可以查看介绍新能源汽车的知识的视频(图 9.10 和图 9.11)。此功能模块使用了 HTML、CSS 和 JavaScript 技术来实现,各个子模块使用<section>标签来分隔,使用<a>标签来引用介绍新能源汽车的视频,然后通过<img><h>等标签来展示新能源汽车和传统汽车的数据对比,最后通过在 CSS 中设置timeline-content 等类的 before 和 after 等伪元素来实现跟随用户访问位置展示的动态展示效果。

图 9.10 "响车云霄""科普视频"界面

图 9.11 "响车云霄""参数对比"界面

265

软件工程案例二

3."微碳点亮"功能模块

用户可以在"微碳点亮"模块中单击图片与网页进行交互：通过单击六张"被污染"的图片以将它们还原成"污染前"的样子(图 9.12 和图 9.13)。在这一模块中,使用了 JavaScript技术用于检测用户单击图片的次数,每次单击后将原有的黑白图片替换为彩色图片,即为"点亮"。如果"点亮"达到了 6 次,说明用户已点亮全部图片,则在下方提示"谢谢你的点亮!"字样。

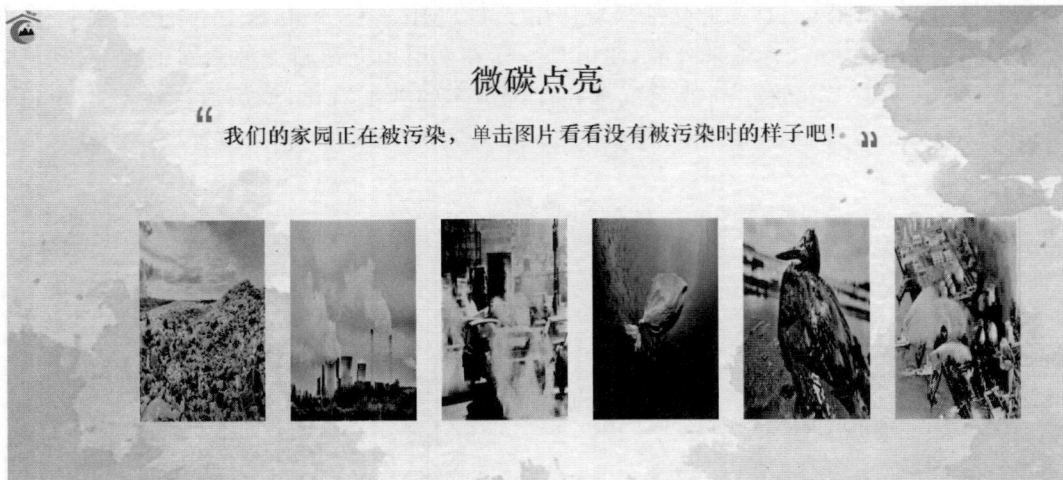

图 9.12　"微碳点亮"点亮前界面

图 9.13　"微碳点亮"点亮后界面

"绿绿与共"界面中,用户可以单击不同的卡片以查看不同的环保小贴士(图 9.14)。此部分使用了 HTML 的<li>等元素,并设置为 poster-item 等类用于在 CSS 中描述环保小贴士的样式。

用户还可以单击"联系我们"模块的"发送"按钮,唤醒邮件应用(图 9.15)。此子模块使用了<a>标签来完成发送邮件的相关功能,如果用户已经登录了系统默认的邮件应用,则收件地址会自动填写。

图 9.14　微碳点亮""绿绿与共"界面

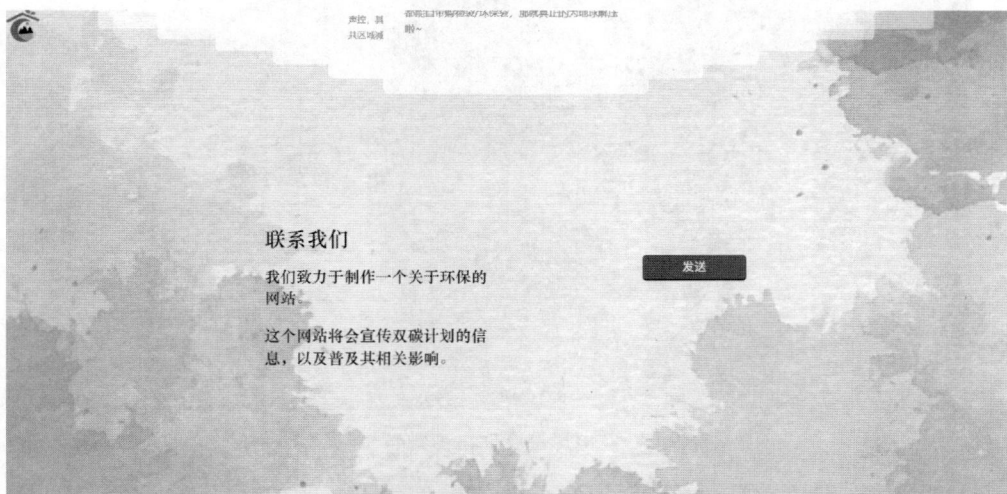

图 9.15　"微碳点亮""联系我们"界面

4. "电影鉴赏"功能模块

单击主界面的"电影鉴赏"后进入本界面(图 9.16)。单击两侧可以切换推荐的电影页面。还可以在本界面进行查找最新电影、查看对应电影详情、查看第三方网站的对应影评以及直接播放电影等的操作(图 9.17 和图 9.18)。此功能模块采用了 HTML、CSS 以及 JavaScript 技术,并使用< section >标签用于分隔各子功能模块。"电影推荐"子功能模块使用< div >等标签存放推荐的最新电影及相关信息。

"电影推荐"子功能模块使用了< ul >< li >等标签存放推荐的电影的列表,并设置了 data-filter 类来实现单击对应类别进行元素筛选的功能。

"最新电影"子功能模块使用了< div >标签来存储相关的电影简介信息,并通过 CSS 技术实现"用户拖动页面即可查看下一个最新电影的相关信息"的功能。单击即可跳转到对应页面来查看对应电影的主要故事情节。

图 9.16 "电影鉴赏""电影推荐"界面 1

图 9.17 "电影鉴赏""电影推荐"界面 2

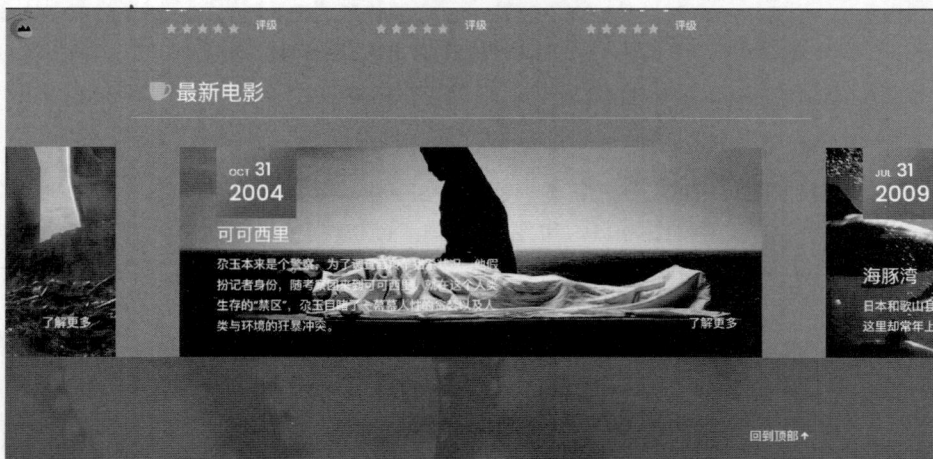

图 9.18 "电影鉴赏""最新电影"界面 3

示例代码如下。

```html
<head>
    <meta charset = "UTF-8">
    <meta http-equiv = "X-UA-Compatible" content = "IE=edge">
    <meta name = "viewport" content = "width=device-width, initial-scale=1">
    <title>最新电影-可可西里</title><!-- 标题部分 -->
    <!-- Favicon Icon -->
    <link rel = "icon" type = "image/png" href = "../../imgs/lgo.png" />
    <!-- Bootstrap CSS -->
    <link rel = "stylesheet" type = "text/css" href = "assets/css/bootstrap.min.css" media =
"all" />
    <!-- Slick nav CSS -->
    <link rel = "stylesheet" type = "text/css" href = "assets/css/slicknav.min.css" media =
"all" />
    <!-- Iconfont CSS -->
    <link rel = "stylesheet" type = "text/css" href = "assets/css/icofont.css" media = "all" />
    <!-- Owl carousel CSS -->
    <link rel = "stylesheet" type = "text/css" href = "assets/css/owl.carousel.css">
    <!-- Popup CSS -->
    <link rel = "stylesheet" type = "text/css" href = "assets/css/magnific-popup.css">
    <!-- Main style CSS -->
    <link rel = "stylesheet" type = "text/css" href = "assets/css/style.css" media = "all" />
    <!-- Responsive CSS -->
    <link rel = "stylesheet" type = "text/css" href = "assets/css/responsive.css" media =
"all" />
    <!-- [if lt IE 9]>
      <script src = "http://oss.maxcdn.com/html5shiv/3.7.3/html5shiv.min.js"></script>
      <script src = "http://oss.maxcdn.com/respond/1.4.2/respond.min.js"></script>
    <![endif] -->
```

5. "一战成名"功能模块

单击主界面的"一战成名"即可进入本模块(图 9.19)。

图 9.19 "一战成名"登录界面

第9章

软件工程案例二

1)"一战成名"用户功能实现

用户使用管理员分配的账号即可登录"一战成名"用户系统。登录成功后,界面自动跳转至"我的比赛"功能,如图 9.20 所示。左上显示系统图标以及名称"源心之梦·一战成名",右上显示用户名称以及权限类型,左侧菜单显示用户当前可用的资源,中间部分展示用户想查看的资源、数据。用户可以在左侧菜单操作、选择功能。

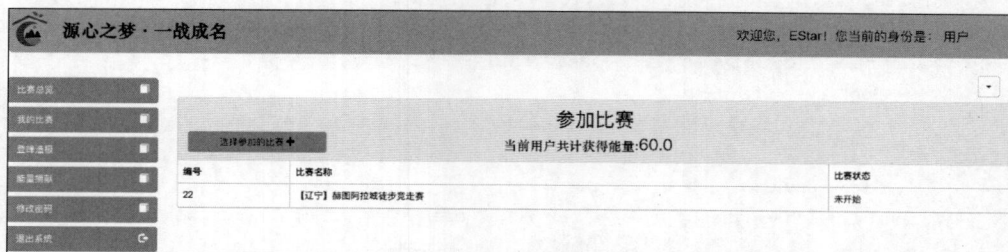

图 9.20　登录后自动跳转到"我的比赛"界面

用户单击"比赛总览"按钮后即可查看管理员当前发布的全部当前可参加的比赛,即还未开始的比赛(图 9.21)。用户可以查看比赛的编号、名称、介绍、详细信息、参加可获能量以及当前比赛的状态。单击"刷新"按钮可以刷新当前页面比赛列表。

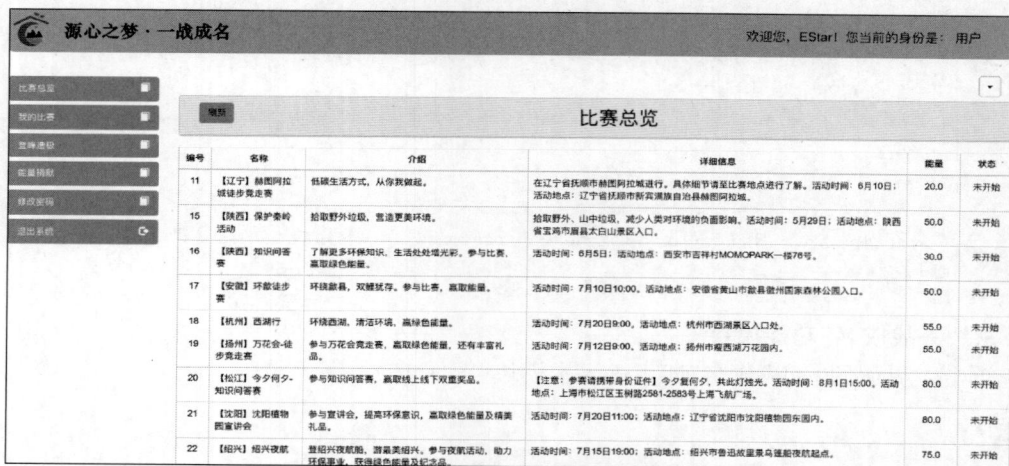

图 9.21　用户—"比赛总览"

单击"我的比赛"功能后,界面如图 9.22 所示。用户可查看当前已参加的比赛列表及比赛状态,并查询自己当前已获得的绿色能量值。

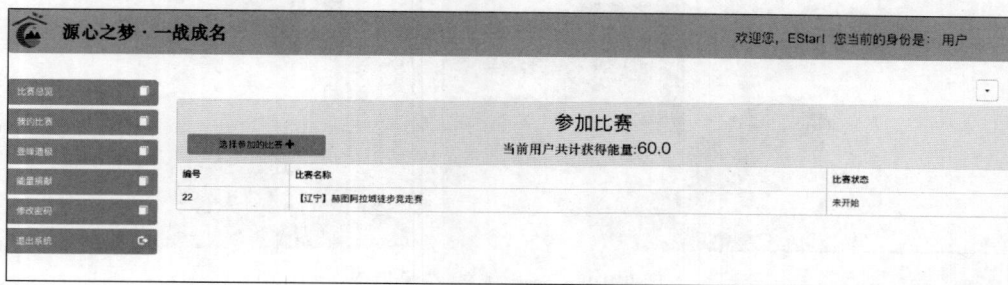

图 9.22　用户—"我的比赛"

单击"我的比赛"界面的"选择参加的比赛"按钮,即可选择比赛参加(图9.23)。选择要参加的比赛后,单击"参加"按钮即可参加。注意:系统设置为不可重复参加比赛,每个比赛最多参加一次。

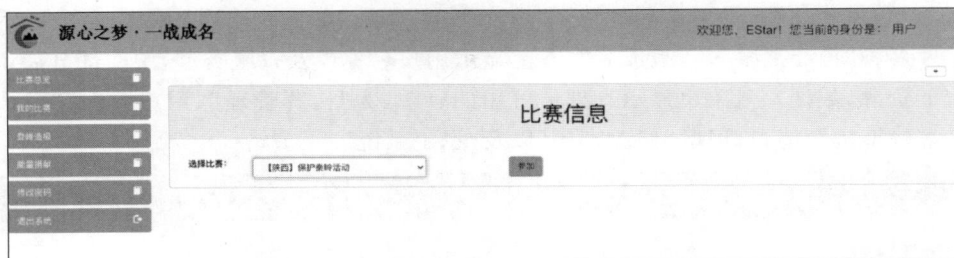

图 9.23　用户—"参加比赛"

单击菜单栏的"登峰造极"功能即可进入如图9.24所示的页面。在这里,用户可以查看所有用户按能量值由高到低排序的榜单。

图 9.24　用户—"登峰造极"

单击菜单栏的"能量捐献"功能即可进入如图9.25所示的页面。用户可以在此捐献当前账号内拥有的能量,为"减碳"事业做出应有的贡献。页面上的按钮实时显示当前用户的能量值,按钮下面的文字展示了已捐献的能量值、每种一棵树所需的能量以及已种下树的数

图 9.25　用户—"能量捐献"

量。单击捐献后并确认,即完成捐献。刷新页面即可刷新数据。

2)"一战成名"管理员功能实现

在登录界面使用具备管理权限的账号登录即可进入"一战成名"管理系统并使用相关资源、功能。登录成功后,界面自动跳转至"用户管理"功能(如图 9.26 所示)。左上显示系统图标以及名称"源心之梦·一战成名",右上显示用户名称以及权限类型,中间部分展示用户想查看的资源,数据左侧菜单显示管理员可用的资源,为"比赛管理""用户管理""用户比赛信息""登峰造极""能量管理""修改密码"以及"退出系统"。

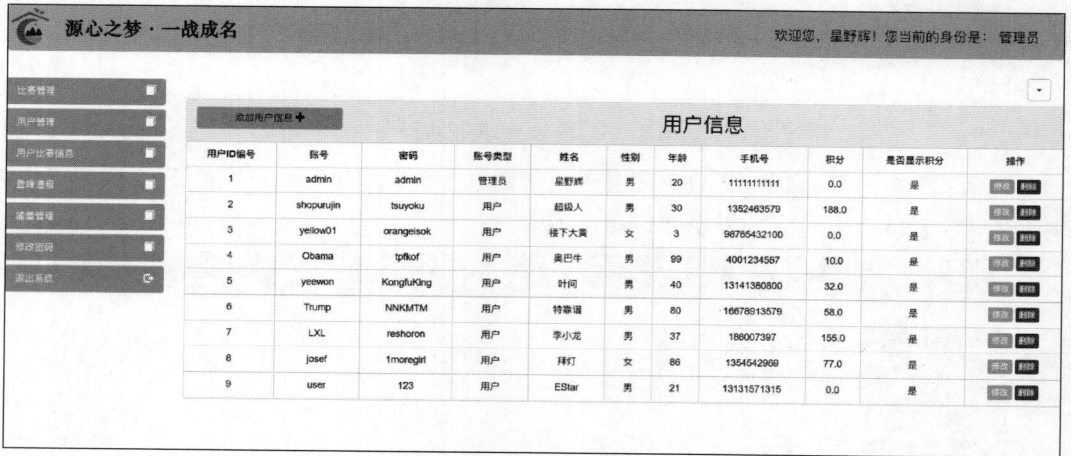

图 9.26　管理员登录后的界面

单击菜单栏的"比赛管理",管理员可以进行比赛发布、比赛信息维护、比赛开始与结束等管理操作(图 9.27)。单击已有比赛信息后面的"开始"或"结束"按钮,即可对对应比赛进行"开始"和"结束"操作。注意:系统设定为管理员可以对已经结束的比赛进行"开始""结束"操作,并同时给用户发放对应能量。单击刷新按钮可对页面比赛信息进行刷新。

图 9.27　管理—"比赛管理"

单击页面中"添加比赛信息"按钮即可进入比赛发布流程。在对应输入框内输入详细信息，并单击"添加"按钮，即可发布比赛(图 9.28)。

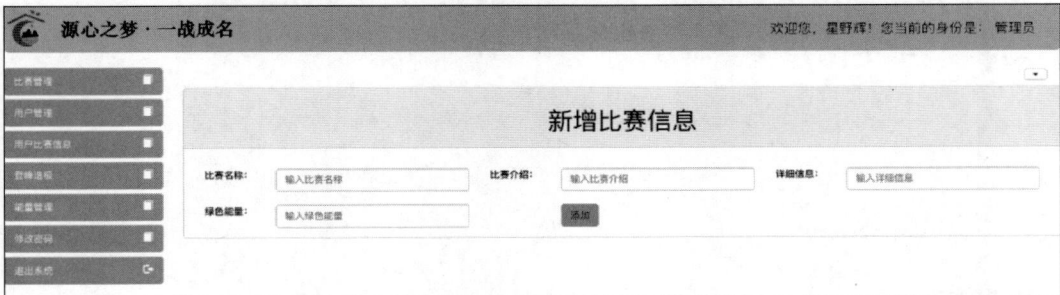

图 9.28　管理—"比赛发布"

添加比赛信息代码如下。

```
addCompetitionTranslation.jsp:
<%@ taglib prefix = "c" uri = "http://java.sun.com/jsp/jstl/core"%>
<%@ page contentType = "text/html;charset = UTF-8" language = "java"%>
<html>
<head>
<title>新增比赛信息</title>
<meta name = "viewport" content = "width = device-width, initial-scale = 1.0">
//<!-- 引入 Bootstrap -->
<link
href = "https://cdn.bootcss.com/bootstrap/3.3.7/css/bootstrap.min.css"
rel = "stylesheet">
</head>
<body>
<%@ page contentType = "text/html;charset = UTF-8" language = "java"%>
<%@ taglib uri = "http://java.sun.com/jsp/jstl/core" prefix = "c"%>

<!DOCTYPE html>
<html>
<head>
<title></title>
<meta name = "viewport" content = "width = device-width, initial-scale = 1.0">
//<!-- 引入 bootstrap -->
<link rel = "stylesheet" type = "text/css" href = "/css/bootstrap.min.css">
//<!-- 引入 JQuery　bootstrap.js-->
<script src = "/js/jquery-3.2.1.min.js"></script>
<script src = "/js/bootstrap.min.js"></script>
</head>
<body>
//<!-- 顶栏 -->
<jsp:include page = "top.jsp"></jsp:include>
//<!-- 中间主体 -->
<div class = "containerss" id = "content">
<div class = "row">
<jsp:include page = "menu.jsp"></jsp:include>
<div class = "col-md-10">
<div class = "panel panel-default">
```

```
< div class = "panel - heading">
< div class = "row">
< h1 style = "text - align: center;">新增比赛信息</h1 >
</div >
</div >
< div class = "panel - body">
< form action = "competitionTranslationContrller?option = insert" method = "post">
< div class = "form - group">
< label for = "name" class = "col - sm - 1 control - label">比赛名称:</label>
< div class = "col - sm - 3">
< input type = "text" class = "form - control" id = "name"
placeholder = "输入比赛名称" name = "name">
</div >
</div >
< div class = "form - group">
< label for = "name" class = "col - sm - 1 control - label">比赛介绍:</label>
< div class = "col - sm - 3">
< input type = "text" class = "form - control" id = "intro"
placeholder = "输入比赛介绍" name = "intro">
</div >
</div >
< div class = "form - group">
< label for = "name" class = "col - sm - 1 control - label">详细信息:</label>
< div class = "col - sm - 3">
< input type = "text" class = "form - control" id = "info"
placeholder = "输入详细信息" name = "info">
</div >
</div >
< div >
< div class = "form - group">
< label style = "margin - top: 20px" for = "integral" class = "col - sm - 1 control - label">绿色
能量:</label >
< div class = "col - sm - 3">
< input style = "margin - top: 20px" type = "number" class = "form - control" id = "integral"
placeholder = "输入绿色能量" name = "integral">
</div >
</div >
</div >
< div class = "form - group">
< label class = "col - sm - 1 control - label"></label >
< div class = "col - sm - 3">
< input class = "btn" style = "background - color: ♯ 33d641; margin - top: 20px" onclick =
"checkintegral();" type = "submit" value = "添加">
</div >
</div >
</form >
</div >
</div >
</div >
</div >
</div >
</div >
</body >
```

```
< script type = "javascript">
function checkintegral(   ){
var psw = document.getElementById(integral).value();
if(!psw)   alert("请输入绿色能量!")
}
</script >
```

单击已有比赛信息后面的"修改"按钮,在后续界面输入更改后的信息并单击"更新"按钮即可修改对应比赛的信息(图9.29)。

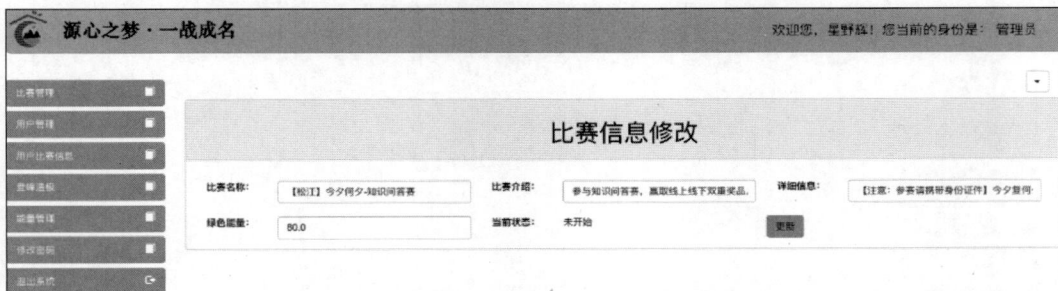

图 9.29　管理—"比赛信息维护"

单击"用户管理",即可查看所有用户列表(图9.30)。管理员可在此页面对用户信息进行添加、修改以及删除的操作。单击相关按钮时,系统向 UserAction 类发送相关数据,并由后端进行数据更新、删除等操作。单击页面上对应行的用户信息后的"删除"按钮即可对该行用户账号信息进行删除。注意:删除不可恢复。

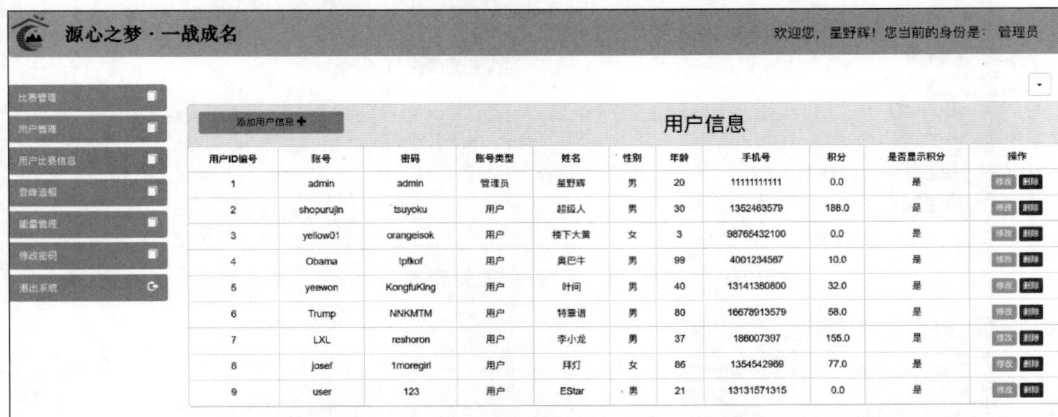

图 9.30　管理—"用户管理"

单击菜单栏的"用户比赛信息",即可查看所有用户参与所有比赛的情况(图9.31)。

单击菜单栏的"登峰造极"即可查看所有用户按能量由高到低排序的榜单(图9.32)。

单击菜单栏的"能量管理"即可对能量捐献模块展示的数据进行修改,如已捐献的能量、每种一棵树的能量,以及已种下树的数量。输入对应信息后,单击"修改"按钮即可进行更新(图9.33)。

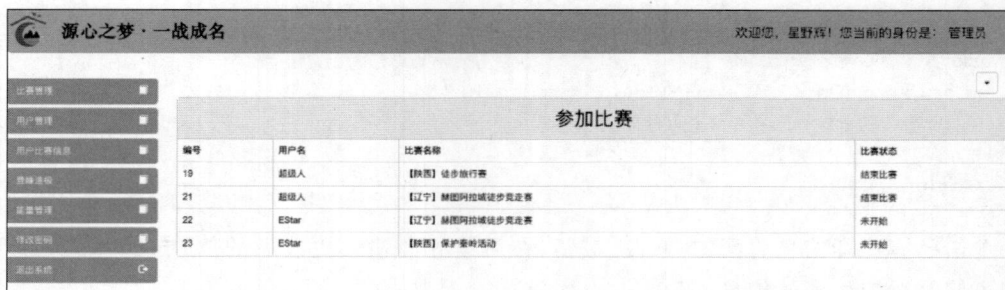

图 9.31 管理—"用户比赛信息"

图 9.32 管理—"登峰造极"

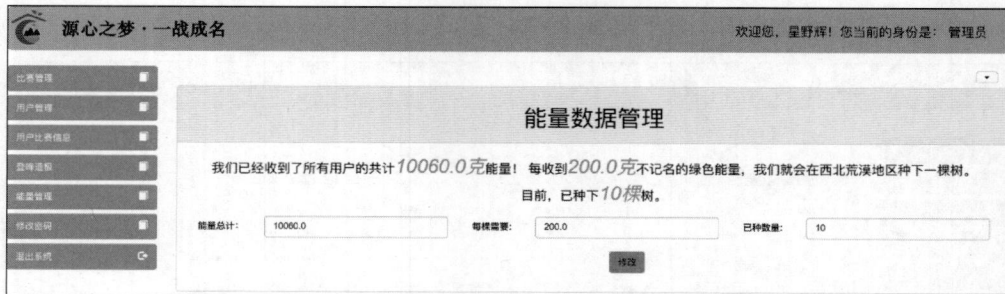

图 9.33 管理—"能量管理"

能量管理页面代码如下。

```
treecon.jsp:
<%@ page import = "cn.test.po.User" %>
<%@ taglib prefix = "c" uri = "http://java.sun.com/jsp/jstl/core" %>
<%@ page contentType = "text/html;charset = UTF - 8" language = "java" %>
<html>
<head>
<title>Title</title>
</head>
<meta name = "viewport" content = "width = device - width, initial - scale = 1.0">
//<!-- 引入 bootstrap -->
<link rel = "stylesheet" type = "text/css" href = "/css/bootstrap.min.css">
//<!-- 引入 JQuery  bootstrap.js -->
```

```
< script src = "/js/jquery - 3.2.1. min. js"></script >
< script src = "/js/bootstrap. min. js"></script >
//<!-- 顶栏 -->
< jsp:include page = "top. jsp"></jsp:include >
//<!-- 中间主体 -->
< div class = "containerss" id = "content">
< div class = "row">
     < jsp:include page = "menu. jsp"></jsp:include >
     < div class = "col - md - 10">
       < div class = "panel panel - default">
         < div class = "panel - heading">
           < div class = "row">
             < % User user = (User) request. getSession(). getAttribute("user"); %>
< h1 style = "text - align: center;">能量数据管理</h1>
</div >
</div >
< div class = "panel - body" style = "margin - left:auto;text - align: center;">
< div style = "font - size: 20px">
我们已经收到了所有用户的共计< span style = "font - size: 30px;color: #00d084;font - style:
oblique;"> $ {k. total}克</span>能量!
每收到< span style = "font - size: 30px;color: #00d084;font - style: oblique;"> $ {k. every}克
</span>不记名的绿色能量,我们就会在西北荒漠地区种下一棵树。
       < div style = "font - size: 20px"> 目前,已种下< span style = "font - size: 30px;color:
#00d084;font - style: oblique;"> $ {k. had}棵</span>树。</div >
     </div >
     < form action = "/userContrller?option = treeconfig" method = "post">
     < div class = "form - group">
       < label style = "margin - top: 7px;" for = "total" class = "col - sm - 1 control - label">能量
总计:</label >
     < div class = "col - sm - 3">
     < input type = "number" class = "form - control" id = "total"
     placeholder = "能量总计?" value = " $ {k. total}" name = "total">
     </div >
     </div >
     < div class = "form - group">
       < label style = "margin - top: 7px;" for = "every" class = "col - sm - 1 control - label">每棵
树需要:</label >
     < div class = "col - sm - 3">
     < input type = "number" class = "form - control" id = "every"
     placeholder = "每棵需要?" value = " $ {k. every}" name = "every">
     </div >
     </div >
     < div class = "form - group">
       < label style = "margin - top: 7px;" for = "had" class = "col - sm - 1 control - label ">已种
数量:</label >
     < div class = "col - sm - 3">
     < input type = "number" class = "form - control" id = "had"
     placeholder = "已种数量?" value = " $ {k. had}" name = "had">
     </div >
     </div >
< div class = "form - group">
     < label for = "sub" class = "col - sm - 1 control - label"></label >
     < input class = "btn" id = "sub" onclick = "rerefer" style = "margin - top:20px;text -
align:center;background - color: #33d641" type = "submit" value = "修改">……
```

9.7 系 统 测 试

对本环保低碳新能源宣展系统的测试,可以先对各个单元部分进行相应的测试,再进行集成测试和验收性的测试。本系统最终需要对相应的环保新能源政策和发展成果进行宣传,对软件的检验测试同样分为静态和动态的检查,还有对于结果的正确证明。单元测试主要使用白盒测试,对多个模型的测试可以并行。黑盒测试是白盒测试的补充,可以发现白盒测试不易发现的其他类型的错误,黑盒测试着重测试软件的功能。集成测试是测试和组装软件的系统化技术,其中的子系统测试的主要目标是发现与接口有关的问题。验收性测试的目标是验证软件的有效性。以白盒测试代码的检测结果为基础,对那些有错误风险的部分采取相应的判定方式,并以此判定结果为基础做出改良,最终得到完整的结论。对本宣展系统"源心之梦"的测试内容与测试结果如表 9.15 和表 9.16 所示。

表 9.15 系统测试内容

测 试 名 称	测 试 内 容
白盒测试	1. "微碳点亮"功能模块是否正常
	2. "响车云霄"界面展示数据是否有错
	3. "一战成名"数据库访问有无异常
	4. "源心之梦"初始化时能否正常进入
黑盒测试	1. "一战成名"模块中的所有独立路径至少被使用一次
	2. 对"一战成名"的"捐献能量"中判定是否可捐献等所有逻辑值进行判定,即是否为 true 或 false
	3. 在"一战成名"模块内运行所有循环,如"添加用户"等
	4. 检查"一战成名"模块内数据结构以确保其有效性,如"用户属性""比赛记录属性"等

表 9.16 测试结果

序号	测试内容	测试方法	测试结果	测试情况预估
1	未登录的用户尝试对任一系统页面进行非法访问	未登录状态直接输入用户-"我的比赛"资源地址,并尝试访问	通过测试	重定向至提示页面,提示"您没有权限访问本页面或资源不存在!"并在 2 秒后自动跳转回前一页面(若有的话)
2	不合法的账号类型尝试对权限外资源进行非法访问	登录用户账号后输入管理员-"能量管理"资源地址,并尝试访问	通过测试	
3	登录功能是否正常	使用正确账号信息进行登录	通过测试	成功跳转至相应界面
4	用户功能测试	单击"比赛总览",尝试查看可参与的所有比赛	通过测试	可以查看所有比赛
5		单击"能量捐献",尝试查看捐献数据	通过测试	可以查看当前捐献数据
6		单击"捐献",尝试捐献账号上的能量	通过测试	成功捐献

序号	测试内容	测试方法	测试结果	测试情况预估
7	管理员功能测试	单击"比赛管理",尝试查看所有比赛	通过测试	成功进入相应页面
8		单击"添加用户信息",尝试添加用户	通过测试	成功添加
9		在"能量管理"中尝试修改能量捐献数据	通过测试	成功修改

部分测试结果如图 9.34~图 9.37 所示。

图 9.34　部分测试结果—用户参加比赛前

图 9.35　部分测试结果—用户参加比赛后

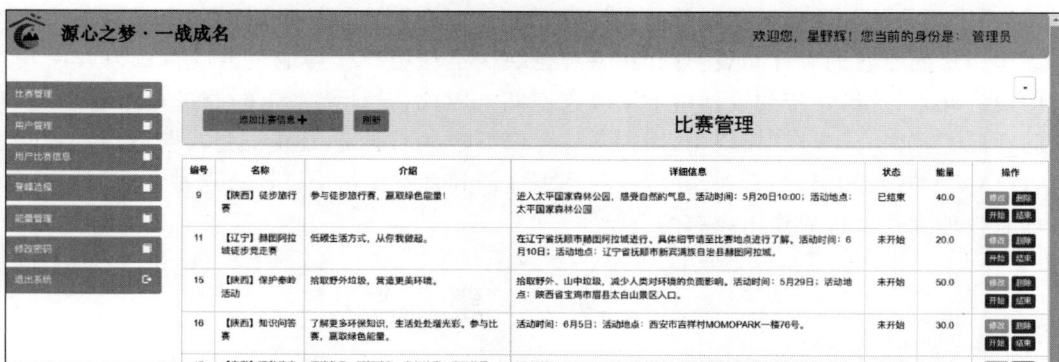

图 9.36　部分测试结果—管理员删除比赛前

在进行完整合理的系统测试后,系统的设计与实现逐渐达到了相应的要求,在这之后要把系统的运行维护作为工作的重点,这不是一个静态不变的过程,而是一个动态的,需要随时对相应的变化做出反应的过程,这个过程注重保持系统的正常运转,最大限度地发挥整个

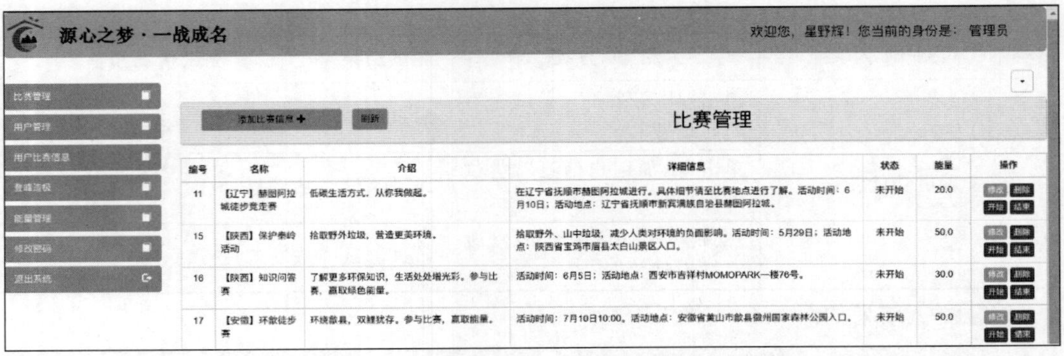

图 9.37 部分测试结果—管理员删除比赛后

系统的作用,由此对系统进行合理的维护就成了必要的措施。同时系统所处的外部环境也是一个动态变化的过程,在系统运行的同时也要对其进行相应的升级改良,使其保持在合适的运行轨迹上。

本 章 总 结

本系统在设计、开发过程中,对类似的宣展平台出现的问题进行改进,系统的"功能不全面"导致宣传效果不尽如人意等问题得到改善。本系统所使用的技术成熟,已被广泛使用并得到认可,整个开发过程也符合软件开发流程规范,如严格按照开发计划持续、稳步推进开发进度,保证每一节点准时、顺利到达且开发成果可用、高效。系统的设计过程中,采用"模块独立化"的思想,严格遵循按功能模块开发的思路。对于一个明确的功能,保证这个功能所在的模块有明确的接口,并将各个模块用接口连接在一起,在一定范围内降低模块间相互干扰的程度,使其能更容易地理解或使用,也在满足系统需求的同时保证了平台数据、模块的可维护性;如果需要添加新的功能或者改变现有的功能,只需要修改或添加相应的模块即可,不需要改变整个系统。

另外,系统的部分界面存在一些字体样式、大小、颜色等方面不美观的问题,可能违背了提高用户访问意愿的设计初衷。同时,系统也缺少了让用户获得能量值的目的以及激发兴趣的设计元素,这给系统的设计留下了改进空间。因此,设计统一化的改进,旨在提高用户访问意愿。在"一战成名"模块中,用户不仅可以捐赠虚拟能量,还能通过参与宣传展示并思考自己对于"减碳环保"的看法,并将这种理解应用到日常生活中。通过这种方式,用户可以更加有效地为这个世界作出应有的贡献。

习 题

一、选择题

1. 在软件开发过程中,以下哪个是敏捷开发方法?( )

    A. 瀑布模型   B. 增量模型

    C. 螺旋模型   D. 瀑布模型和敏捷开发都是

2. 以下哪个不是软件需求工程的主要活动?( )

A. 需求分析   B. 需求验证   C. 需求设计   D. 需求评审

3. 包含风险分析的软件工程模型是（   ）。

     A. 螺旋模型   B. 瀑布模型   C. 增量模型   D. 喷泉模型

4. 以下哪个是软件设计原则？（   ）

     A. YAGNI（You Ain't Gonna Need It）   B. DRY（Don't Repeat Yourself）

     C. KISS(Keep It Simple, Stupid)   D. 所有选项都是

5. 软件工程学的目的和意义是（多选）（   ）。

     A. 应用科学的方法和工程化的规范管理来指导软件开发

     B. 克服软件危机

     C. 做好软件开发的培训工作

     D. 以较低的成本开发出高质量的软件

6. 对一个软件工程来说，占总工作量的百分比最大的工作是（   ）。

     A. 需求分析   B. 软件设计

     C. 编码工作   D. 测试和调试工作

7. CMM 表示（   ）。

     A. 软件过程成熟度模型   B. 软件过程工业化控制

     C. 国际软件质量认证   D. 软件统一性标准

8. 需求分析的主要目的是（多选）（   ）。

     A. 系统开发的具体方案   B. 进一步确定用户的需求

     C. 解决系统是"做什么的问题"   D. 解决系统是"如何做的问题"

9. 模块的基本特征是（多选）（   ）。

     A. 外部特征（输入/输出、功能）   B. 内部特征（输入/输出、功能）

     C. 内部特征（局部数据、代码）   D. 外部特征（局部数据、代码）

10. 设计阶段应达到的目标有（多选）（   ）。

     A. 提高可靠性和可维护性   B. 提高应用范围

     C. 结构清晰   D. 提高可理解性和效率

二、填空题

1. 可行性研究的三方面是（   ）、（   ）、（   ）。

2. 结构化设计中以数据流图为基础的两种具体分析设计方法是（   ）、（   ）。

3. 两个模块都使用同一张表，模块的这种耦合被称为（   ）。

4. 集成测试中的具体方法是（   ）和（   ）测试方法。

5. 软件工程包括 3 个要素，即（   ）、（   ）、（   ）。

6. 衡量模块独立性的两个定性标准是（   ）。

7. 软件测试时，测试顺序是（   ）、（   ）、（   ）。

8. 模块内部联系最大的内聚类型是（   ）。

9. CMM 表示（   ）。

10. Jackson 方法是一种面向（   ）的设计方法。

三、简答题

1. "双碳"计划是什么？

2. 绿色环保理念是什么?

3. 根据可行性分析结论,系统的"事事关心""响车云霄""微碳点亮""电影鉴赏""一战成名"各个功能模块的含义及功能各是什么?

4. 对于系统的测试可以分为哪几个部分?

5. 提高软件可重用性的主要准则有哪些?

实 践 活 动

招聘考试管理系统

一、背景知识

招聘考试管理系统是用来简化和自动化企业或机构招聘流程中考试策划、实施和评估的软件。可行性研究将确定这个系统的实际可行性,而需求分析将确保开发的系统满足最终用户的期望和需求。

某市进行招聘考试,每个考生在报名时登记姓名、性别、出生年月、地址、报考专业,招聘办公室(简称招聘办)根据考生报考的专业及所在的区来安排考场、编排准考证号、发放准考证。招聘考试分三个专业,不同专业的考试科目不同:法律专业考政治、英语、法律;行政专业考政治、语文、行政学;财经专业考政治、语文、财经学。考生参加考试后,输入每个考生每门课的成绩,并计算出每个考生三门课成绩的总分。按准考证号的顺序打印出每个考生的成绩单,分发给考生。

将考生的成绩分三个专业、分别按总分从高到低的次序排序,供录用单位参考。录用结束后,输出录用名单和录用通知书。

二、实验目的

1. 了解招聘考试系统的基本需求和功能。

2. 学习系统设计中的可行性研究和需求分析方法,加深对如何收集和定义软件产品需求的理解。

3. 对系统进行总体设计和详细设计,确保系统架构的合理性、功能的完整性以及未来的可维护性和可扩展性。

4. 掌握并能实现基本的信息管理系统。

5. 培养学生的系统分析与设计能力。

三、实验内容与步骤

1. 可行性研究

1)技术可行性

每年有几千名考生报名参加招聘考试,若手工计算每个考生三门课成绩总分,填写考生成绩单需一式几份:一份给考生,一份给录用单位参考,另一份招聘办留存,再将考生按成绩总分排序,这项工作是很繁重的。而且手工抄写成绩时,要抄写好几份,很容易出错。将数据输入计算机,虽然需要花费时间,但根据这些数据由计算机计算总分和按总分排序的速度很快且数据一次输入可多次使用。

因而,合理建立数据库、开发数据库管理应用系统来实现招聘考试成绩管理在技术上是可行的。如果开发软件给的时间比较短,应安排经验较丰富的系统分析员和编程能力较强的程序员来开发软件,以保证开发任务按时完成。在系统第一次正式运行时开发者要全程在场,以便能及时发现问题、解决问题。

2) 经济可行性

建立招聘考试成绩管理系统需要一定的技术投入,包括软件开发、数据库建设、服务器购置等,但随着技术的进步,这些成本相对较低。同时,电子化系统能够显著减少人力成本,如减少了手工排考场、录入成绩的时间和工作量,也降低了纸质材料的使用成本。且开发招聘考试成绩管理系统之后,每年都可以使用该软件,用计算机进行成绩统计省时、省力、不易出错,很有必要。

3) 社会可行性

电子化管理系统在招聘考试中能显著提高管理效率,减少了由人为因素带来的错误和延误,从而更公平、公正地选拔人才。同时,这种系统减少了纸质材料的使用,符合现代社会对环保节能的要求,有利于可持续发展。此外,电子化管理系统还能实现信息公开透明,使考生和录用单位能方便地获取相关信息,增强了招聘过程的公信力和透明度。这样的系统设计不仅高效、环保,还能增强社会的信任度和参与度。

2. 需求分析

1) 功能需求

（1）考生情况分析。

① 每年报名参加招聘考试的学生有几千名,分为三个专业：法律、行政、财经。

② 考生报名时登记如下内容：姓名、性别、出生年月、地址、报考专业等。考生报名后,招聘办要为考生安排考场,编排准考证号、打印准考证。考生分别来自全市各区,考生参加考试的考场一般就近安排。

③ 考场管理：考场有编号、考场地址,假设每个考场可容纳的人数预先确定,一个考场安排考生人数满了,再安排下一考场。同一考场安排专业相同的考生。

④ 准考证号采用六位数字编码,编码规则如下：第一位是专业号,第二位是所在区号,第三、四位是考场号,第五、六位是考场内顺序号。

（2）成绩输入。

考生的试卷在每个科目考试结束后按考场分别装订成册,同考场的试卷按准考证号的先后顺序排列。因而,考试成绩的输入是按考场、分科目进行的,同一考场、同一门科目的成绩按准考证号的顺序依次进行输入。

（3）录用。

考生成绩输入后,由计算机计算每位考生三门考试科目成绩的总分。然后,三个专业分别将考生按总分从高到低进行排序。排序后的考生名单供用人单位录用时作参考。被某单位录用的考生,应在供录用的名单中去除,同时添加到已录用名单中。

（4）输出需求。

① 考生的准考证（含准考证号、姓名、性别、出生年月、专业、考场号等）；

② 给每位考生的考试成绩单；

③ 招聘办留存的按准考证号顺序排列的成绩表；

④ 三个专业分别按总分从高到低排序的考生成绩表；

⑤ 发给每位考生的录用通知书(含准考证号、姓名、性别、出生年月、专业、录用单位等)；

⑥ 录用名单(含准考证号、姓名、性别、专业、录用单位等)。

2) 用 Visio 绘制该系统的数据流图

系统数据流图见图 9.38。

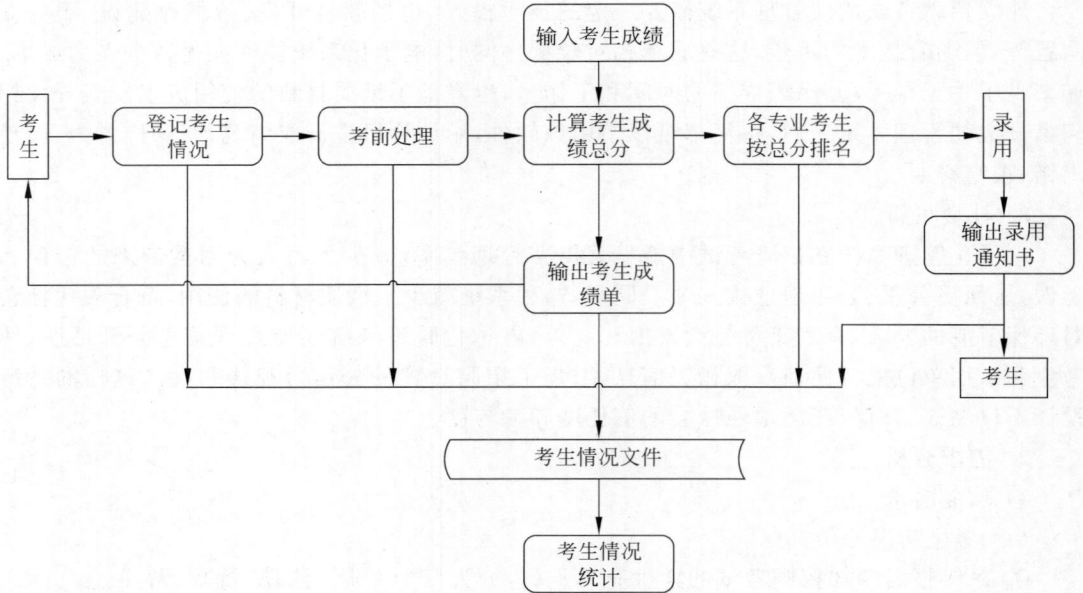

图 9.38 系统数据流图

3. 总体设计

1) 系统功能结构

系统功能结构图见图 9.39。

2) 系统功能设计

(1) 考生信息管理：负责处理考生的注册信息，包括姓名、性别、出生日期、地址和报考专业。

(2) 考场安排管理：根据考生的报考专业及所在地区，安排相应的考场，并生成准考证信息。

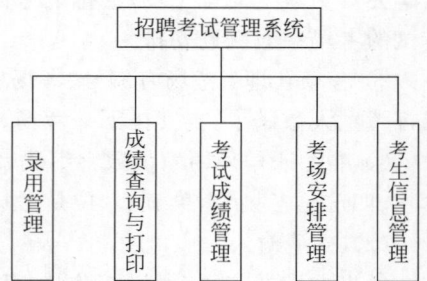

图 9.39 系统功能结构图

(3) 考试成绩管理：录入考生的考试成绩，并计算总分，为成绩分发提供支持。

(4) 成绩查询与打印：允许考生查询成绩，并打印成绩单。

(5) 录用管理：根据考试成绩，生成录用名单。

3) 数据库结构设计

在设计数据库时，详细规划每个表的结构对于确保数据的准确性和高效管理至关重要。包括确定每个字段(列)的名称、数据类型、长度、是否可以为空及其在数据库中的角色(如是否为主键或外键)。基于招聘系统的数据字典见表 9.17～表 9.21。

表 9.17　考生信息（Candidates）

字段名称	数据类型	长度	是否为空	主/外键	描　　述	示　例　值
candidate_id	INT		否	主键	考生唯一标识	1001
name	VARCHAR	50	否		考生姓名	张三
gender	CHAR	1	否		性别（M/F）	F
birth_date	DATE		否		出生日期	1990-01-01
address	VARCHAR	255	否		地址	某市某区某街道
major	VARCHAR	50	否		报考专业	法律专业

表 9.18　考场安排（ExamVenues）

字段名称	数据类型	长度	是否为空	主/外键	描　　述	示　例　值
venue_id	INT		否	主键	考场唯一标识	200
address	VARCHAR	255	否		考场地址	某学校考场
major	VARCHAR	50	否		对应专业	法律专业

表 9.19　准考证信息（AdmissionTickets）

字段名称	数据类型	长度	是否为空	主/外键	描　　述	示　例　值
ticket_id	INT		否	主键	准考证唯一标识	3001
candidate_id	INT		否	外键	考生唯一标识	1001
venue_id	INT		否	外键	考场唯一标识	200
exam_date	DATE		否		考试日期	2024-03-15

表 9.20　考试成绩（ExamScores）

字段名称	数据类型	长度	是否为空	主/外键	描　　述	示　例　值
score_id	INT		否	主键	成绩唯一标识	4001
candidate_id	INT		否	外键	考生唯一标识	1001
subject	VARCHAR	50	否		考试科目	政治
score	DECIMAL(5,2)		否		分数	85.5

表 9.21　录用名单（EmploymentList）

字段名称	数据类型	长度	是否为空	主/外键	描　　述	示　例　值
employment_id	INT		否	主键	录用名单唯一标识	5001
candidate_id	INT		否	外键	考生唯一标识	1001
major	VARCHAR	50	否		录用专业	法律专业
position	VARCHAR	50	否		录用职位	助理法务

根据以上数据字典用 Visio 绘制系统实体联系图，如图 9.40 所示。

4. 详细设计

系统主界面应包括考试信息、报名信息、成绩录入、成绩查询、录用结果等功能模块。每个模块应有清晰的标签和按钮，方便用户导航。考试信息模块展示招聘公告、考试科目、时间地点等信息；报名信息模块包括报名表格和提交按钮。

成绩录入模块提供表格或表单，允许管理员逐个输入考生的成绩；成绩查询模块允许考生或管理员通过准考证号或姓名查询成绩；录用结果模块显示录用名单和通知书。

考前处理：在考前，系统需要准备好考试场地、准考证模板、考试科目安排等信息。管理员需要确保报名系统正常运行，准备好考试相关材料，并安排好考场、监考人员等。

285

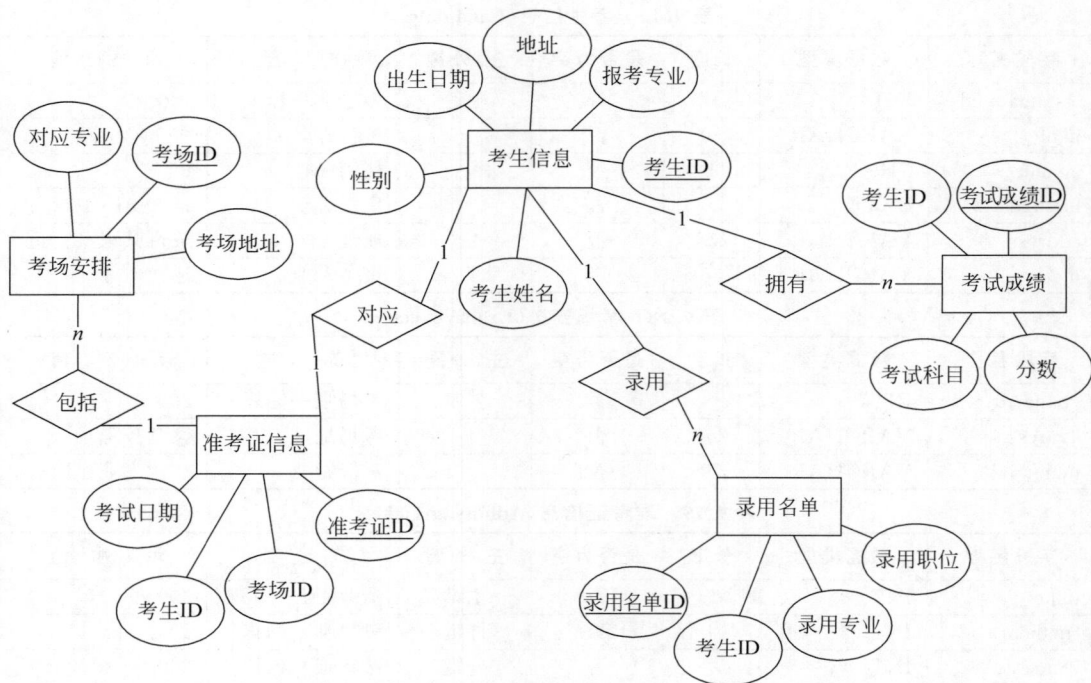

图 9.40 实体联系图

输入设计:考生报名时,填写个人信息和报考专业。管理员在录入成绩时,逐个输入每个考生的考试成绩。系统应提供数据验证功能,确保输入的成绩符合规定范围,并能自动生成总分。

成绩处理:系统会根据每个考生的成绩计算总分,并按照准考证号的顺序排序。每个考生的成绩单包括准考证号、姓名、考试科目和成绩等信息,可以直接打印或导出 PDF 格式供分发。

录用过程设计:录用单位根据招聘需求,可以在系统中查询录取名单。系统将根据总分从高到低的顺序展示考生信息,方便单位进行选择。录用结束后,系统可以生成录用通知书,包括录取单位名称、岗位、薪资等信息,并发送给录取的考生。

输出设计:系统提供打印或导出功能,管理员可以将考生的成绩单、录取名单、录用通知书等信息输出为纸质文档或电子文件,以便分发给考生或录取单位。同时,系统也应提供在线查询功能,方便考生和单位随时查看相关信息。

5. 软件测试

按需求分析阶段测试方案设计的内容,分别设计一些具有典型特点的、具体的考生信息,才能对程序进行详细、全面的测试。比如,不同地区、不同专业的考生;同一地区、不同专业的考生;同一地区、同一专业的考生等。在模拟测试阶段,可以输入一些有一定编排规律的、简单的数字、符号,检查对应的输出结果是否正确。如果输出数据不符合预定要求,需及时修改程序,再进行测试。如果输入的数据复杂,会浪费较多的时间,如果输入数据简单,可节省不少时间,两者的测试效果是一样的。

下面介绍招聘考试成绩系统的测试用例设计。分别用表 9.22、表 9.23 的数据来测试考前处理和成绩信息两个模块。

（1）考前处理测试：用表 9.22 中的专业、地区、姓名、性别、出生年月、地址等作为每位考生的输入数据，对应的测试结果是准考证号。

表 9.22　考前处理测试数据表

专业	地区	姓名	性别	出生年月	地址	测试结果值（准考证号）
法律	徐汇区	张三	男	198101	Aaa	130101
行政	徐汇区	李四	男	198001	Aab	230201
财经	徐汇区	王五	男	198212	Aac	330101
法律	徐汇区	赵六	男	198310	Aad	130102
法律	徐汇区	钱一	男	198208	Aae	130103
法律	卢湾区	周武	男	197801	Bab	110101
行政	卢湾区	陈红	女	198205	Bac	210101
行政	卢湾区	胡启	女	198412	Bbb	210102

（2）成绩处理测试：先选择考试科目，再输入考场号，此时应显示该考场的考生的准考证号，然后就可分别按表 9.23 中第三、四、五列的数据顺序进行成绩输入。各考场、各门科目的全部成绩输入后，再查询考生成绩。此时，就应得到考生的成绩总分。核对所得的查询结果是否和表 9.23 中的成绩总分相同。

表 9.23　考前处理测试数据表

考场号	准考证号	英语	政治	专业课	总分	名次
1301	130101	45	410	88	182	4
	130102	56	108	106	250	1
	130103	81	87	44	212	2
	130104	45	58	76	171	5
2101	210101	67	78	610	214	3
	210102	100	108	810	277	1
1101	110101	81	66	43	110	3
3301	330101	77	87	710	243	1
2302	230201	76	60	80	216	2

四、实验总结

请读者根据上述设计步骤设计招聘考试管理系统，并总结实验。

参 考 文 献

[1] 刘天时,等. 软件案例分析[M]. 北京:清华大学出版社,2016.

[2] 卫红春,等. 软件工程概论[M]. 北京:清华大学出版社,2007.

[3] 方昕,等. Oracle 数据库与实践教程[M]. 北京:清华大学出版社,2019.

[4] 卫红春,等. 信息系统分析与设计[M]. 西安:西安电子科技大学出版社,2003.

[5] 王振武. 软件工程理论与实践[M]. 2 版. 北京:清华大学出版社,2017.

[6] 王珊,萨师煊. 数据库系统概论[M]. 5 版. 北京:高等教育出版社,2014.

[7] 陆惠恩,张成姝. 实用软件工程[M]. 北京:清华大学出版社,2009.

[8] 周苏,等. 软件工程学实验[M]. 北京:科学出版社,2005.

[9] 钱乐秋,等. 软件工程[M]. 北京:清华大学出版社,2016.

[10] 张海藩. 软件工程导论[M]. 5 版. 北京:清华大学出版社,2008.

[11] 杨芙清. 软件工程技术发展思索[J]. 软件学报,2005(16):1-7.

[12] 尹志宇. 软件工程导论[M]. 北京:清华大学出版社,2022.

[13] 刘冰,刘锐,瞿中,等. 软件工程实践教程[M]. 北京:机械工业出版社,2012.

[14] 郑人杰,马素霞,殷人昆. 软件工程概论[M]. 2 版. 北京:机械工业出版社,2014.

[15] 张效祥. 计算机科学技术百科全书[M]. 3 版. 北京:清华大学出版社,2018.

[16] 韩万江,姜立新. 软件工程案例教程:软件项目开发实践[M]. 北京:机械工业出版社,2017.

[17] 魏雪峰,葛文庚. 软件工程案例教程[M]. 北京:电子工业出版社,2018.

[18] 陆惠恩. 软件工程[M]. 北京:人民邮电出版社,2018.

[19] 郑人杰,殷人昆,陶永雷. 实用软件工程[M]. 2 版. 北京:清华大学出版社,1997.

[20] 周之英. 现代软件工程[M]. 北京:科学出版社,2000.

[21] 黄晟,王静宇,郭沛,等. 碳中和目标下能源结构优化的近期策略与远期展望[J]. 化工进展,2022,41(11):5695-5708.

[22] 彭中遥. "双碳"目标实现过程中的政策与法律关系探析[J]. 环境保护,2023,51(6):11-15.

[23] Wang Dan, Wang Chengshan, Lei Yang, et al. Prospects for key technologies of new-type urban integrated energy system[J]. Global Energy Interconnection,2019,2(5):403-413.

[24] 郭丽华,陈立铭. 新能源对我国低碳经济的影响及其发展对策[J]. 人民论坛,2015(14):72-74.

[25] 贾林娟. 低碳经济发展影响因素及路径设计[J]. 科技进步与对策,2014,31(3):26-29.

[26] 梁正,李瑞. 数字时代的技术-经济新范式及全球竞争新格局[J]. 科技导报,2020,38(14):142-147.

[27] 何可,吴昊,曾杨梅. "双碳"目标下的智慧农业发展[J/OL]. 华中农业大学学报:1-8.

[28] 李岚春,陈伟,岳芳,等. 日本"绿色创新基金"研发计划及对我国的启示[J/OL]. 中国科学基金:1-10.

[29] 綦久竑,金子盛. 打造服务低碳发展的绿色交易平台[J]. 中国金融,2022(7):21-22.

[30] 陈晓红,胡东滨,曹文治,等. 数字技术助推我国能源行业碳中和目标实现的路径探析[J]. 中国科学院院刊,2021,36(9):1019-1029.

[31] 伏啸,李玲芳,居恒. 数字平台竞争问题综述和研究展望[J]. 研究与发展管理,2022,34(6):1-13.

后　记

为了适应社会对创新综合型人才的要求,各高校不断提升现代科学技术、改造传统学科专业的力度,从而实现传统学科专业向现代信息社会学科专业的发展与转变。其中,专业教材的使用和建设在此发展过程中起到至关重要的作用。而目前存在的问题有以下几点:部分教材思政元素缺乏,实践案例不够丰富,重理论、轻实践,理论与实践脱节,不能满足教学计划及课程设置需要;一些课程的教材可供选择的品种太少;一些教材内容庞杂,书越编越厚;专业课教材、教学辅助教材及教学参考书短缺等。这些都不利于学生自学能力的提高和专业素质的培养。因此,对于计算机相关专业的建设与发展,急需出版一批体系新、方法新、手段新的专业课程教材。为了展示和发扬这种以教材传承优秀教学理念、教学方法、教学手段等为目标的精神,我们在相关一线优秀教师和出版单位的指导和建议下规划并出版了本教材,以满足高等院校在专业课程教学改革方面师生共同的需要。

本书是一部将软件系统基础理论与软件开发应用实践相结合,适用于教师教学、学生自学的实用教材,主要针对软件工程教学改革及软件开发实践要求高,配套理论实践教材少的特点而规划,在规划过程中体现了如下一些基本组织原则和特点。

(1) 强调应用。本书面向计算机相关专业学生,从应用目的出发,强调计算机在各专业中的应用。在教材内容上坚持基本理论适度,反映基本理论和原理的综合应用,强调实践和应用环节。

(2) 层次分明,内容新颖。本书力求介绍本领域的生活化案例,遵循学习者的认知规律和技能的形成规律重构了知识体系,合理安排学习单元顺序。

(3) 体现案例教学。本书重视案例编排,力求从内容和结构上突出案例教学的要求,以适应教师指导下学生自主学习的教学模式。

(4) 实施精品战略,与理论同步;突出重点,保证质量。本书规划重点在基础课和专业基础课的教材建设;特别注意选择并安排与理论教材同步的优秀自编讲义和实践教材改编,力求成为精品教材。

(5) 依靠一线教师,择优落实。本书的作者全部来自一线优秀教师,在落实选题和作者时,通过对课程专家及学生调研,教师申报和严格评审后再进行确定。书稿完成后认真实行审稿应用程序,确保出书质量。

(6) 明确目标,提前准备。本书在使用过程中建议学习者提前预习实践单元内容,做到心中有数,对需编程的实践项目,最好写出应用程序说明,给出应用程序框图或清单,有助于前后知识衔接与掌握。

提高教材出版质量的关键是教师。建立一支高水平的教材编写队伍是教材出版的重要保障,希望有出版意愿的优秀教师能够与我们合作,同时也希望读者在使用本书过程中,能够帮助我们不断地发现问题,及时提出宝贵意见或建议,我们将及时改正和更新。

编写组

2025 年 5 月